**Der Gefahrguttransport in Tanks**

Verband der
Technischen Überwachungs-Vereine e. V.
(Hrsg.)

# Der Gefahrguttransport in Tanks

**Vierte, überarbeitete Auflage**

Hans Werner Vogt
unter Mitarbeit von

Kay Heibach, Geschäftsleitung Scansped
Norbert Ungermann, Bereitschaftspolizei Wuppertal
Hans Hungenberg, TÜV Rheinland

Verlag TÜV Rheinland GmbH, Köln

Herausgeber:
Verband der Technischen Überwachungs-Vereine e.V. (VdTÜV)
Kurfürstenstr. 56, 45138 Essen

Konzept und Erstellung:
Hans Werner Vogt, TÜV Rheinland

Mitarbeit:
Kay Heibach, Geschäftsleitung Scansped
Norbert Ungermann, Bereitschaftspolizei Wuppertal
Hans Hungenberg, TÜV Rheinland

TÜV Rheinland e.V., Am Grauen Stein, 51101 Köln

Die Deutsche Bibliothek — CIP-Einheitsaufnahme

**Vogt, Hans Werner:**
Der Gefahrguttransport in Tanks / Hans Werner Vogt. Verband der Technischen Überwachungs-Vereine e.V. (Hrsg.). Unter Mitarb. von Kay Heibach ... — 4., überarb. Aufl. — Köln : Verl. TÜV Rheinland, 1994
(TÜV-Lehrbuch)
ISBN 3-8249-0194-3

Gedruckt auf chlorfrei gebleichtem Papier.

ISBN 3-8249-0194-3

Gesamtherstellung: Verlag TÜV Rheinland GmbH, Köln
Printed in Germany 1994

# Vorwort

Immer wieder erfahren wir durch Berichte in den Medien, daß sich Unfälle, meist kleineren Ausmaßes, beim Gefahrguttransport ereignen. Oft bleiben nur die schweren folgenreichen Unfälle den Menschen in Erinnerung. Aber auch die kleinen Unfälle fordern leider allzuoft Menschenleben oder führen zu Verletzungen von Menschen oder zu Umweltschäden.

Zu Recht hat der Gesetzgeber deshalb die Anforderungen an diejenigen, die mit gefährlichen Gütern umgehen und sie transportieren, verschärft. Mit der dritten Änderungsverordnung zur GGVS (1990) wurden zwei für das Transportgewerbe wichtige Vorschriften eingeführt:

1. Der Beförderer muß den Fahrzeugführer einarbeiten, und er darf nur zuverlässige Fahrzeugführer einsetzen.
2. Der Fahrzeugführer muß sich einer Schulung unterziehen.

Zur zeitlichen Entzerrung der Schulungsmaßnahmen wurde folgende Übergangsregelung eingeführt :

- seit dem 1.7.91 GGVS-Schulung (ADR-Schein) erforderlich für Fahrer von kennzeichnungspflichtigen Beförderungseinheiten größer 38 t zGG und von kennzeichnungspflichtigen Beförderungseinheiten mit Stoffen der Klasse 1 und 7,
- seit dem 1.1.93 GGVS-Schulung (ADR-Schein) erforderlich für Fahrer von kennzeichnungspflichtigen Beförderungseinheiten größer 7,5 t zGG,
- ab dem 1.1.95 GGVS-Schulung (ADR-Schein) erforderlich für Fahrer von kennzeichnungspflichtigen Beförderungseinheiten größer 3,5 t zGG.

Der in diesem Buch behandelte Lehrstoff umfaßt alle für den Fahrer von Stückgütern wichtigen Themen der Fahrerausbildung. Darüber hinaus wird im Zusatzgrundkurs Tanktransport und in den Aufbaukursen der Lehrstoff für Tankwagenfahrer behandelt. Er ist angelehnt an den vom Deutschen Industrie- und Handelstag (DIHT) und den Verbänden der Wirtschaft erarbeiteten Kursplan für die Ausbildung von Gefahrgutfahrern und enthält:

1. Allgemeine Vorschriften
2. Allgemeine Gefahreigenschaften
3. Dokumentation
4. Bezettelung und Kennzeichnung
5. Fahrzeug- und Beförderungsarten, Umschließungen, Ausrüstung
6. Durchführung der Beförderung
7. Pflichten und Verantwortlichkeiten, Sanktionen
8. Maßnahmen nach Unfällen und Zwischenfällen

In der Randspalte - neben dem Lehrtext - befinden sich Schlagwörter zum leichteren Auffinden der richtigen Textstellen im Lehrbuch. Diese Schlagwörter sind zu einem Stichwortverzeichnis zusammengefaßt, das sich im Anhang befindet.

Die umfangreichen Änderungen der vierten GGVS Änderungsverordnung, deren Inkrafttreten mehrmals verschoben wurde, die seit dem 1.10.1993 angewendet werden muß sowie die neugeschaffene Gefahrgutausnahme-Verordnung (GGAV) sind in diesem Lehrbuch berücksichtigt.

Wir bedanken uns bei allen, die mit Hinweisen und Anregungen dazu beigetragen haben, daß dieses Lehrbuch in der vorliegenden Form entstehen konnte. Besonderer Dank gebührt den Herren Frank Stephan und Hans Peter Kahlert von der TÜV-Akademie Ostdeutschland, Mitglied der TÜV Rheinlandgruppe.

Hans Werner Vogt

Köln, im Februar 1994

# Inhaltsverzeichnis

**Aufbaukurs Klasse 3**



**Aufbaukurs Klasse 5.1, 6.1 und 8**

# 1. Allgemeine Vorschriften

Jährlich sterben im Straßenverkehr etwa zehntausend Menschen, und weitaus mehr werden verletzt; viele von ihnen so schwer, daß sie den Rest ihres Lebens unter den Folgen zu leiden haben. Allein die auf deutschen Straßen erfolgten Verkehrsunfälle bewirken Sachschäden, deren Folgekosten in die Milliarden DM gehen.

Mit Recht kann man also sagen: Wer sich im Straßenverkehr bewegt, bzw. ein Fahrzeug führt, lebt in einer permanenten Gefahr und stellt ebenso eine Gefahr für die anderen Verkehrsteilnehmer dar. Diese Gefahr darf nicht noch dadurch vergrößert werden, daß Stoffe, die durch ihre speziellen Eigenschaften gefährlich sind, ohne ein Mindestmaß an Fahr-, Fach- und Sachkenntnis in Fahrzeugen transportiert werden.

Schon seit 1981 müssen sich die Führer von Tankwagen einer Schulung unterziehen. Mit der Änderung der GGVS im Dezember 1989 wurde dies auch für die Fahrer von Lkw mit Gefahrgut in Versandstücken und in loser Schüttung vorgeschrieben.

## 1.1 Notwendigkeit gesetzlicher Maßnahmen

Um die Umwelt und das Leben von Menschen zu schützen, hat die Regierung den Transport gefährlicher Güter durch Gesetze geregelt.

**Geschützte Verkehrsbereiche**

Diese Gesetze enthalten Schutzvorschriften und gelten für den Verkehr der Güter

**Übersicht nationaler und internationaler Regelwerke**

| | national | international |
|---|---|---|
| zu Lande | GGVS / GGVE | ADR / RID |
| zu Wasser | GGVBinSch / GGVSee | ADNR / IMDG - Code |
| in der Luft | | IATA - DGR |

Bild 1.1 Übersicht nationaler und internationaler Regelwerke

Wie vorstehend dargestellt gibt es nicht nur nationale Vorschriften für die Beförderung gefährlicher Güter sondern auch internationale Vereinbarungen, die eingehalten werden müssen, wenn zwischen den Unterzeichnerstaaten Güter mit gefährlichen Eigenschaften befördert werden. Eine Liste der Unterzeichnerstaaten des ADR-Übereinkommens finden sie im Anhang. Wegen der politischen Änderungen im Osten und auf dem Balkan enthält diese Liste nicht den aktuellen Stand.

Alle Vorschriften haben als gemeinsames Ziel

- die Menschen,
- die Umwelt und
- die Verkehrsträger

vor den spezifischen Gefahren zu schützen, mit denen der Transport gefährlicher Güter verbunden ist.

Betrachtet man unter diesem Schutzaspekt die Vorschriften der GGVS und des ADR, so zeichnen sich durch die Bestimmungen drei Schutzgruppen deutlich ab:

**Schutz der Fahrer**

- Das Fahrpersonal: Wegen des Gefährdungspotenzials gelten strenge Schutzvorschriften auch für das Fahrpersonal.

**Schutz der Umwelt**

- Die Umwelt: Verunreinigungen der Luft, des Wassers und des Bodens sollen verhindert werden. Deshalb sind in der GGVS auch spezielle Vorschriften über die Handhabung der Gefahrgüter enthalten.

**Schutz des Straßenverkehrs**

- Der Straßenverkehr: bei seinen vielfältigen Gefahren soll er nicht noch mit weiteren Gefahren belastet werden. Deshalb sind in der GGVS auch Vorschriften über die Verwendung und Ausrüstung von Fahrzeugen enthalten.

# 1.2 Anwendungsbereich und Aufbau von GGVS und ADR

Im Gefahrgutgesetz (1975) und im ADR-Gesetz (1957) sind nur allgemein gehaltene Vorschriften aufgeführt. Der BMV (Bundesminister für Verkehr) wird im Gefahrgutgesetz jedoch berechtigt, mit Zustimmung des Bundesrates Rechtsverordnungen zu erlassen.

Auf diesem Weg sind folgende für der Fahrer von Gefahrgut wichtigen Verordnungen erlassen worden:

**Übersicht Gesetz und Verordnungen**

| | |
|---|---|
| | **G** efahr-<br>**G** ut-<br>**V** erordnung<br>**E** isenbahn |
| Gesetz über die Beförderung gefährlicher Güter<br><br>(Gefahrgutgesetz) | **G** efahr-<br>**G** ut-<br>**V** erordnung<br>**S** traße |
| | **G** efahr-<br>**G** ut-<br>**V** erordnung<br>**See** |
| | **G** efahr-<br>**G** ut-<br>**V** erordnung<br>**BinSch**. |
| | **G** efahrgut-<br>**b** eauftragten-<br>**V** erordnung |

Bild 1.2 Übersicht Gesetze und Verordnungen

Diesen Aufbau der Rechtsnormen findet man auch im Straßenverkehrsrecht. Aufgrund der Ermächtigung im StVG (Straßenverkehrsgesetz) wurden die StVO (Straßenverkehrsordnung) und die StVZO (Straßenverkehrszulassungsordnung) mit den dazugehörigen Verwaltungs- und Bußgeldvorschriften erlassen.

**Aufbau der GGVS**

Die GGVS/ADR als Regelwerk für der Straßentransport von Gefahrgut ist in sich noch unterteilt

| **Verordnungstext** | |
|---|---|
| **Anlage A mit den Anhängen A.1 bis A.9** | **Anlage B mit den Anhängen B.1a bis B.8** |

Bild 1.3 Aufbau der GGVS

## 1.2.1 Anlage A zur GGVS/ADR

**Inhalt Anlage A**

Die Anlage A enthält die Aufzählung derjenigen Gefahrgüter, die als gefährlich angesehen werden, und deren Beförderung den Vorschriften der GGVS unterliegen.

Darüber hinaus enthält sie die Vorschriften über die Verpackung der gefährlichen Güter sowie deren Kennzeichnung mit der jeweiligen Gefahr.

**Klassen-einteilung**

| Klasse | Eigenschaften des Gefahrgutes | |
|---|---|---|
| 1 | Explosive Stoffe und Gegenstände sowie Zündwaren, Feuerwerkskörper und ähnliche Güter | N |
| 2 | Verdichtete, verflüssigte oder unter Druck gelöste Gase | N |
| 3 | Entzündbare flüssige Stoffe | F |
| 4.1 | Entzündbare feste Stoffe | F |
| 4.2 | Selbstentzündliche Stoffe | F |
| 4.3 | Stoffe, die in Berührung mit Wasser entzündliche Gase entwickeln | F |
| 5.1 | Entzündend (oxydierend) wirkende Stoffe | F |
| 5.2 | Organische Peroxide | F |
| 6.1 | Giftige Stoffe | F |
| 6.2 | Ekelerregende oder ansteckungsgefährliche Stoffe | N |

| | | |
|---|---|---|
| 7 | Radioaktive Stoffe | N |
| 8 | Ätzende Stoffe | F |
| 9 | Sonstige gefährliche Stoffe und Gegenstände | F |

In der vorstehenden Übersicht der Gefahrgutklassen bedeuten die Buchstaben N = Nur Klasse und F = freie Klassen.

**Nur Klasse**

Man darf nur die Stoffe transportieren, die in den Nur-Klassen namentlich aufgeführt sind. Andere Güter, die ebenfalls die in der Klasse beschriebenen Eigenschaften aufweisen, aber nicht namentlich genannt sind, dürfen nicht befördert werden.

**Freie Klasse**

Ist ein Stoff in einer freien Klasse nicht namentlich aufgeführt, so kann er den in diesen Klassen enthaltenen Sammelbegriffen zugeordnet (assimiliert) werden. Obwohl der Stoff oder das Gut namentlich nicht in den Vorschriften enthalten ist, darf es unter den Bedingungen, die für den Sammelbegriff vorgeschrieben sind, befördert werden.

**Hauptgruppen**

In den einzelnen Klassen sind die Gefahrgüter weiter nach ihren chemischen und physikalischen Eigenschaften untergliedert. Diese weitere Unterteilung nennt man Hauptgruppen.

**Ziffern**

Um das Auffinden eines Stoffes auch jemanden ohne chemische Ausbildung zu ermöglichen, hat man alle Gefahrgüter in ihrer Klasse mit Ziffern versehen, die fortlaufend vergeben sind. Dies erleichtert die Suche nach einem Stoffe erheblich.

**Kleinbuchstaben**

Innerhalb einer Ziffer werden die Gefahrgüter nach ihrer Gefährlichkeit durch Kleinbuchstaben gekennzeichnet. Dabei bedeutet

| | | |
|---|---|---|
| **a** | = | sehr gefährlicher Stoff |
| **b** | = | gefährlicher Stoff |
| **c** | = | weniger gefährlicher Stoff |

t: bei Gasen: toxisch

Bild 1.4 Bedeutung der Kleinbuchstaben

Die vorstehende Bedeutung gilt nicht für Stoffe und Gegenstände der Klasse 1, Gase der Klasse 2 und radioaktive Stoffe der Klasse 7.

**Klassifizierung** Ein Gefahrgut ist demnach ausreichend beschrieben durch

- den Namen des Gefahrgutes,
- die Gefahrgutklasse,
- die Ziffer innerhalb der Gefahrgutklasse und
- den Kleinbuchstaben innerhalb der Ziffer der Gefahrgutklasse.

**Anhänge zur Anlage A** In den Anhängen zur Anlage A sind Themen zusammengefaßt, die im Verordnungstext öfters verwendet werden und die sich deshalb wiederholen würden. Ein Beispiel dafür ist der Anhang A.9, Beschreibung der Gefahrzettel.

### 1.2.2 Anlage B zur GGVS / ADR

**Inhalt Anlage B** In der Anlage B sind die Beförderungsvorschriften enthalten; dies sind zum Beispiel

- die Vorschriften über die Beschaffenheit und Ausrüstung der Fahrzeuge,
- die Vorschriften für das Fahrpersonal sowie
- die Vorschriften über die Handhabung der Güter und die Durchführung der Beförderung.

**Anhänge zur Anlage B** In den Anhängen zur Anlage B sind spezielle Vorschriften, die sich oft wiederholen zusammengefaßt. So findet man z. B. im Anhang B.2 die Vorschriften über die Anforderungen an die elektrische Ausrüstung für Gefahrgutfahrzeuge.

**Anhang B.2**

**Anhang B.5** Im Anhang B.5 findet man z.B. die Kennzeichnungsnummern, die der Tankwagenfahrer auf seinen Warntafeln am Fahrzeug zeigen muß, übersichtlich zusammengefaßt.

**Anhang B.8 Listengüter** Vom Gesetzgeber werden einige Güter (abhängig von der Menge, die befördert werden soll) als so gefährlich eingestuft, daß sie nicht einfach auf der Straßen befördert werden dürfen. Man nennt diese Güter Listengüter. Bei den Listengütern muß vor der Beförderung von Absender und Beförderer geprüft werden, ob eine Verlagerung der Beförderung auf die Eisenbahn möglich ist (siehe auch Abschnitt 3.6 Fahrwegbestimmung).

## 1.2.3 Anwendungsbereich von GGVS / ADR

Das Gefahrgutgesetz und die aufgrund seiner Bestimmungen erlassenen Verordnungen sind nationale, also deutsche Vorschriften, die nur innerhalb der Bundesrepublik Deutschland gelten.

Bedingt durch die verbindliche internationale Vereinbarung des ADR ist man verpflichtet, bei grenzüberschreitenden Beförderungen auch auf dem deutschen Teil der Beförderungsstrecke die Vorschriften des ADR (Europäisches Übereinkommen über den internationalen Transport gefährlicher Güter auf Straßen) einzuhalten.

Man ist deshalb von Seiten der Bundesregierung seit einigen Jahren bestrebt, soweit wie möglich auf nationale Besonderheiten beim Gefahrguttransport zu verzichten und weitestgehend die internationalen Regeln auch für reine innerstaatliche Beförderungen anzuwenden. Die grenzüberschreitenden und die innerstaatlichen Vorschriften sind in Deutschland in der GGVS (Verordnung über die innerstaatliche und grenzüberschreitende Beförderung gefährlicher Güter auf Straßen) zusammengefaßt.

**Geltungsbereich GGVS/ADR**

Beispiele für den Geltungsbereich der Regelwerke:

1. Ein Gefahrguttransport soll von Köln nach Hamburg durchgeführt werden.

   Dieser Transport unterliegt den Vorschriften der GGVS.

Bild. 1.4 Köln - Hamburg

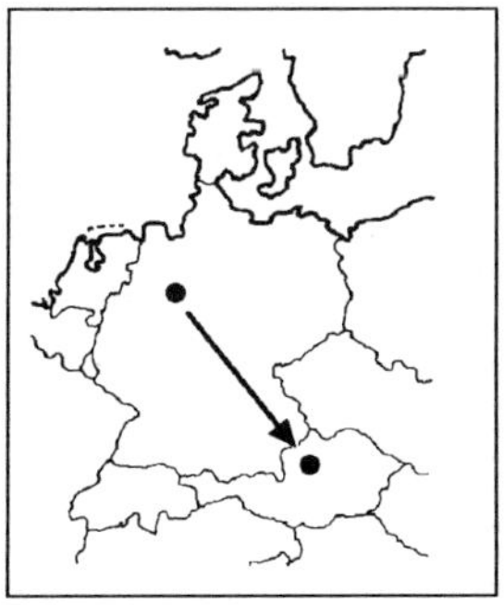

2. Ein Gefahrgut soll von Münster nach Salzburg transportiert werden.

   Der Transport unterliegt den grenzüberschreitenden Vorschriften der GGVS (ADR).

Bild 1.5 Münster - Salzburg

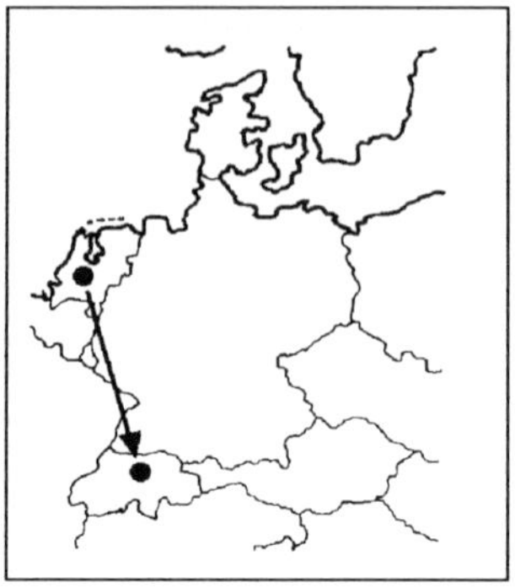

3. Ein Gefahrgut wird von Amsterdam nach Zürich durch Deutschland transportiert.

   Der Transport unterliegt den Vorschriften des ADR.

Bild 1.6 Amsterdam - Zürich

Die Vorschriften der GGVS bzw. des ADR gelten jeweils für die vom Absender oder dessen Auftraggeber veranlaßte Beförderung. Dabei kann im Verlauf der Beförderung auch eine Zwischenlagerung des Gutes und ein Fahrzeugwechsel erfolgen.

**ADR-Liste**

Die Liste der Staaten, die das internationale Übereinkommen für die Straße (ADR) unterzeichnet haben, finden Sie im Anhang.

### 1.2.4 Ausnahmen von der GGVS / ADR

**Ausnahmen**

Der schnelle technische Fortschritt und die damit sich ändernden Bedürfnisse der Wirtschaft erfordern, so zeigt es die Praxis, in verschiedenen Fällen Ausnahmen von den Vorschriften des Gefahrguttransportes.

Ausnahmen dürfen nur dann gestattet werden, wenn sie das Risiko des Gefahrguttransportes nicht erhöhen. Weicht man von den Vorschriften ab, so muß man durch geeignete Maßnahmen sicherstellen, daß die Transportsicherheit insgesamt erhalten bleibt.

National gibt es grundsätzlich zwei unterschiedliche Arten von Ausnahmen:

**Einzelausnahmen**

- Ausnahme im Einzelfall:
  Sie werden von der zuständigen Behörde für einzelne Fahrten oder evtl. für festgelegte Zeiträume erteilt.

**Allgemeine Ausnahmen**

- Allgemeine Ausnahmen:
  Sie werden in der GGVA (Gefahrgutausnahme-Verordnung) veröffentlicht und dürfen von jedermann unter Einhaltung der in der Ausnahme festgelegten Bedingungen angewendet werden.

Die GGVA ist für alle Verkehrsträger gültig. Die Ausnahmen sind zu ihrer Unterscheidung mit einer Nummer versehen. Hinter dieser Nummer befindet sich ein Kennbuchstabe, durch den der Geltungsbereich der Ausnahme auf bestimmte Verkehrsträger beschränkt werden kann.

**GGVA**

Dabei bedeutet:

**Kennbuchstaben bei Ausnahmen**

| | | |
|---|---|---|
| **S** | = | Straße |
| **E** | = | Eisenbahn |
| **B** | = | Binnenschiffahrt |
| **M** | = | Seeschiffahrt (Martim) |

Bild 1.7 Kennbuchstaben bei Ausnahmen

Beispiele:

**Beispiele**

Ausnahme Nr. 9 (E, S) bedeutet, daß die Ausnahme Nr. 9 auf den Verkehrsträgern Eisenbahn und Straße angewendet werden darf.

Für Beförderungen, die dem ADR unterliegen und bei denen die Vorschriften des ADR nicht eingehalten werden können, dürfen die Vertragsstaaten Abweichungen vereinbaren. Diese werden ADR-Vereinbarungen genannt und können, wie die Ausnahmen der GGAV in Deutschland, auch für innerstaatliche Beförderungen angewendet werden.

**ADR-Vereinbarungen**

## 1.3 Andere relevante Gefahrguttransportvorschriften

Neben den Bestimmungen der GGVS müssen je nach Eigenschaften des Gefahrgutes auch andere Vorschriften beachtet werden.

### 1.3.1 Wasserhaushaltsgesetz

Viele Güter stellen, wenn sie freigesetzt werden, eine große Gefahr für das Grundwasser dar. Der Fahrer von Fahrzeugen mit solchen Stoffen steht in einer besonderen Verantwortung.

**WHG**

**Pflichten der Fahrer**

- Der Fahrer wird ausdrücklich verpflichtet, die Vorgänge des Be- und Entladens zu überwachen.
- Er muß die Sicherheitseinrichtungen kontrollieren.
- Er ist für die Einhaltung der Belastungsgrenzen (z.B. den Fülldruck) verantwortlich.

Ob ein Stoff wassergefährdend ist, kann der Fahrer dem Unfallmerkblatt entnehmen. Nach dem WHG werden die Stoffe in Wassergefährdungsklassen (WGK) eingeteilt. Dabei bedeutet WGK 0 die geringste und die WGK 3 die stärkste Gewässerbelastung. Nicht alle Stoffe, die wassergefährdende Eigenschaften haben, sind auch Gefahrgüter im Sinne der GGVS (z.B. Roherdöl).

### 1.3.2 Gefahrstoffverordnung

**Gefahrstoff VO**

Den Schutz der Arbeitnehmer am Arbeitsplatz soll die Gefahrstoffverordnung garantieren. Hier ist demnach der Unternehmer ebenso gefordert wie der Arbeitnehmer.

**Pflichten des Arbeitgebers**

Beispiele für Arbeitgeberpflichten

- Kontrolle und Gewährleistung, daß die vorgesehenen Schutzmaßnahmen eingehalten werden;

**UVV**

- Schulung und Unterweisung der Mitarbeiter in die Unfallverhütungsvorschriften;
- Aufklärung über die Gefahren, die vom Transportgut ausgehen und die nach einem Unfall erforderlichen Maßnahmen.

**Pflichten des Arbeitnehmers**

Beispiele für Mitarbeiterpflichten

- Die Schutzkleidung ist beim Umgang mit dem Gefahrgut anzulegen.

**Kennzeichnung**

Nach der Gefahrstoffverordnung werden die Gebrauchsverpackungen und nicht die Transportverpackung gekennzeichnet. Die Gefahrensymbole sind denen der Gefahrzettel nach der GGVS meist ähnlich.

Bild 1.8 Ätzende und reizende Stoffe

## 1.3.3 Abfallgesetz

**AbfG**

Viele Sonderabfälle, die gemäß den Vorschriften des Abfallgesetzes entsorgt werden, haben auch gefährliche Eigenschaften und unterliegen somit während der Beförderung auf der Straße der GGVS. Die Praxis zeigt, daß sich gerade bei der Entsorgung von Abfällen viele Betroffene besonders schwertun.

Bei der Sammlung und dem Transport von Abfall wird deshalb besonders häufig unter Zuhilfenahme von Ausnahmen befördert (siehe auch Abschnitt 1.2.4).

**Abfallbegleitschein**

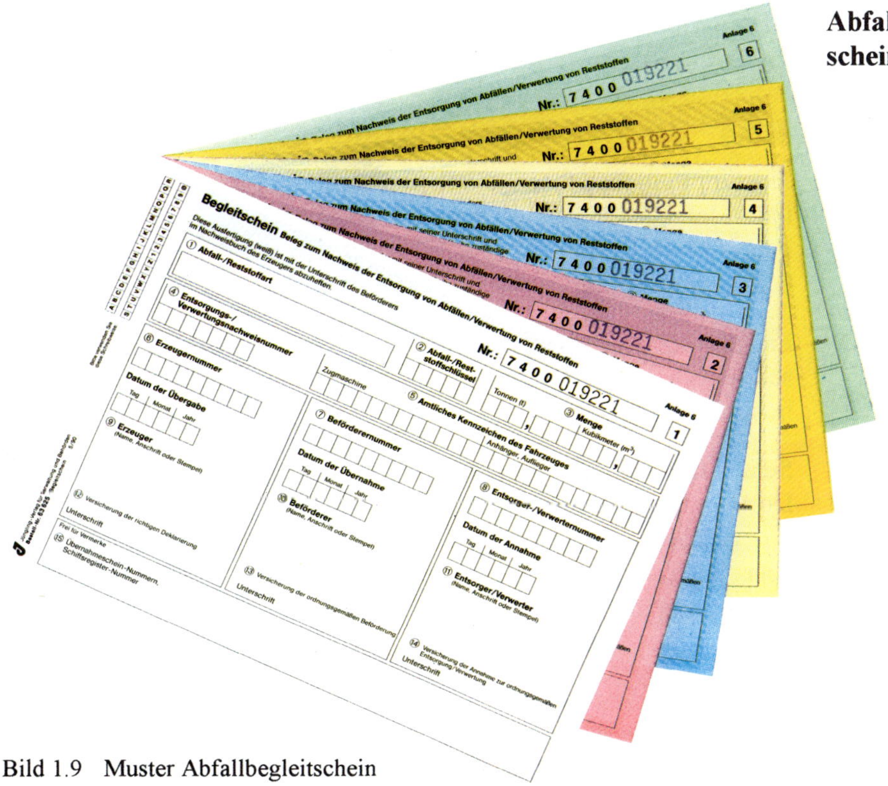


Bild 1.9 Muster Abfallbegleitschein

**Begleitschein** Bei der Abfallentsorgung wird zur Verfolgung besonders gefährlicher Abfälle das Begleitscheinverfahren angewandt. Oft wird, wenn der Abfall auch Gefahrgut ist, der Inhalt des Begleitscheines und die nach GGVS erforderlichen Daten ergänzt und der Abfallbegleitschein damit auch zum Beförderungspapier nach GGVS (siehe auch Abschnitt 3.2).

**Abfalltafel** Die Fahrzeuge müssen zusätzlich zur Kennzeichnung nach GGVS/ADR (siehe Abschnitt 4.1 und 4.2) mit Abfalltafeln versehen sein.

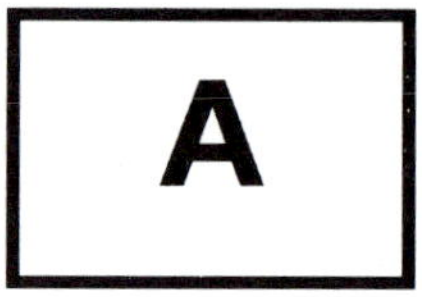


Bild 1.9 Abfalltafel

**Klassifizierung von Abfällen** Die Klassifizierung von Abfällen nach der GGVS bzw. dem ADR ist je nach Komponenten eine schwierige Aufgabe. Hilfen zur Klassifizierung von Abfällen findet man in der GGVS/ADR in der Rn. 2002 Abs. 8.

## 1.3.4 Straßenverkehrsordnung

**StVO** Jeder nimmt täglich am Straßenverkehr in verschiedenen Formen teil. Mal als Fußgänger oder als Radfahrer, viele aber auch als Fahrer eines Kraftfahrzeuges. Der Verkehr auf der Straße wird von der Straßenverkehrsordnung (StVO) geregelt.

**GGVS-StVO** Es gibt in der StVO auch einige Bestimmungen, die sich ausschließlich an die Fahrer von Kraftfahrzeugen richten, die gefährliche Güter befördern.

**Zeichen 261**

Bild 1.10

Sehr oft wird das Verkehrszeichen 261 (Bild 1.10 Verbot der Durch- und Einfahrt für kennzeichnungspflichtige Kraftfahrzeuge mit gefährlichen Gütern) vor Gefällstrecken aufgestellt. Es wird aber auch verkehrsleitend benutzt, um die Ortsdurchfahrt von Fahrzeugen mit größeren Mengen Gefahrgut zu verhindern.

Es verbietet die Durch- oder Einfahrt für alle Kraftfahrzeuge, die nach der GGVS kennzeichnungspflichtig sind.

Es gilt unabhängig von den Eigenschaften der Gefahrgüter und richtet sich ausschließlich nach der Kennzeichnungspflicht mit orangenen Warntafeln.

**Vorwegweiser**

Das Zeichen 261 sollte von den Straßenverkehrsbehörden nicht ohne Vorankündigung aufgestellt werden, da es sonst den Fahrer zwingen könnte, an unübersichtlichen Stellen zu wenden. Deshalb wird eine Vorankündigung mit einer Empfehlung für eine Umleitungsstrecke aufgestellt.

Bild 1.11 Vorankündigung

**Hinweisschild Umleitungsschild**

Die Umfahrungsstrecken werden zur besseren Orientierung der Fahrer zusätzlich mit Hinweisschildern versehen.

Bild 1.12 Umleitungsschild, Hinweisschild

**Zeichen 296**

Bild 1.13

Fahrzeuge, die wassergefährdende Stoffe befördern, wird durch das Verkehrszeichen 269 (Verbot der Durch- und Einfahrt für Fahrzeuge, die wassergefährdende Stoffe geladen haben) die Durch- und Einfahrt verboten. Diese Regelung schließt auch die Stoffe ein, die nicht der GGVS unterliegen. Das entscheidende Kriterium ist alleine die wassergefährdende Eigenschaft des Stoffes, der befördert wird.

Ob das gerade beförderte Gefahrgut ein wassergefährdender Stoff ist, kann der Fahrer von Gefahrgut dem Unfallmerkblatt entnehmen. Für andere Stoffe muß man die Kriterien des WHG ansetzen.

**Wasser-gefährdende Stoffe**

Nachstehend einige Beispiele für wassergefährdende Stoffe;

- Säuren, Laugen,
- Alkalimetalle, Siliziumlegierungen, metallorganische Verbindungen, Halogene, Säurehalogenide, Metallcarbonyle und Bleisalze,
- Mineral- und Teeröle sowie deren Produkte,
- flüssige sowie wasserlösliche Kohlenwasserstoffe, Alkohole, Aldehyde, Ketone, Ester, hologen-, stickstoff- und schwefelhaltige organische Verbindungen,
- Gifte.

**Zeichen 354**

Bild 1.14

Das Verkehrszeichen 354 (Wasserschutzgebiet) ist ein Hinweisschild. Es wird in Wasserschutzgebieten aufgestellt und gebietet einen besonders vorsichtigen Umgang mit Stoffen, die die Natur bzw. das Oberflächen- oder Grundwasser gefährden könnten.

Neben diesen besonderen Verkehrszeichen gibt es für Gefahrgutfahrer in der StVO auch noch Vorschriften, die das Verhalten der Fahrer betreffen. Fahrer von Gefahrgutfahrzeugen, die kennzeichnungspflichtig sind (siehe Abschnitt 4.2), müssen sich

**StVO Regel**

- bei Nebel, Schneefall oder Regen mit Sichtweiten unter 50 m,
- bei Glatteis oder Schneeglätte oder
- wenn die Beförderungseinheit in Gefahr geraten könnte,

so verhalten, daß eine Gefährdung anderer ausgeschlossen ist. Sie haben den nächsten geeigneten Parkplatz aufzusuchen und dort auf eine Verbesserung der Witterungsverhältnisse oder den Streudienst zu warten.

**Abstand**

Auf mehrspurigen Straßen für eine Richtung muß der Gefahrgutfahrer, wenn schneller als 50 km/h gefahren wird, einen Mindestabstand von 50 m zum Vorausfahrenden einhalten.

**Geschwindigkeit**

Für Geschwindigkeitsüberschreitungen werden den Gefahrgutfahrern besonders hohe Verwarnungs- und Bußgelder angedroht (siehe Abschnitt 7.2).

## 1.3.5 Gefahrgutbeauftragtenverordnung

**GbV**

Seit dem 1.10.1991 ist in Deutschland die Gefahrgutbeauftragtenverordnung (GbV) inkraft. Sie richtet sich verpflichtend an die Unternehmer bzw. Inhaber von Betrieben, die Gefahrgüter

**- betroffen von**

- versenden,
- befördern,
- zur Beförderung verpacken oder
- zur Beförderung übergeben.

**Beauftragte Personen**

Wird in einem Unternehmen eine der Tätigkeiten im Bezug auf Gefahrgut ausgeübt, so ist, wenn der Unternehmer oder Inhaber nicht alle Entscheidungen selbst trifft, die Bestellung von "Beauftragten Personen" erforderlich. Eine "Beauftragte Person" ist im Unternehmen diejenige, die eigenständig aufgrund ihrer Stellung Entscheidungen treffen kann.

**- schulung**

Diese Beauftragten Personen unterliegen einer Schulungspflicht und erhalten einen Schulungsnachweis.

**Gefahrgutbeauftragter**

Werden im Unternehmen jedoch

- mehr als 50 t Gefahrgut (pro Jahr),
- Güter der Klasse 7 (Blätter 5 - 13) oder
- Listengüter der Rn. 280 000

versendet, befördert, verpackt oder übergeben, so ist in diesem Unternehmen ein Gefahrgutbeauftragter (GB) zu bestellen.

**- Aufgaben**

Der GB hat aufgrund seiner Bestellung nur eine überwachende Tätigkeit im Unternehmen auszuüben. Der Inhaber des Unternehmens oder die Geschäftsführung können dem GB jedoch auch Weisungsbefugnisse zugestehen.

**Hinweis**

> Sie sollten bei Unklarheiten Ihren Vorgesetzten befragen. Er ist meist eine geschulte Beauftragte Person.

Sollte das im Einzelfall nicht weiterhelfen, wenden Sie sich bitte gemeinsam an den Gefahrgutbeauftragten Ihres Unternehmens.

### 1.3.6 Weitere wichtige Vorschriften

Neben den bisher unter 1.3.1 bis 1.3.5 erwähnten Vorschriften müssen von einem Gefahrgutfahrer noch weitere Vorschriften beachtet werden.

**Sonstige Vorschriften**

Diese Vorschriften bzw. Gesetze sind

- Atomgesetz,
- Bundesimmissionsschutzgesetz,
- Chemikaliengesetz,
- Gesetz über die Kontrolle von Kriegswaffen,
- Gesetz über Umweltstatistiken,
- Pflanzenschutzgesetz,
- Sprengstoffgesetz,
- Strafgesetzbuch (§§ 330 folgende),
- Waffengesetz.

und die auf diesen Gesetzen beruhenden Rechtsverordnungen wie

- Druckbehälterverordnung,
- Gewerbeordnung,
- Strahlenschutzverordnung,
- Unfallverhütungs-Vorschriften
- Verordnung über das Lagern und Umfüllen von brennbaren Flüssigkeiten (VbF),

**Besonderheiten für Fahrer**

Aus dem Atom- und dem Sprengstoffgesetz heraus ergeben sich für den Fahrer noch einige Besonderheiten.

**Klasse 1**

Die Fahrer, die Sprengstoff der Klasse 1 befördern, unterliegen für diejenigen Sprengstoffe, die auch dem Sprengstoffgesetz unterliegen, der Verpflichtung zu einer besondern Schulung. Der Fahrer muß also neben der ADR-Schulungsbescheinigung der IHK noch einen Befähigungsnachweis nach dem Sprengstoffgesetz haben.

**Klasse 7**

Fahrer, die radioaktive Stoffe der Klasse 7 befördern, unterliegen neben der GGVS/ADR-Schulung auch einer besonderen Schulungspflicht nach dem Atomgesetz bzw. der Strahlenschutzverordnung. Neben dem Grundkurs muß der Fahrer den Aufbaukurs Klasse 7 der GGVS/ADR-Schulung erfolgreich abgeschlossen haben.

***1.1 Welche Vorschriften regeln den nationalen Gefahrgut-transport auf der Straße?***

- ☐ Die Vorschriften des internationalen Abkommens für den Straßenverkehr.
- ☒ Die Vorschriften der GGVS.
- ☐ Die Vorschriften des ADNR.

***1.2 Welche Vorschrift regelt international den Gefahrgut-transport?***

- ☐ Die Vorschriften des ADN.
- ☒ Die Vorschriften der grenzüberschreitenden GGVS (ADR).
- ☐ Die IATA-DGR.
- ☐ Vereinbarungen zwischen den von der Beförderung berührten Staaten.

***1.3 Welcher nachstehend aufgeführte Teil gehört zur GGVS?***

- ☐ Die Ausnahme-Verordnung zur StVZO.
- ☒ Die Anlage A mit Anhängen.
- ☐ Die BO-Kraft-Richtlinien.
- ☐ Die Kraftverkehrsordnung.

***1.4 Welcher genannte Teil gehört zur GGVS?***

- ☒ Die Anlage B mit Anhängen.
- ☐ Die Ausnahmeverordnungen zur StVZO.
- ☐ Das Güterkraftverkehrsgesetz.

***1.5 Welche Vorschriften enthält die Anlage A zur GGVS?***

- ☐ Die Bauvorschriften für Tankfahrzeuge.
- ☐ Die Vorschriften über die Geschwindigkeit von Gefahrgutfahrzeugen bei Nebel oder Schneeglätte.
- ☒ Die Vorschriften über die Verpackung von Gefahrgut.
- ☐ Die Vorschriften der Ladungssicherung auf Gefahrgutfahrzeugen.

***1.6 Was ist in der Anlage A zur GGVS enthalten ?***

- ☐ Die Befüllvorschriften für Tankcontainer.
- ☒ Die Aufzählung der Güter, die als gefährlich gelten.
- ☐ Die Vorschriften über die maximale Lenkzeit von Fahrern auf Beförderungseinheiten mit Gefahrgut.
- ☐ Die Vorschriften über die Erstellung von Unfallmerkblättern.

***1.7 Welche Vorschriften sind in der Anlage B enthalten?***

- ☐ Die Stoffaufzählung.
- ☐ Die Verpackungsvorschriften.
- ☒ Die Beförderungsvorschriften.
- ☐ Die Zusammenpackvorschriften.

***1.8 Ein Gefahrguttransport wird von Münster nach Düsseldorf durchgeführt. Welcher Vorschrift unterliegt dieser Transport?***

- ☐ Dem ADNR.
- ☐ Dem ADR.
- ☐ Der GGVSee.
- ☒ Der GGVS.

***1.9 Ein Gefahrguttransport wird von Zürich nach Köln durchgeführt. Welcher Vorschrift unterliegt dieser Transport?***

- ☐ Dem IMDG-Code.
- ☐ Der IATA-DGR.
- ☐ Dem internationalen Transitabkommen für Gefahrgut zwischen EG- und Nicht-EG-Staaten.
- ☒ Den grenzüberschreitenden Bestimmungen der GGVS (ADR).

***1.10 Ein Gefahrguttransport wird von Hamburg nach Warschau durchgeführt. Welcher Vorschrift unterliegt dieser Transport?***

- ☐ Der ICAO-TI.
- ☒ Den grenzüberschreitenden Vorschriften der GGVS (ADR).
- ☐ Der GGVE.
- ☐ Den besonderen Vereinbarungen mit Polen.

***1.11 Welchen Sinn und Zweck soll die GGVS erfüllen?***

- ☐ Für den Unternehmer soll ein besserer Tarif durchsetzbar sein.
- ☐ Die Transportabwicklung soll beschleunigt werden.
- ☐ Die Versandpapiere sind vereinheitlicht.
- ☒ Die Umwelt und das Fahrpersonal sollen geschützt werden.

***1.12 Für welche Fahrzeuge gilt dieses Verkehrszeichen?***

- ☒ Für alle kennzeichnungspflichtigen Gefahrguttransporte.
- ☐ Nur geschulte Gefahrgutfahrer dürfen durchfahren.
- ☐ Verbot für Fahrzeuge mit wassergefährdenden Stoffen.

***1.13 Für welche Fahrzeuge gilt dieses Verkehrszeichen?***

- ☒ Für Fahrzeuge, die wassergefährdenden Stoffe geladen haben.
- ☐ Für alle Gefahrgut-LKW.
- ☐ Nur für Saug-Druck-Tankfahrzeuge.

**1.14** ***Für welche Fahrzeuge gilt dieses Verkehrszeichen?***

☐ Es verbietet Tankwagen mit wassergefährdenden Stoffen die Durchfahrt.

☒ Es ist ein Hinweisschild auf ein Wasserschutzgebiet.

☐ Es verbietet Gefahrgutfahrzeugen die Durchfahrt.

☐ Auf so gekennzeichneten Straßen dürfen Tankwagen nicht parken.

**1.15** ***Welche Sonderregel gibt es in der StVO für Gefahrguttransporte?***

☐ Sie dürfen bei Schneefall nur mit Schneeketten fahren.

☐ Sie müssen bei schlechter Sicht mit gelben Rundumlicht fahren.

☐ Sie dürfen bei Regen höchstens 40 km/h fahren.

☒ Sie müssen bei Schneeglätte den nächsten geeigneten Parkplatz anfahren.

**1.16** ***Welche Sonderregel gibt es in der StVO für Gefahrguttransporte?***

☒ Sie müssen bei Nebel oder schlechter Sicht den nächsten geeigneten Parkplatz anfahren.

☐ Sie müssen bei schlechter Sicht einen Sicherheitsabstand von mind. 150 m zum vorausfahrenden Fahrzeug einhalten.

☐ Sie dürfen bei schlechter Sicht nur mit Begleitschutz fahren.

☐ Sie müssen bei schwierigen Wetterlagen wegen der notwendigen besondern Aufmerksamkeit die Lenkzeit schon nach zwei Stunden unterbrechen.

**1.17** ***Was bedeutet dieses Zeichen an einem Fahrzeug beim Gefahrguttransport?***

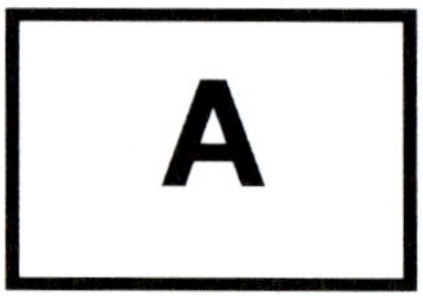


☐ Es weist auf einen Transport von Asbest hin.

☐ Es bedeutet, daß der LKW durch Österreich (A) auch nachts fahren darf.

☐ Es handelt sich um einem Sondertransport, der von der Polizei abgesichert wird.

☒ Es handelt sich um einen Transport, der zusätzlich zur GGVS auch dem Abfallrecht unterliegt.

***1.18 Wann muß ein Unternehmen einen Gefahrgutbeauftragten bestellen?***

- ☐ Wenn im Unternehmen mehr als 7 t Gefahrgut pro Kalenderjahr befördert werden.
- ☐ Nur wenn das Unternehmen selbst die Güter befördert.
- ☒ Wenn mehr als 50 t Gefahrgut im Kalenderjahr befördert werden.
- ☐ Wenn Güter der Liste II nicht nur gelegentlich, aber weniger als 5 t pro Kalenderjahr befördert werden.

***1.19 Welche Unternehmen sind von der Gefahrgutbeauftragtenverordnung betroffen?***

- ☐ Nur die Gefahrguthersteller sind betroffen.
- ☐ Nur die Erzeuger von gefährlichen Abfällen sind betroffen.
- ☒ Alle Betriebe, die Gefahrgüter versenden, befördern, verpacken oder übergeben, sind betroffen.
- ☐ Betroffen sind nur die Unternehmen, in denen mehr als 50 t Gefahrgüter versendet, befördert, verpackt oder übergeben werden.

***1.20 Welche Aufgaben hat eine "Beauftragte Person" im Sinne der GbV?***

- ☐ Sie soll im Betrieb die gefahrgutrelevanten Arbeiten selbst durchführen.
- ☒ Sie ist für die organisatorischen Gefahrgutabläufe im Betrieb verantwortlich.
- ☐ Sie ist mit der Beaufsichtigung der Gefahrgutbeauftragen beauftragt.
- ☐ Sie organisiert die Gefahrgutbeauftragtenschulungen in den Unternehmen.

***1.21 Wer gehört im Betrieb in der Regel zu Gruppe der "sonstigen Verantwortlichen" Personen?***

- ☐ Der Unternehmer.
- ☐ Nur die Betriebsleiter.
- ☐ Nur die Niederlassungsleiter.
- ☒ Diese Personen kommen in der chemischen Industrie vor.
- ☒ Gefahrgutfahrer.

***1.22 Welche Aufgaben hat ein Gefahrgutbeauftragter im Unternehmen ?***

- ☒ Er führt Kontrollen im Gefahrgutbereich durch.
- ☐ Er ist für die Lagersicherheit verantwortlich.
- ☐ Er beauftragt die Spediteure, die Gefahrguttransporte durchführen.

# 2. Allgemeine Gefahreigenschaften

Die Gefahrgüter der GGVS sind entsprechend ihrer Hauptgefahren in neun Gefahrgutklassen unterteilt. Die Überschriften dieser Gefahrgutklassen (siehe auch Abschnitt 1.2.1) beschreiben schon die Hauptgefahr, die von dem jeweiligen Gut ausgeht.

## 2.1 Eigenschaften der Gefahrgüter

**Explosionsgefahr**

Stoffe, die wegen ihrer chemischen Zusammensetzung explosionsgefährlich sind, sind meist auch Listengüter nach Anhang B.8 (siehe auch Abschnitt 6.3).

Die Gefahren dieser Güter werden durch folgende Gefahrzettel auf den Versandstücken gekennzeichnet.

Bild 2.1 Gefahrzettel Muster 1, 1.4 und 1.5

Ein Schaden, der durch eine Explosion angerichtet wird, hat ebenso wie ein Feuerschaden oft erhebliche Ausmaße. Menschen können Explosionen nur dann schadenfrei überstehen, wenn sie weit vom Zentrum der Explosion entfernt sind.

**Nebengefahr explosive Eigenschaften**

Stoffe, die explosive Nebeneigenschaften haben, wie verschiedene Stoffe der Klasse 5.2, werden zusätzlich zur Hauptgefahr mit dem Gefahrzettel Nr. 01 zur Kennzeichnung einer explosiven Nebengefahr versehen.

Bild 2.2 Gefahrzettel Muster 01

Neben der Explosionsgefahr besteht bei Gütern der Klasse 1 auch eine Gefahr von der Splitterwirkung sowie der Druckwelle. Weitere Gefahren können durch die Entwicklung von Bränden, durch starke Rauchentwicklung und durch große Hitze entstehen.

**Gase** Kl. 2

Um den Gefahren, die von Gasen ausgehen, richtig zu begegnen, ist es wichtig, daß man die Eigenschaften der Gase, die gehandhabt werden, kennt.

Die wichtigsten Gefahreigenschaften von Gasen sind:

- Brennbarkeit oder brandfördernde Wirkung,
- Giftigkeit,
- ätzende Wirkung,
- sauerstoffverdrängende Wirkung.

Viele brennbare Gase sind schwerer als Luft und verhalten sich bei Freiwerden ähnlich wie Flüssigkeiten. Sie fließen in Gräben und in die Kanalisation und können dort zu explosionsfähigen Gemischen führen.

**Gefahrzettel Muster 2**

Bild 2.3 Gefahrzettel Muster 2

Klasse 2

Der Gefahrzettel Muster 2 weist darauf hin, daß es sich in dem Transportgefäß um ein unter hohem Druck stehendes Gas handelt. Hat ein Gas Nebengefahren, so wird dies durch die entsprechenden Gefahrzettel angezeigt.

**Beispiel**

Gefahrzettel auf Stahlflaschen mit technisch reinem Sauerstoff

Klasse 2 Ziffer 1a

nur bei Gasen
a: nicht brennbar
b: brennbar
c: chem. instabil
t: giftig

Bild 2.4 Beispiel Gefahrzettel auf einer Sauerstoffflasche

alle nicht brennbaren Gase: grün
sind die Gase brandfördernd: zusätzlich den Aufkleber 0.5

**Entzündbare flüssige Stoffe**

Bild 2.5 Gefahrzettel Muster 3

Von den entzündbaren flüssigen Stoffen der Klasse 3 geht immer eine Brandgefahr aus. Liegt der Flammpunkt des Stoffes unter 55 °C, so muß auf dem Versandstück der Gefahrzettel nach Muster 3 angebracht sein.

Temperaturen in einem Bereich bis zu 55 °C können auch im Verlauf der Beförderung auftreten, zum Beispiel durch Sonneneinstrahlung auf der Ladefläche eines LKW. Hier besteht eine entsprechend große Gefahr.

Die Stoffe der Klasse 3 können auch Nebengefahren wie Giftigkeit oder eine ätzende Wirkung aufweisen. Diese werden auf dem Versandstück durch die Gefahrzettel Muster 6.1 oder 8 angezeigt. Sehr oft haben die Stoffe der Klasse 3 auch wassergefährdende Eigenschaften und unterliegen dann zusätzlich den Bestimmungen des Wasserhaushaltsgesetzes (siehe auch Abschnitt 1.3.1).

**Entzündbare feste Stoffe**

Die Stoffe der Klasse 4.1 haben die Eigenschaft, daß sie entzündbar und fest sind. Hierzu gehört zum Beispiel Metallstaub aus Schleifereien. Die Stoffe der Klasse 4.1 werden mit dem Gefahrzettel nach Muster 4.1 gekennzeichnet.

Bild 2.6 Gefahrzettel Muster 4.1

Die Stoffe der Klasse 4.1 können auch Nebengefahren wie Giftigkeit oder eine ätzende Wirkung aufweisen. Diese werden auf dem Versandstück durch die Gefahrzettel Muster 6.1 oder 8 angezeigt.

**Selbstentzündliche Stoffe**

Die Gefahrstoffe mit selbstentzündlichen Eigenschaften werden mit dem Gefahrzettel nach Muster 4.2 gekennzeichnet. Von diesen Stoffen geht die Gefahr aus, daß sie sich alleine aufgrund der Umgebungstemperatur selbstständig entzünden.

Bild 2.7 Gefahrzettel Muster 4.2

Die Stoffe der Klasse 4.2 können zusätzlich auch Gase absondern, die brennbar sind. Dies wird dann durch den zusätzlich zum Gefahrzettel nach Muster 4.2 verwendeten Gefahrzettel nach Muster 4.3 gekennzeichnet. Als Nebengefahr kann ein Stoff giftig sein oder eine ätzende Wirkung haben. Diese Nebengefahren würden dann durch die Gefahrzettel nach Muster 6.1 oder 8 gekennzeichnet.

Bild 2.8 Gefahrzettel Muster 4.3

**Stoffe, die bei Berührung mit Wasser entzündliche Gase entwickeln**

Die Gefahrgüter der Klasse 4.3 sondern, wenn sie mit Wasser in Berührung kommen, brennbare Gase ab. Bei einigen Stoffen ist schon die Luftfeuchtigkeit ausreichend, um diesen Effekt hervorzurufen. Neben der dadurch entstehenden Gefahr eines Brandes können die sich bildenden Gase zusätzlich noch giftig sein oder eine ätzende Wirkung haben. Diese Nebengefahren werden durch die Gefahrzettel nach Muster 6.1 oder Muster 8 gekennzeichnet.

**Entzündend wirkende Stoffe**

Die entzündend wirkenden Stoffe der Klasse 5.1 werden mit dem Gefahrzettel nach Muster 5.1 gekennzeichnet. Von ihnen geht eine brandfördernde Eigenschaft aus. Ein Feuer oder ein Entstehungsbrand nimmt an Intensität zu.

**Organische Peroxide**

Die Stoffe der Klasse 5.2 werden mit dem Gefahrzettel nach Muster 5.2 gekennzeichnet. Es handelt sich hierbei um Peroxide, deren Eigenschaften von brandfördernd bis selbstentzündlich sein können. Verschiedene Peroxide sind so empfindlich, das sie nur im gekühlten Zustand befördert werden dürfen.

Bild 2.9 Gefahrzettel Muster 5.1, 5.2 und 05

Der Gefahrzettel Muster 05 wird nur verwendet, wenn ein Gefahrgut, das nicht zur Klasse 5.1 oder 5.2 gehört, als Nebengefahr eine brandfördernde Eigenschaft hat.

**Giftige Stoffe**

Die giftigen Stoffe der Klasse 6.1 umfassen eine große Bandbreite von Gütern. Ein Stoff kann in hoher Konzentration ein Gefahrgut sein und in niedriger Konzentration nicht unter die Gefahrgutvorschriften fallen.Um die schädigende Wirkung für den Menschen in Abhängigkeit der Giftigkeit anzuzeigen, gibt es in der Klasse 6.1 zwei Gefahrzettelmuster

- Muster 6.1 für giftige Stoffe und
- Muster 6.1 A für gesundheitsschädliche Stoffe.

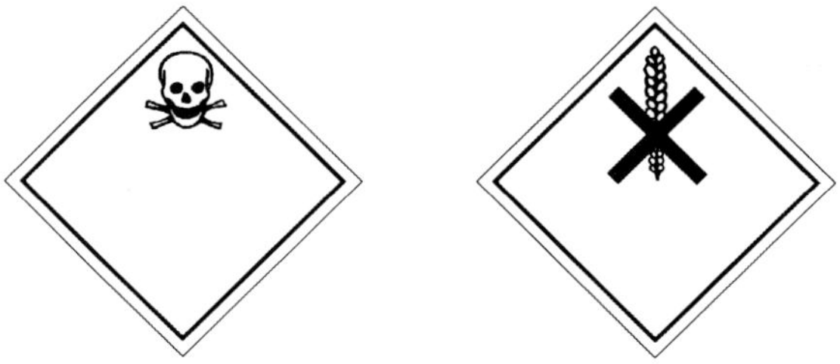

Bild 2.10 Gefahrzettel Muster 6.1 und 6.1 A

Für die Kennzeichnung weiterer Gefahren, die von den giftigen Stoffen ausgehen können, werden die Gefahrzettel nach Muster 3, 05 oder 8 verwendet.

**Ekelerregende und ansteckungsgefährliche Stoffe**

Bild 2.11 Gefahrzettel Klasse 6.2

Im Straßen- und Eisenbahntransport gibt es für die Stoffe der Klasse 6.2 keinen speziellen Gefahrzettel. Für einige Stoffe der Klasse 6.2 ist aber vorgeschrieben, daß auf den Versandstücken ein Hinweis angebracht wird, daß sie nicht mit Nahrungs-, Genuß- und Futtermitteln gelagert und befördert werden dürfen.

Die ansteckungsgefährlichen (infektiösen) Stoffe nach IMDG-Code (GGVSee) oder IATA-DGR (Luftfahrt) werden beim Transport zum See- oder Flughafen mit dem Gefahrzettel nach Bild 2.11 gekennzeichnet.

### Radioaktive Stoffe und Gegenstände

Bei radioaktiven Stoffen geht die Gefahr von der Strahlung aus. Die besondere Gefährlichkeit liegt darin, daß der Mensch die Gefahr mit keinem Sinnesorgan erfassen kann. Radioaktivität kann man nicht riechen, schmecken oder fühlen, nur durch entsprechende Meßgeräte ist sie nachzuweisen. Die Dauer und die Intensität der Strahlung, der man ausgesetzt ist, ist entscheidend für eine Schädigung des Menschen. Oft treten die Folgen von Strahlenschäden jedoch erst viele Jahre nach der Bestrahlung auf.

Je nach Strahlungsintensität werden die Versandstücke mit folgenden Gefahrzetteln gekennzeichnet.

Bild 2.12 Gefahrzettel Muster 7 A, 7 B und 7 C

Für Stoffe mit nur sehr geringer Strahlung ist es ausreichend, wenn auf dem Versandstück die Aufschrift "**Radioaktiv**" angebracht ist.

Wegen der Besonderheiten dieser Stoffe müssen sich Fahrer, die Güter der Klasse 7 Blätter 5 - 13 befördern, einem besonderen Aufbaukurs Klasse 7 unterziehen.

Die Nebengefahren der Klasse-7-Gütter werden gekennzeichnet mit Gefahrzetteln nach Muster 4.2, 05 oder 8.

### Ätzende Stoffe

Die ätzenden Eigenschaften der verschiedenen Stoffe sind unterschiedlich. Sie können so stark sein, daß sogar Metalle stark angegriffen werden. Ätzende Stoffe kommen oft als Flüssigkeiten vor.

Bild 2.13 Gefahrzettel Muster 8

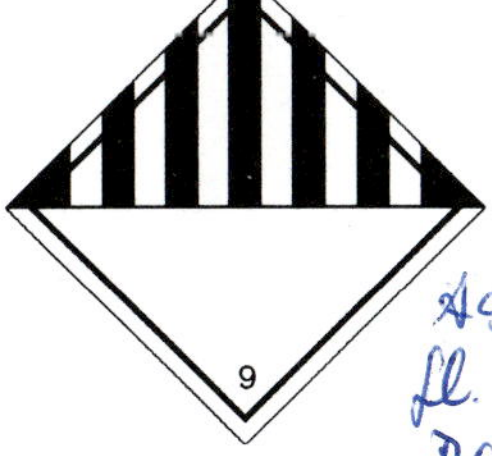


Asbest
fl. Metalle
PCB

Bild 2.14 Gefahrzettel Muster 9

Es gibt jedoch auch feste ätzende Stoffe. Die Nebengefahren der ätzenden Stoffe werden mit Gefahrzettel nach Muster 3 oder 6.1 gekennzeichnet.

Da von den Gütern der Klasse 9 keine klassenspezifische Gefahr ausgeht, ist der Gefahrzettel Muster 9 sehr abstrakt. Nebengefahren werden mit dem Gefahrzettel nach Muster 3 gekennzeichnet. Auch Aufschriften auf den Versandstücken wie "**Von Zündquellen fernhalten**" weisen auf eine entsprechende Gefahr hin.

**Vor Nässe schützen**

**Oben**

**Zerbrechlich**

Die Gefahrzettel nach Muster 10, 11 und 12 weisen nicht auf eine spezifische Gefahr hin, sondern geben allgemeinverständliche Hinweise für die Handhabung der Versandstücke.

Bild 2.15 Gefahrzettel Muster 10, 11 und 12

## 2.2 Schädigungen durch Gefahrgut

Um den Schädigungen, die Gefahrgut hervorrufen kann, zu begegnen, muß man die physikalisch-chemischen Grundlagen kennen, die diesen Vorgängen zugrunde liegen.

**Spezifisches Gewicht**

Das spezifische Gewicht, auch Dichte genannt, gibt an, wieviel mal schwerer oder leichter die Masse eines Stoffes im Vergleich zu Wasser ist. Dieselkraftstoff zum Beispiel hat ein spezifisches Gewicht von ca. 0,78 kg/l, Wasser wiegt im Vergleich dazu 1 kg/l.

**Volumenänderung**

Stoffe dehnen sich bei Erwärmung aus und ziehen sich beim Erkalten zusammen. Dieses Verhalten der Stoffe muß bei der Befüllung von Verpackungen und Tanks berücksichtigt werden, da es sonst während der Beförderung zu einem unzulässigen Druckaufbau innerhalb der Gefahrgutumschließung kommen kann.

**Gefahrendreieck**

Ein Feuer kann sich nur dann entzünden oder brennen, wenn die drei notwendigen Reaktionspartner vorhanden sind.

Bild 2.16 Gefahrendreieck

Das Gefahrendreieck veranschaulicht die Zusammenhäge besonders gut. Die drei Seiten des Dreiecks stehen für die Reaktionspartner, die für das Entstehen eines Feuers erforderlich sind.

Fällt ein Reaktionspartner aus, so entsteht kein Feuer bzw. ein bestehendes Feuer erlischt. Für die Entstehung eines Brandes ist neben dem Vorhandensein eines brennbaren Stoffes auch noch seine Temperatur entscheidend.

**Entzündliche Dämpfe**

Bei Flüssigkeiten brennt nicht die Flüssigkeit selbst, sondern die aus ihr entweichenden Dämpfe. Die Stärke der Dampfentwicklung eines flüssigen Stoffes hängt von dem Stoff selbst (seiner chemischen Zusammensetzung), der Stofftemperatur und der Verteilung des Stoffes ab.

**Zündquellen**

Als Zündquelle für die Entstehung eines Brandes können die unterschiedlichsten Ursachen in Betracht kommen.

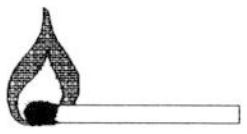

Am gefährlichsten ist es, wenn bei Gefahrgutbeförderungen Feuer oder offenes Licht verwendet wird.

Eine elektrostatische Aufladung, die durch Reibung verschiedener Stoffe entsteht und bei schlecht leitenden oder leitenden aber isolierten Metallen auftreten kann, muß nach der Entstehung sofort abgeleitet werden. Geschieht das nicht, so kann der Entladungsfunke ausreichend sein als Zündquelle und so einen Brand verursachen.

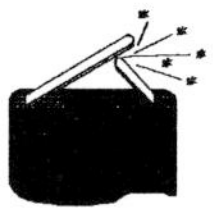

Der elektrische Funke eines Schalters oder einer Batterie stellt ebenfalls eine Zündquelle dar und kann einen Brand verursachen, wenn die beiden anderen Reaktionspartner vorhanden sind.

Auch eine heiße Oberfläche kann eine Zündquelle darstellen. Schon die Oberflächentemperatur der Auspuffanlage (insbesondere der Auspuffkrümmer) eines Fahrzeugs kann heiß genug sein, einen Stoff zu entzünden.

Von einer Brandgefahr spricht man, wenn die Verteilung des Stoffes derart ist, daß er im Bereich der Zünd- oder Explosionsgrenzen liegt.

**Zündgrenzen**

In einem mageren Gemisch (Bereich der unteren Zündgrenze) befinden sich zu wenig Dämpfe bezogen auf die sie umgebende Luftmenge. Im mittleren Bereich mit einem ausgewogenen Dampf-Luftgemisch entsteht eine vollständige Verbrennung, und im oberen Bereich der Zündgrenze ist das Gemisch fett (mehr Brennstoff als Luft).

**Zündgrenzen**

| Gefahrstoff | Untere Zündgrenze des Gemisches in % | Obere Zündgrenze des Gemisches in % |
|---|---|---|
| Benzin | 0,6 | 8 |
| Propangas | 2 | 10 |
| Azetylen | 1,5 | 82 |
| Wasserstoff | 4 | 75 |

Bild 2.17 Tabelle Zündgrenzen

Im gesamten Bereich der unteren und der oberen Zündgrenzen besteht akute Brandgefahr. Bild 2.17 enthält für einige Stoffe die untere und obere Zündgrenze.

**Siedepunkt**

Als Siedepunkt bezeichnet man die Temperatur, bei der eine Flüssigkeit in den gas- bzw. dampfförmigen Zustand übergeht.

**Flammpunkt**

Als Flammpunkt eines Stoffes bezeichnet man die Temperatur, bei der sich die Dämpfe des Stoffes bei Vorhandensein von Sauerstoff und einer Zündquelle erstmals entzünden.

**Selbstentzündungstemperatur**

Die Selbstentzündungstemperatur ist die Temperatur, auf die ein Stoff erhitzt werden muß, damit er von selbst, also **ohne eine Zündquelle,** zu brennen beginnt. Die Selbstentzündungstemperatur liegt meist wesentlich höher als der Flammpunkt des Stoffes.

| Stoff | Klasse Ziffer | Flammpunkt | Selbstentzündungstemperatur |
|---|---|---|---|
| Benzin | 3; 3 b) | ca. - 40 °C | ca. + 750 °C |
| Diesel | 3; 32 c) | ca. + 60 °C | ca. + 350 °C |
| Phospor | 4.2; 11 a) | ca. + 40 °C | ca. + 60 °C |

Bild 2.18 Tabelle Flammpunkt - Selbstentzündungstemperatur

**Viskosität** Das Fließverhalten, auch Viskosität genannt, eines Stoffes ist entscheidend für die Ausbreitungsgeschwindigkeit nach der Beschädigung der Verpackung. Die Temperatur beeinflußt das Fließverhalten. Je höher die Temperatur ist, um so besser fließen die Stoffe.

**Vermischung** Viele Chemikalien reagieren in gefährlicher Weise mit anderen Stoffen. Deshalb ist bei Mischungen verschiedener Stoffe, deren Zusammensetzung nicht genau bekannt ist, wie zum Beispiel bei Schadstoffsammlungen aus Haushalten, besondere Vorsicht erforderlich. Schon geringe Beimischungen von Benzin im Altöl senken den Flammpunkt des Altöles erheblich.

Säurerückstände in Behältern können beispielsweise, wenn auch nur geringe Mengen Wasser hinzukommen, zu heftigen Reaktionen führen und gleichzeitig eine beträchtliche Wärme entwickeln. Diese kann so hoch sein, daß Kunststoffgebinde sich deformieren.

**Sieden** Sieden nennt man den Übergang eines Stoffes von dem flüssigen in die gasförmigen Zustand. Die Siedetemperatur ist auch vom Druck abhängig.

**Dampfdruck** Der Dampfdruck (gemessen in kPa), ist eine nachvollziehbare Größe für die Siedeeigenschaft eines Stoffes. In einem geschlossenen Behälter wird die Flüssigkeit auf eine bestimmte Temperatur erwärmt (z.B. 50 °C). Die verdampften Flüssigkeitsanteile sammeln sich in dem geschlossenen Raum oberhalb der Flüssigkeit und lassen den Druck in diesem Raum ansteigen. Dieser Druck (z.B. 160 kPa) ist der Dampfdruck des Stoffes (z.B. 160 kPa bei 50 °C).

**Ätzwirkung** Kommen Säuren oder Laugen mit anderen Stoffen in Berührung, so versuchen sie, mit diesen Stoffen chemisch zu reagieren. Das bedeutet, die Stoffe setzen sich chemisch um. Dabei kann es zu Begleiterscheinungen wie zum Beispiel zu Erwärmung oder Rauchbildung kommen. Die entstehenden Dämpfe sind meist sehr schädlich und dürfen nicht eingeatmet werden.

## 2.3 Schädigung von Menschen

**Gefahrgut-aufnahme**

Auf den Menschen können Gefahrgüter auf verschiedenen Wegen einwirken. Diese hängen vom Zustand des Gefahrgutes ab, die gasförmig, flüssig oder fest sein können. Durch

- Hautkontakt
- Einatmen oder
- Verschlucken.

können die Stoffe in den menschlichen Körper gelangen.

Wie stark der Körper durch ein Gefahrgut geschädigt wird, hängt von der aufgenommenen Menge des Gutes und von der Gefährlichkeit des Gefahrgutes selbst ab.

Auch nach Umweltschäden kann es durch besonders gefährliche Stoffe über die Nahrungskette bei Menschen noch zu Schädigungen kommen.

## 2.4 Schädigung der Umwelt

Werden Gefahrgüter frei, so führt dies in den meisten Fällen zu Schäden an der Umwelt. Freiwerdende Stäube und Flüssigkeiten, die verstäubt werden oder aus denen Dämpfe aufsteigen, bilden mit der Luft Aerosole, die von Mensch und Tier eingeatmet werden. Als gefährliche Wolken können sich die Schadstoffe auch über längere Wegstrecken ausbreiten und zu großen Schäden führen.

**Nahrungskette**

Sie schlagen sich auch auf Pflanzen nieder und werden so in die Nahrungskette eingeschleppt. Viele dieser Stoffe sind biologisch schwer oder gar nicht abbaubar, sodaß es in den Körpern von Schlachttieren zu Anreicherungen der Schadstoffe kommen kann.

**Boden-schädigungen**

Auch das Eindringen von Schadstoffen ins Erdreich birgt sehr große Gefahren in sich. Boden und Grundwasser können verunreinigt werden. Verschiedene gefährliche Stoffe werden jedoch auch von den Pflanzen aufgenommen, schädigen diese und gelangen auf diesem Weg direkt oder über den Umweg des Futtermittels für Schlachttiere in die Nahrungskette.

**Wasser-schädigungen**

Wasser gehört heute mit zu dem wichtigsten Gütern, die die Natur für den Menschen bereithält. Bereits geringe Mengen von Gefahrgut, beispielsweise Öl, verunreinigen sehr große Mengen von Wasser.

**2.1** ***Welche Stoffe gehören zur Klasse 1?***

- ☐ Entzündbare flüssige Stoffe.
- ☐ Radioaktive Stoffe.
- ☐ Entzündbare feste Stoffe.
- ☒ Explosive Stoffe.

**2.2** ***Welche Stoffe gehören zur Klasse 9?***

- ☐ Entzündend wirkende flüssige Stoffe.
- ☐ Radioaktive Stoffe.
- ☐ Entzündbare feste Stoffe.
- ☒ PCB-haltige Stoffe.

**2.3** ***Welche Stoffe gehören zur Klasse 6.1?***

- ☐ Radioaktive Stoffe.
- ☒ Giftige Stoffe.
- ☐ Ekelerregende Stoffe.
- ☐ Ansteckungsgefährliche Stoffe.

**2.4** ***Welche Gefahren gehen von Stoffen der Klasse 5.1 aus?***

- ☒ Sie wirken brandfördernd.
- ☐ Sie sind sehr leicht brennbar.
- ☐ Sie sind selbstentzündlich.
- ☐ Sic sind cxplosiv.

**2.5** ***Welche Stoffe gehören zur Klasse 4.1?***

- ☐ Entzündbare flüssige Stoffe.
- ☐ Radioaktive Stoffe.
- ☒ Entzündbare feste Stoffe.
- ☐ Explosive Stoffe.

**2.6** ***Welche Gefahren gehen von Stoffen der Klasse 8 aus?***

- ☐ Sie sind sehr leicht brennbar.
- ☒ Sie wirken ätzend.
- ☐ Sie wirken brandfördernd.
- ☐ Sie sind explosiv.

**2.7** ***Welche Stoffe gehören zur Klasse 5.2?***

- ☒ Organische Peroxide.
- ☐ Wasserfeuchte Explosivstoffe.
- ☐ Lungengängige Faserstoffe.
- ☐ Brandfördernde Stoffe.

**2.8** ***Welche Gefahren gehen von Stoffen der Klasse 4.3 aus?***

- ☐ Sie sind entzündbar und fest.
- ☐ Sie wirken brandfördernd.
- ☒ Sie bilden mit Wasser brennbare Gase.
- ☐ Sie sind tiefkalt und flüssig.

**2.9** ***Welche Stoffe bzw. Gegenstände gehören zur Klasse 1?***

- ☐ Propangasflaschen.
- ☐ Leere Benzinkanister.
- ☐ Sicherheitszündhölzer.
- ☒ Feuerwerkskörper.

**2.10** ***Welche Eigenschaften haben Stoffe der Klasse 9?***

- ☐ Der der Klasse 9 ist keine spezifische Gefahr zugeordnet.
- ☐ Sie wirken brandfördernd.
- ☒ Es sind lungengängige Stäube.

## Abbildung der Gefahrzettel und Numerierung siehe Seite 37

**2.11** ***Mit welchem Gefahrzettel werden Gefäße der Klasse 6.2 bei der Zulieferung zum Flughafen gekennzeichnet?***

- ☐ Sie tragen keinen Gefahrzettel.
- ☐ Mit Nr. 14.
- ☒ Mit Nr. 11.
- ☐ Mit Nr. 10.

**2.12** ***Mit welchem Gefahrzettel werden Stoffe der Klasse 5.2 mit explosiven Nebengefahren gekennzeichnet?***

- ☐ Mit Nr. 8.
- ☒ Mit Nr. 1.
- ☐ Mit Nr. 7.
- ☐ Mit Nr. 3.

**2.13** ***Welche Gefahrzettel tragen die ätzenden Stoffe der Klasse 3?***

- ☐ Nr. 8 und 5.
- ☒ Nr. 13 und 3.
- ☐ Nr. 13 und 6.
- ☐ Nr. 9 und 3.

**2.14** ***Welche Gefahrzettel tragen Gasflaschen mit nichtbrennbaren, ätzenden Gasen der Klasse 2?***

- ☐ Nr. 14 und 5.
- ☒ Nr. 2 und 13.
- ☐ Nr. 8 und 2.
- ☐ Nr. 9 und 2.

**2.15** ***Welche Gefahrzettel weisen auf Güter der Klasse 4.1 hin?***

- ☒ Nr. 4.
- ☐ Nr. 5.
- ☐ Nr. 3.
- ☐ Nr. 7.

**2.16** ***Welche Gefahrzettel weisen auf Güter der Klasse 4.3 hin?***

- ☐ Nr. 4.
- ☒ Nr. 5.
- ☒ Nr. 6.
- ☐ Nr. 7.

**2.17** ***Welche Gefahrzettel weisen auf Güter der Klasse 4.2 hin?***

- ☐ Nr. 4.
- ☒ Nr. 5.
- ☒ Nr. 6.
- ☐ Nr. 7.

**2.18** ***Wie werden gesundheitsschädliche Stoffe gekennzeichnet?***

- ☐ Mit Nr. 11.
- ☒ Mit Nr. 10.
- ☐ Mit Nr. 9.
- ☐ Mit Nr. 14.

**2.19** ***Wie kennzeichnet man giftige Gase?***

- ☐ Mit Nr. 3 und 2.
- ☐ Mit Nr. 2 und 10.
- ☐ Mit Nr. 11 und 2.
- ☒ Mit Nr. 2 und 9.

1 

2 

3 

4 

5 

6 

7 

8 

9 

10 

11 

12 

13 

14 

**2.20 *Wann können sich brennbare Gase entzünden?***

- ☐ Wenn sie starken Reibungen ausgesetzt sind.
- ☒ Wenn ausreichend brennbare Gase, Sauerstoff und eine Zündquelle vorhanden sind.
- ☐ Wenn sie ohne Sauerstoff mit einer Zündquelle in Berührung kommen.
- ☐ Wenn beim Entladen die Druckdifferenz zu groß wird.

**2.21 *Was stellt keine Zündgefahr beim Gefahrguttransport dar?***

- ☐ Wenn im Führerhaus geraucht wird.
- ☒ Die Thermoskanne des Beifahrers.
- ☐ Ein Funken der 24 V-Anlage.
- ☒ Eine elektrostatische Aufladung beim Beladen.

**2.22 *Was versteht man unter dem Flammpunkt eines Stoffes?***

- ☐ Die Temperatur, bei der der Stoff von alleine anfängt zu brennen.
- ☐ Die Temperatur, bei der unter Zugabe von Wasser keine Flamme mehr sichtbar ist.
- ☒ Die Temperatur, bei der sich die Gase eines Stoffes unter Anwesenheit von Sauerstoff und einer Zündquelle erstmals entzünden.

**2.23 *Wie können Schadstoffe in die Nahrungskette gelangen?***

- ☐ Die Lebensmittelkontrollen sind so genau, das ist nicht möglich.
- ☐ Das ist nicht möglich, weil die Stoffe sich schon in den Pflanzen und Tieren abbauen.
- ☐ Die Aufnahme in die Nahrungskette erfolgt ausschließlich über das Trinkwasser.
- ☒ Die Pflanzen und Tiere nehmen die Schadstoffe auf, und auf diesem Wege gelangen sie auch in die Nahrungskette.

**2.24 *Was geschieht, wenn Kohlenwasserstoffe in das Grundwasser gelangen?***

- ☐ Sie werden absorbiert und somit unschädlich gemacht.
- ☐ Sie zersetzen sich rückstandslos.
- ☐ Sie verklumpen und reichern sich so in Gewässern an.
- ☒ Sie schwimmen auf der Oberfläche und verteilen sich weitflächig.

**2.25 *Wie wirken giftige Stoffe auf den Menschen ein?***

- ☐ Solange das Gift in der Atemluft fein genug verteilt ist, besteht keine Gefahr.
- ☒ Es besteht Vergiftungsgefahr bei Kontakt und beim Einatmen
- ☐ Es besteht nur Gefahr, wenn das Gift in offene Wunden gelangt.

# 3. Dokumentation

**Dokumentation**

Die Dokumentation ist beim Gefahrguttransport aus verschiedenen Gründen eine der wichtigsten Aufgaben. Zum einen werden durch eine vollständige Dokumentation allen am Transport Beteiligten die erforderlichen Informationen für eine sichere Beförderung gegeben. Zum anderen kann durch eine vollständige Dokumentation den Behörden gegenüber nachvollziehbar das eigene Handeln und die Wahrnehmung der Pflichten dargelegt werden.

## 3.1 Mitzuführende Papiere

Die beim Gefahrguttransport mitzuführenden Papiere werden Begleitpapiere genannt. Welche Papiere erforderlich sind, richtet sich nach den Gegebenheiten der vorliegenden Beförderung.

Jedes einzelne Begleitpapier enthält spezifische Informationen, die während der Beförderung nicht verloren gehen dürfen. Das sorgfältige Ausstellen und die Weitergabe der Papiere sind deshalb besonders wichtig.

**Begleitpapiere**

Begleitpapiere sind,

- das Beförderungspapier,
- die ADR-Vereinbarungen bzw. der Bescheid über eine Ausnahme von der GGVS,
- die Bescheinigung der besonderen Zulassung,
- die ADR-Bescheinigung,
- die schriftlichen Weisungen (Unfallmerkblätter),
- die Beförderungsgenehmigung,
- die Fahrwegbestimmung nach § 7 bzw. 7a.

**Fahrerpflicht**

Nicht alle Begleitpapiere müssen bei jeder Beförderung mitgeführt werden. Der Gefahrgutfahrer muß die jeweils mitgeführten Beförderungspapiere bei Aufforderung durch die Kontrollbehörden zur Überprüfung aushändigen. Enthalten die Begleitpapiere Verhaltensvorschriften für den Fahrer, wie z.B. die Fahrwegbestimmung, so muß der Fahrer diese Bestimmungen einhalten. Auf einige Papiere wird in den Abschnitten 3.1 bis 3.5 eingegangen.

## 3.2 Beförderungspapier

**Beförderungs-papier**

Das Beförderungspapier ist mit eines der wichtigsten Begleitpapiere beim Gefahrguttranport. Es ist bei jeder Beförderung von Gefahrgut (mengenunabhängig) mitzuführen. Die Form des Beförderungspapieres ist nicht vorgeschrieben. Es dürfen Papiere, die aufgrund anderer Vorschriften bei der Beförderung verwendet werden, mit den erforderlichen Daten ergänzt werden. Diese Papiere werden damit zum Beförderungspapier nach der GGVS bzw. dem ADR. Der Inhalt des Beförderungspapiers ist vorgeschrieben.

**- Inhalt**

Folgende Daten sind mindestens erforderlich:

- Bezeichnung (Name) des Gefahrgutes und, wenn vorhanden, die Kennzeichnungsnummer,
- Gefahrgutklasse, Ziffer und ggf. der Buchstabe,
- ADR, RID, GGVS oder GGVE,
- Anzahl und Beschreibung der Versandstücke,
- Bruttomasse, bei Klasse 1 Gütern auch die Netto-explosivstoffmasse,
- Name und Anschrift des Absenders,
- Namen und Anschrift des Empfängers,
- Vermerke, wenn vorhanden, über Vereinbarungen nach dem ADR bzw. über Ausnahmen nach der GGAV.

Die Angabe der Bruttomasse kann bei der Beförderung in Tanks durch die Angaben der Nettomasse des Gutes ersetzt werden (RS 002).

**- Erstellung**

Der Absender muß das Beförderungspapier erstellen und dem Beförderer schriftlich die Angaben für das Beförderungspapier mitteilen. Durch diese Dopplung ist sichergestellt, daß der Beförderer schon bei der Auftragsannahme erfährt, welches Gefahrgut in welchen Mengen und Verpackungen befördert werden soll. Auf diese Weise hat er alle Informationen, um seinen umfassenden Pflichten gerecht zu werden.

**- Sprache**

Beförderungspapiere für grenzüberschreitende Beförderungen werden in der Sprache des Versandlandes abgefaßt. Ist diese

Sprache nicht Englisch, Französisch oder Deutsch, müssen die Angaben zusätzlich in eine dieser Sprachen abgefaßt werden.

Die Eintragung für 12 Faß Schwefel à 75 kg von Köln nach Salzburg im Beförderungspapier lautet, **- Beispiel**

**1350 Schwefel 4.1, 11c ADR; 900 kg**

**Name und Anschrift des Absenders**

**Name und Anschrift des Empfängers**

Werden Mischungen von Stoffen als Abfall befördert, so kann im Beförderungspapier der Begriff Abfall verwendet werden, auch wenn dies nicht nach dem Abfallbegriff des Abfallgesetzes (AbfG) zutrifft. **Abfall**

Im Beförderungspapier kann dann als Benennung stehen,

**Abfall, enthält:** .................... ....................

Hier werden die gefahrauslösenden Stoffe namentlich mit Klasse und Ziffer aufgeführt.

Wird der Begriff Abfall abweichend von den Regeln des AbfG benutzt, ist es sinnvoll, im Beförderungspapier zusätzlich zu vermerken, **Kein Abfall im Sinne des Abfallgesetzes.**

Bei Beförderungen, die den Vorschriften des ADR unterliegen, muß der Absender im Beförderungspapier oder in einer zusätzlichen Erklärung bescheinigen, daß **ADR Besonderheit**

- das Gut auf der Straße zur Beförderung zugelassen ist und
- sein Zustand sowie seine Beschaffenheit, Verpackung und Bezettelung den Vorschriften entsprechen und,
- wenn mehrere Gefahrgüter in einer Sammelverpackung oder in einem Container zusammengepackt sind, erklären, daß die Zusammenpackung zulässig ist.

In der Praxis wird dies oft durch den Vermerk realisiert

| |
|---|
| **Die Einhaltung der Rn. 2002 (9) wird bescheinigt.** |

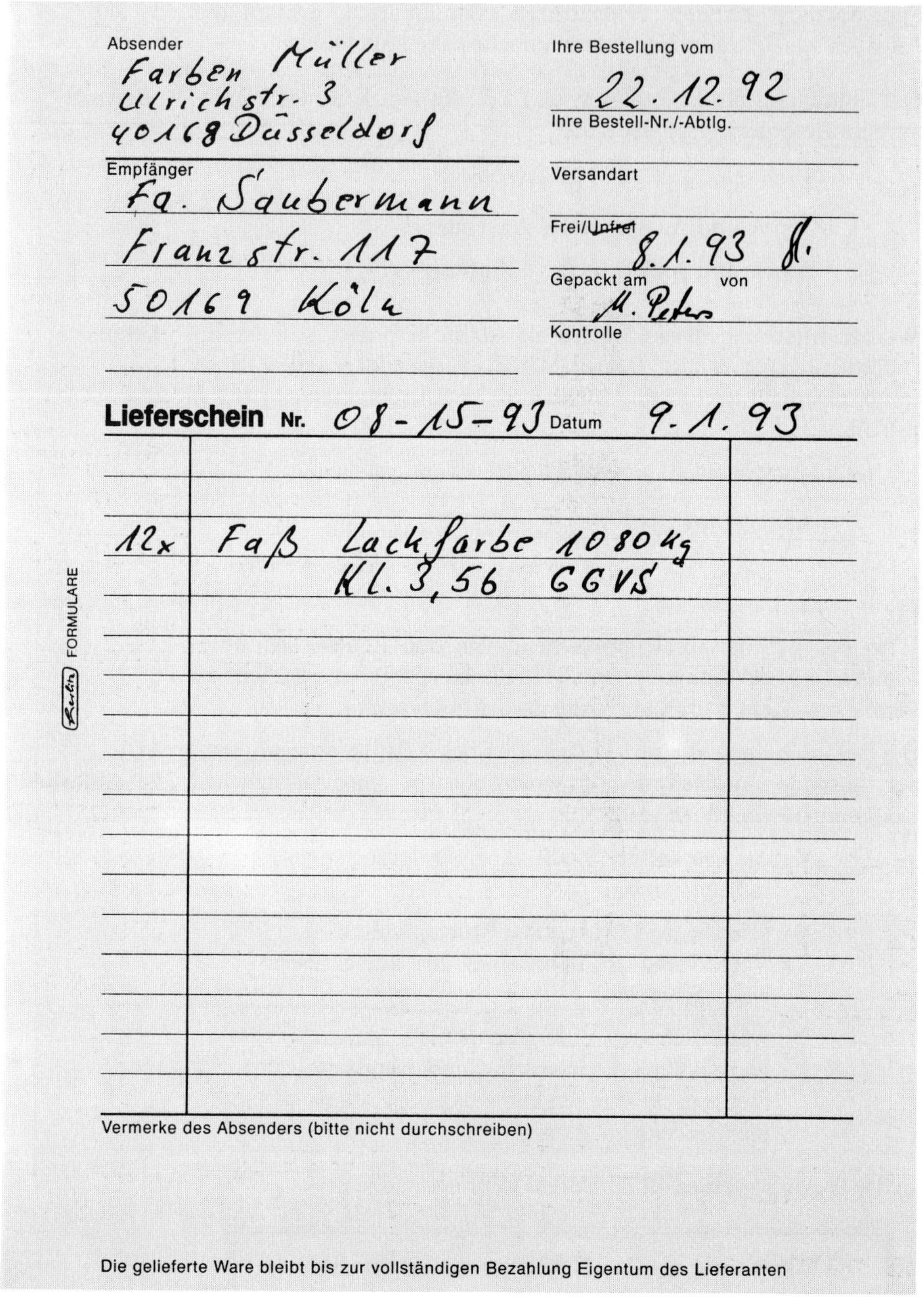

Absender
Farben Müller
Ulrichstr. 3
40168 Düsseldorf

Ihre Bestellung vom
22.12.92
Ihre Bestell-Nr./-Abtlg.

Empfänger
Fa. Saubermann
Franzstr. 117
50169 Köln

Versandart
Frei/Unfrei 8.1.93
Gepackt am von
M. Peters
Kontrolle

**Lieferschein** Nr. 08-15-93 Datum 9.1.93

12x Faß Lackfarbe 1080 kg
Kl. 3,56 GGVS

Vermerke des Absenders (bitte nicht durchschreiben)

Die gelieferte Ware bleibt bis zur vollständigen Bezahlung Eigentum des Lieferanten

Herlitz FORMULARE

Bild 3.1 Beförderungspapier z.B. Lieferschein

Für die Tarifüberwachung weiß · Für den Absender gelb · Für den Empfänger rot · Für den Unternehmer grün

SVG

**FRACHTBRIEF**
**für den gewerblichen Güterfernverkehr**

Nr. ______

Absender – Name und Postanschrift

Versandort
Beladestelle
Gemeinde-tarifbereich

Empfänger – Name und Postanschrift

Bestimmungsort
Entladestelle
Gemeinde-tarifbereich

Weitere Beladestellen im Versandort

Weitere Entladestellen im Bestimmungsort

Erklärungen, Vereinbarungen (ggf. Hinweis auf Spezialfahrzeuge)

Tarifentfernung

Amtl. Kennzeichen
LKW
Anh.

Nutzlast in t
LKW | Anh.

Fahrzeugführer

Begleiter

Fahrtenbuch Nr.

Gen. Nr.

BELADUNG
Fahrzeug bereitgestellt
Tag Stunde

Beladung beendet
Tag Stunde

ENTLADUNG
Fahrzeug bereitgestellt
Tag Stunde

Entladung beendet
Tag Stunde

Bezeichnung der Sendung

| Anzahl, Art, Verpackung | Zeichen, Nr. | Inhalt (tarifmäßige Bezeichnung) | Güterart-Nr. | Bruttogewicht kg |
|---|---|---|---|---|
| | | | | |
| | | | | |
| | | | | |
| | | | | |
| | | | | |

Freivermerk

Nachnahme DM

Ort und Tag der Ausstellung
______, den ______
Unterschrift des Absenders

Empfang der Sendung bescheinigt
______, den ______
Unterschrift des Empfängers

Gut und Frachtbrief übernommen
Tag ______ Stunde ______
Anschrift und Unterschrift des Unternehmers

Frachtberechnung (in Reihenfolge der Zeilen 16 bis 20)

| Frachtpflichtiges Gewicht kg | Ladungsklasse bzw. AT | Gewichtsklasse | Frachtsatz Pf/100 kg | errechnete Fracht DM | vereinbarte Fracht DM | Zuschläge gemäß | Zuschläge % | Zuschläge DM | Summe DM | Werbe- u. Abfertigungsvergütung (WAV) % | Werbe- u. Abfertigungsvergütung (WAV) DM |
|---|---|---|---|---|---|---|---|---|---|---|---|
| | | | | | | | | | | | |
| | | | | | | | | | | | |
| | | | | | | | | | | | |
| | | | | | | | | | | | |
| | | | | | | | | | | | |

Insgesamt DM
Nebengebühr, Zuschlag Ziffer
Nebengebühr, Zuschlag Ziffer
Nebengebühr, Zuschlag Ziffer
Nebengebühr, Zuschlag Ziffer
Beförderungsentgelt DM
WAV DM

Rechnung in DM

| | zu zahlen vom Absender | zu zahlen vom Empfänger |
|---|---|---|
| Beförderungsentgelt | | |
| ·/. WAV | | |
| + Umsatzsteuer | | |
| Zwischensumme | | |
| durchl. Posten + | | |
| zu zahlender Betrag DM | | |

Der Frachtbrief ist genau auszufüllen (§§ 10–13 KVO) Radieren unzulässig Änderungen mit Unterschrift bescheinigen

Bild 3.2 Beförderungspapier z.B. Frachtbrief

## 3.3 Schriftliche Weisungen

**Unfallmerkblatt**

Bei der Vielzahl der auf der Straße transportierten Gefahrgüter ist kein Gefahrgutfahrer in der Lage, die Gefahren aller Stoffe und Güter und die entsprechenden Maßnahmen für Notfälle zu kennen. Damit der Fahrer sich jedoch auf die Besonderheiten des Ladegutes einstellen kann, werden ihm Unfallmerkblätter mitgegeben, die er vor Beförderungsbeginn zur Kenntnis nehmen muß.

**- Form und Farbe**

Die Vorschriften der GGVS bzw. des ADR geben den Inhalt der schriftlichen Weisungen (Unfallmerkblätter) vor. Die äußere Form, die Farben und die Papierqualität jedoch nicht. Deshalb sind auch Kopien von Unfallmerkblättern von den Kontrollbehörden nicht zu beanstanden.

**- RS 006**

In einer Richtlinie (RS 006) gibt der Gesetzgeber in Deutschland weitere Empfehlungen für die Ausgestaltung der Unfallmerkblätter. Diese Richtlinie ist nicht verbindlich, und man darf von ihr abweichen.

**- Inhalt**

Der Inhalt des Unfallmerkblattes wird dem Beförderer und Fahrer vorgegeben. Nur derjenige, der ein Gefahrgut mit all seinen chemischen und physikalischen Besonderheiten kennt, ist in der Lage, ein Unfallmerkblatt richtig zu erstellen.

Das Unfallmerkblatt enthält Hinweise zu folgenden Punkten,

- Eigenschaften des Ladesgutes,
- Gefahren,
- Schutzausrüstung,
- Notmaßnahmen bei
  - einem Leck,
  - Feuer,
  - Erste Hilfe.

**- Sprache**

Das Unfallmerkblatt ist in der Sprache des Ursprungslandes zu erstellen. Ist diese Sprache nicht die gleiche wie die der beim Transport durchfahrenen Staaten, so muß das Unfallmerkblatt auch in den Sprachen der Länder mitgeführt werden, die von dem Gefahrguttransport berührt werden.

**Beförderer-Verlader-Fahrerpflicht**

Der Verlader muß dem Fahrer die Unfallmerkblätter mitgeben, und der Fahrer muß sie so zur Kenntnis nehmen, damit er im Gefahrenfall deren Inhalt anwenden kann. Sind zur Anwendung der im Unfallmerkblatt beschriebenen Maßnahmen besondere Gegenstände erforderlich, so muß der Beförderer bzw. bei Ausrüstungsgegenständen des Fahrzeugs der Fahrzeughalter, diese dem Fahrer zur Verfügung stellen.

**Mitführungspflicht**

Wann Unfallmerkblätter bei einem Gefahrguttransport mitgeführt werden müssen, ist nicht für alle Güter einheitlich geregelt. Die Mitführungspflicht ist abhängig von der Art, der Menge und der Beförderungsart des Gefahrgutes.

**Grenzmenge**

***Muß*** eine Beförderungseinheit mit einer Warntafel ausgerüstet sein, so sind ein oder mehrere Unfallmerkblätter erforderlich. Die Mengengrenzen sind in der "Liste der begrenzten Mengen" (Rn. 10 011 siehe Abschnitt 4.2) aufgeführt.

Der Einfluß der Beförderungsart stellt sich folgendermaßen dar:

| Beförderungsart des Gutes | Mitführungspflicht |
|---|---|
| in Tanks oder als Schüttgut | immer |
| in Versandstücken | Massenabhängig nach Rn. 10 011 (siehe Abschnitt 4.2) |

Für jedes mitgeführte Gefahrgut ist bei Überschreitung der vorstehenden Bedingungen ein Unfallmerkblatt erforderlich.

Die Unfallmerkblätter müssen deutlich sichtbar im Führerhaus des Fahrzeuges mitgeführt werden.

Hat der Fahrzeugführer noch Unfallmerkblätter von Gütern, die nicht auf dem Fahrzeug geladen sind, so sollen diese in einem Behälter mit der Aufschrift "ungültige Unfallmerkblätter" untergebracht sein.

| UNFALLMERKBLATT FÜR STRASSENTRANSPORT | Klasse 4.1<br>Ziff. 13c GGVS/ADR |
|---|---|

**MAGNESIUM**

| 1869 |
|---|
| |

| | |
|---|---|
| **Eigenschaften des Ladegutes:** | Geformter fester Stoff, grau-weiß, geruchlos<br>Teilweise löslich in Wasser |
| **Gefahren:** | Entzündbar<br>Kann mit brandfördernden Stoffen (Stoffe der Klasse 5.1) heftig reagieren – Explosionsgefahr<br>Mit Säuren entwickelt sich leicht entzündliches Gas – Explosionsgefahr<br>Mit starken Säuren entwickeltes Gas kann giftig sein |
| **Schutzausrüstung:** | Dichtschließende Schutzbrille<br>Handschuhe<br>Augenspülflasche mit reinem Wasser |

**NOTMASSNAHMEN** **Sofort Feuerwehr und Polizei benachrichtigen**

- Motor abstellen
- Zündquellen fernhalten (z. B. kein offenes Feuer), Rauchverbot
- Straße sichern und andere Straßenbenutzer warnen
- Unbefugte fernhalten
- Auf windzugewandter Seite bleiben

**Leck**

- Verschüttetes Ladegut zusammenkehren, vor Wasser schützen und an einen sicheren Ort bringen
- Fachmann beiziehen
- Verbleibendes Ladegut trocken halten
- Falls Produkt in Gewässer oder Kanalisation gelangt ist oder Erdboden oder Pflanzen verunreinigt hat, Feuerwehr oder Polizei darauf hinweisen

**Feuer**

- Mit Sand oder Spezialpulver für Metallbrände löschen
- Niemals Wasser verwenden
- Falls Feuer nicht gelöscht werden kann, unbeschädigte Behälter an einen sicheren Ort bringen

**Erste Hilfe**

- Falls Produkt in Augen gelangt, unverzüglich mit viel Wasser mehrere Minuten spülen
- Betroffene Haut mit viel Wasser waschen
- Ärztliche Hilfe erforderlich bei Symptomen, die offensichtlich auf Einwirkung auf Augen oder Haut, Verschlucken oder Einatmen von Gasen zurückzuführen sind

**Telefonische Rückfragen:**

**Gilt nur während des Straßentransports**

Bild 3.3 Stoffbezogenes Unfallmerkblatt

# Unfallmerkblatt Strasse DEUTSCH

Klasse 3
Ziffer 3 b
GGVS/ADR

## KOHLENWASSERSTOFF-GEMISCHE

**Flammpunkt unter 21° C**

**Produktbezeichnungen: siehe Rückseite**

33
1203

**Eigenschaften des Ladegutes:**

- Flüssigkeit mit Geruch
- Nicht mischbar mit Wasser
- Leichter als Wasser

**Gefahren:**

- Leicht entzündbar
- Leicht flüchtig
- Dämpfe sind unsichtbar, schwerer als Luft und breiten sich am Boden aus
- Kann mit Luft explosionsfähige Gemische bilden, auch in leeren, ungereinigten Behältern
- Erhitzen führt zu Drucksteigerung – Berst- und Explosionsgefahr
- Durch Flüssigkeit oder Dämpfe ist Reizung von Augen, Haut und Atemwegen möglich
- Dämpfe führen in hoher Konzentration zu Bewußtlosigkeit
- Gefahr für Gewässer und Kläranlagen

**Schutzausrüstung:**

- Dichtschließende Schutzbrille
- Handschuhe aus geeignetem Kunststoff oder synthetischem Gummi
- Schaufel
- Antistatisches Schuhwerk, möglichst Stiefel

**NOTMASSNAHMEN**

| Sofort Feuerwehr | | Polizei anrufen |
|---|---|---|
| 122 | A | 133 |
| 112 | D | 110 |
| 118 | CH | 117 |

- Motor abstellen
- Zündquellen fernhalten (z. B. kein offenes Feuer), Rauchverbot
- Straße sichern und andere Straßenbenutzer warnen
- Unbefugte fernhalten
- Nur explosionsgeschützte Leuchten und Elektrogeräte benutzen
- Auf windzugewandter Seite bleiben

**Leck**

- Wenn möglich, Undichtigkeiten beseitigen
- Auslaufende Flüssigkeit mit Erde, Sand oder anderem geeigneten Material eindämmen; Fachmann beiziehen
- Eindringen der Flüssigkeit in Kanalisation, Gruben und Keller verhindern
- Kanalisation abdecken, Keller und Gruben evakuieren lassen
- Falls Produkt in Gewässer oder Kanalisation gelangt oder auf Erdboden oder Pflanzen gekommen ist, Feuerwehr oder Polizei darauf hinweisen
- Bevölkerung warnen – Explosionsgefahr

**Feuer**

- Bei Feuereinwirkung Behälter mit Wassersprühstrahl kühlen
- Löschen vorzugsweise mit Löschpulver, Schaum
- Niemals scharfen Wasserstrahl verwenden

**Erste Hilfe**

- Falls Produkt in Augen gelangt, unverzüglich mit viel Wasser mehrere Minuten spülen
- Mit Produkt verunreinigte Kleidungsstücke unverzüglich entfernen und die betroffene Haut mit Seife und Wasser waschen
- Ärztliche Hilfe erforderlich bei Symptomen, die offensichtlich auf Einatmen oder Einwirkung auf Haut und Augen zurückzuführen sind

**Zusätzlicher Hinweis:** **Vorstehende Angaben gelten auch für leere ungereinigte Tanks.**

**Telefonische Rückfrage:**

**Herausgeber:** **MINERALÖLWIRTSCHAFTSVERBAND E.V.** 93/2
**20099 Hamburg · Steindamm 71 · Telefon 0 40 / 28 54-54 (Fax -27)**
**Änderungen sowie jede Form der Vervielfältigung nur mit Zustimmung des MWV.**

Bild 3.4 Gruppenunfallmerkblatt

# Unfallmerkblatt Strasse DEUTSCH

nur für den innerstaatlichen Verkehr nach
**GGVS/GGVE**

**SAMMELLADUNG GEFÄHRLICHER GÜTER IN VERSAND-STÜCKEN FÜR DIE KLASSEN 2, 3, 4.1, 4.2, 4.3, 5.1, 6.1, 8 und 9**

**Eigenschaften des Ladegutes:**

Die Substanzen können Flüssigkeiten, feste Stoffe oder Gase sein.
Ihre Eigenschaften sind aus Spalte 3, ihre Kennzeichnung (Gefahrzettel) aus Spalte 1 der **Rückseite** zu ersehen.

**Gefahren:**

Stoffe können explosionsgefährlich entzündbar, selbstentzündlich, giftig oder ätzend sein oder die Verbrennung fördern oder sich zersetzen. Sie können explosionsfähige Gemische mit Luft bilden, sie können miteinander oder mit Wasser reagieren.
Erhitzen kann zum Behälterzerknall, zur Explosion, Zersetzung und /oder Bildung von giftigen Gasen / Dämpfen führen.
Mögliche Gefahr für Gewässer und Kläranlagen.
(Vgl. Gefahrenangaben zu den einzelnen Gefahrklassen bzw. Gefahrzetteln auf der **Rückseite** in Spalte 3)

**Schutzausrüstung:**

**Für Hilfskräfte:** Erstmaßnahme: Vollschutz nach VFDB-Richtlinie 0801.
Nach Klärung des Ladungsinhalts klassenspezifische Schutzausrüstung und Maßnahmen (siehe **Rückseite** Spalte 4 und 5).

**Für Fahrzeugführer:** Geeigneter Atemschutz in Kombination mit dichtschließender Schutzbrille,
dichtschließende Schutzbrille,
Schutzkleidung sowie
Handschuhe aus Kunststoff oder Gummi, wenn erforderlich
Schaufel

## NOTMASSNAHMEN

**Sofort Feuerwehr 112 — A / D / CH — 110 Polizei anrufen**

- Motor abstellen.
- Schutzausrüstung anlegen.
- Zündquellen fernhalten (z.B. kein offenes Feuer) – Rauchverbot.
- Straße sichern und andere Straßenbenutzer warnen.
- Unbefugte fernhalten.
- Auf windzugewandter Seite bleiben.
- Nur explosionsgeschützte Leuchten und Elektrogeräte benutzen.
- Transportdokumente aus dem Führerhaus bergen und Feuerwehr oder Polizei bei Eintreffen übergeben.

**Leck**

- Ausgelaufene Flüssigkeit mit Erde, Sand oder anderem geeigneten Material eindämmen.
- Verschüttete Feststoff mit trockenem Sand oder anderem geeigneten Material zudecken.
- Verschüttetes Ladegut nur in geeignete Gefäße füllen.
- Falls Produkt in Gewässer oder Kanalisation gelangt ist oder Erdboden oder Pflanzen verunreinigt hat, Feuerwehr oder Polizei darauf hinweisen.

**Fachmann hinzuziehen**

**Feuer**

- Entstehungsbrände mit Feuerlöscher bekämpfen; für die weitere Brandbekämpfung siehe **Rückseite** Spalte 4

**Erste Hilfe**

- Unter Beachtung des Selbstschutzes Verletzte retten.
- Mit Produkt verunreinigte Haut sofort mit viel Wasser gründlich spülen.
- Falls Produkt in Augen gelangt, unverzüglich mit viel Wasser mindestens 15 Minuten spülen.
- Verunreinigte Kleidungsstücke sofort ausziehen.
- Ärztliche Hilfe grundsätzlich anfordern, insbesonder aber erforderlich bei Symptomen, die offensichtlich auf Einatmen, Verschlucken, Einwirkungauf Haut und Augen oder Einatmen u. a. von Verbrennungsgasen zurückzuführen sind.

**Telefonische Rückfrage:**

**Herausgeber:** **MINERALÖLWIRTSCHAFTSVERBAND E.V.** MWV 93/12
**20099 Hamburg · Steindamm 71 · Telefon 0 40 / 28 54-54 (Fax -27)**
**Änderungen sowie jede Form der Vervielfältigung nur mit Zustimmung des MWV.**

Bild 3.5 Sammelunfallmerkblatt Seite 1

| Gefahrzettel | Klasse | Güterarten und ihre gefährlichen Eigenschaften | Bei Unfällen oder Zwischenfällen direkt zu ergreifende Maßnahmen | Schutzausrüstung für Hilfskräfte Hinweise für andere |
|---|---|---|---|---|
| 1 | 2 | 3 | 4 | 5 |
|  | 2 | **Verdichtete, verflüssigte oder unter Druck gelöste Gase.** Explosions-, Zerknall-, Brand- und/oder Vergiftungsgefahr. Reagieren auf Hitze, z. T. auch auf Stoß und Schlag. Wassergefährdend, wenn wasserlöslich. | Personen möglichst gegen den Wind aus dem Gefahrenbereich bringen. Bei Brand Gasflaschen und Behälter kühlen und möglichst aus dem Gefahrenbereich bringen. Bei Brand Behälter kühlen. Gas ausbrennen lassen, wenn Gasaustritt nicht zu stoppen ist. Leckstellen nicht direkt anspritzen. Auf sichere Deckung achten. Zündquellen fernhalten. Absperren im Bereich wahrnehmbarer Wolke. Betroffene warnen. | **Schutzausrüstung für den Fall der Produktberührung:** Chemikalienschutzanzug nach VFDB-Richtlinie 0801. |
|  | 3 | **Entzündbare flüssige Stoffe** Brandgefahr, Explosionsgefahr bei Dampfwolkenbildung. Entzündbar durch Hitzeeinwirkung, Flug- und Schlagfunken. Gefahr für Wasser, Kanalisation und Kläranlagen. | Bei Brand mit Pulver, Schaum oder Sprühstrahl löschen. Vom Brand nicht erfaßte Behälter kühlen. Zündquellen fernhalten. Schaumlöschmittel sind wassergefährdend. Auslaufende Stoffe nicht in Gewässer oder Kanalisation fließen lassen. | **Ansonsten** Feuerwehrdienstanzug nach Dienstvorschrift, geeigneter Atemschutz (wenn erforderlich). Augenspülflasche mit reinem Wasser, Erste-Hilfe-Ausrüstung mit ärztlicher Weisung für Spezialbehandlung. |
|  | 4.1 | **Entzündbare feste Stoffe** Brandgefahr Entzündbar durch Hitzeeinwirkung | Bei Brand mit Wassersprühstrahl, Schaum oder Pulver löschen. Rauchgase niederschlagen. Zündquellen fernhalten. Gewässer schützen. | |
|  | 4.2 | **Selbstentzündliche Stoffe** Selbstentzündungsgefahr bei beschädigten Versandstücken und verschüttetem Inhalt. Reagieren teilweise heftig in Verbindung mit Wasser. | Wenn möglich, Behälter aus dem Gefahrenbereich bringen. Vorsicht: Metallalkyle und Metall-Stäube (und -Pulver) reagieren explosionsartig mit Wasser, daher wasserfreie Sonderlöschmittel einsetzen, z. B. Pulver, Zement. Bei anderen Produkten dieser Klasse Brand mit Pulver oder viel Wasser löschen. Gewässer schützen. | |
|  | 4.3 | **Stoffe, die in Berührung mit Wasser entzündbare Gase entwickeln** Explosions- und Enzündungsgefahr bei beschädigten Versandstücken oder verschüttetem Inhalt. Reagieren z. T. sehr heftig m. Wasser. | Wenn möglich, Behälter aus dem Gefahrenbereich bringen. Bei Brand nur mit Pulver oder trockenen bzw. gasförmigen Mitteln löschen. Wassergabe verursacht Brandausweitung und kann Explosionsgefahren auslösen. | **Hinweise geben an** Polizei bzw. Feuerwehr, Sanitätsdienste, Umweltschutzbehörde, Wasserbehörden |
|  | 5.1 | **Entzündend (oxydierend) wirkende Stoffe** Explosions-, Entzündungs- und Gesundheitsgefahr bei beschädigten Versandstücken und verschüttetem Inhalt. Reagieren sehr heftig in Verbindung mit anderen brennbaren Stoffen. | Wenn möglich, Behälter aus dem Gefahrenbereich bringen. Vermischen mit brennbaren Stoffen vermeiden. Bei Brand sehr viel Wasser einsetzen. Deckung halten. Gewässerschutz beachten. | **Informieren über** Ladungsinhalt, Produkte, die ausgelaufen sind oder mit denen Personen in Kontakt gekommen sind. |
|  | 6.1 | Giftige Stoffe Vergiftungs- und zum Teil Brandgefahr. Einatmen, Verschlucken, Hautkontakt vermeiden. Gefahr für Gewässer u. Kläranlagen. | Bei Meldung auf Wassergefährdung hinweisen. Nicht in Gewässer oder Kanalisation fließen lassen. Bei Brand mit Pulver, Schaum oder Sprühstrahl löschen. Vom Brand nicht erfaßte Behälter kühlen. Absperren im Bereich wahrnehmbarer Wolke. Betroffene warnen. Produktberührte Ausrüstung sammeln und nach Rücksprache mit Fachleuten behandeln. | |
|  | 8 | **Ätzende Stoffe** Verätzungs-, Brand- und Explosionsgefahr bei beschädigten oder kontaminierten Versandstücken und verschüttetem Inhalt. Reagieren z. T. sehr heftig untereinander, mit Wasser und mit anderen gefährlichen Stoffen. Gefahr für Gewässer, Kanalisation u. Kläranlagen. | Bei Meldung auf Wassergefährung hinweisen. Bei Brand mit Pulver oder Wasser bekämpfen. Auslaufende Stoffe nicht in Gewässer oder Kanalisation fließen lassen. Absperren im Bereich wahrnehmbarer Wolke. Betroffene warnen. Jede Produktbenutzung mit Wasser abspülen, ggf. Mannschutz mit Wassersprühstrahl. Leckstellen nicht direkt anspritzen. | |
|  | 9 | Verschiedene Gefahren, wie z. B. Gefahr bei Brand, Einatmen von gesundheitsgefährlichen Stoffen, Bildung von sehr giftigen Stoffen im Brandfall oder Wassergefährdung. | Bei Meldung auf Wassergefährdung hinweisen. Auslaufende Stoffe nicht in Gewässer oder Kanalisation fließen lassen. Brände in der Nähe verflüssigter Metalle nicht mit Wasser löschen. Bei Brand von PCB Gefahr sehr giftiger Dioxinentwicklung. Bei Asbest vor dem Einatmen von Stäuben schützen. | Bei Asbest geeigneter Atemschutz gegen mineralische Stäube. |

Bild 3.6 Sammelunfallmerkblatt Seite 2

### 3.3.1 Arten von Unfallmerkblättern

Es gibt verschiedene Arten von Unfallmerkblättern. Aufgrund der unterschiedlichen Arten unterscheidet man in

- stoffbezogene Unfallmerkblätter und
- stoffgruppenbezogene Unfallmerkblätter.

**Einzelunfallmerkblatt**

Die stoffbezogenen Unfallmerkblätter beziehen sich mit der inhaltlichen Beschreibung der notwendigen Maßnahmen bei Unfällen oder Zwischenfällen auf ein bestimmtes, im Unfallmerkblatt aufgeführtes Gefahrgut.

**Gruppenunfallmerkblatt**

Diese Art der Unfallmerkblätter können für Stoffgruppen mit gleichen Gefahreigenschaften eingesetzt werden. Im Bereich der Lack- und Klebstoffindustrie wird davon häufig Gebrauch gemacht.

### 3.3.2 Sammelunfallmerkblatt

**Sammelunfallmerkblatt**

**bei GGVS**

Bei Beförderungen, die der GGVS unterliegen, darf aufgrund der Ausnahme Nr. 35 (S) ein Sammelunfallmerkblatt benutzt werden. Das Sammelunfallmerkblatt muß original (bunt) mitgeführt werden.

Die Verwendung des Sammelunfallmerkblattes ist beschränkt auf die Stoffe und Gegenstände der Klasse 2, 3 4.1, 4.2, 4.3, 5.1, 5.2, 6.1, 8 und 9. Für die nichtgenannten Klassen ist immer ein spezifisches Unfallmerkblatt erforderlich.

**Mengengrenze**

Es darf eingesetzt werden, wenn die Bruttomasse des einzelnen Gutes 1 000 kg nicht überschreitet.

Wird von einem Gut die Höchstgrenze von 1 000 kg überschritten, oder muß § 7 GGVS (Fahrwegbestimmung siehe auch Abschnitt 3.6) angewendet werden, so ist ein spezifisches Unfallmerkblatt für diese Stoffe mitzuführen.

## 3.4 ADR-Bescheinigung

Das Formular der ADR-Bescheinigung wurde in den letzten Jahren mehrfach geändert.

**ADR-Bescheinigung**

Eine ADR-Bescheinigung ist erforderlich für Fahrer von

- kennzeichnungspflichtigen Fahrzeugen größer 3,5 t zulässiges Gesamtgewicht (zGG) und ab dem 1.1.1995 im ADR Verkehr (GGVS siehe Stufenplan des BMV),
- Beförderungseinheiten mit Tanks größer 3 000 l und mehr als 3,5 t zGG,
- kennzeichnungspflichtigen Fahrzeugen größer 3,5 t zGG mit Stoffen der Klasse 1,
- kennzeichnungspflichtigen Fahrzeugen größer 3,5 t zGG mit Stoffen der Blätter 5-13 der Klasse 7.

**Stufenplan nach GGVS**

Zur zeitlichen Entzerrung des hohen Schulungsaufkommens wurde in Deutschland folgender Stufenplan für die ADR-Bescheinigung bei GGVS-Transporten eingeführt:

- seit dem 1.7.1991 für Fahrer von kennzeichnungspflichtigen Beförderungseinheiten mit Versandstücken größer 38 t zGG,
- seit dem 1.1.1993 für Fahrer von kennzeichnungspflichtigen Beförderungseinheiten mit Versandstücken größer 7,5 t zGG,
- ab dem 1.1.1995 wie vorstehend einheitlich im gesamten Geltungsbereich des ADR.

**Gültigkeit**

**Verlängerung**

**Test**

Die ADR-Bescheinigung wird in Deutschland befristet auf drei Jahre ausgestellt. Vor Ablauf dieser Dreijahresfrist muß ein Fortbildungslehrgang erfolgreich besucht werden. Auf Antrag bei der IHK kann für Fahrer, die nachweisen, daß sie als Gefahrgutfahrer in der Vergangenheit tätig waren, die Teilnahme an einem Fortbildungslehrgang entfallen. Dann muß jedoch ein schriftlicher Test als Nachweis für die Kenntnisse absolviert werden.

**Fragen?**

Da die Regelungen im Einzelfall von IHK zu IHK unterschiedlich gehandhabt werden, richten Sie Fragen dazu an Ihre IHK oder an Ihre Gefahrgutausbildungsstätte.

**ADR-Bescheinigung**

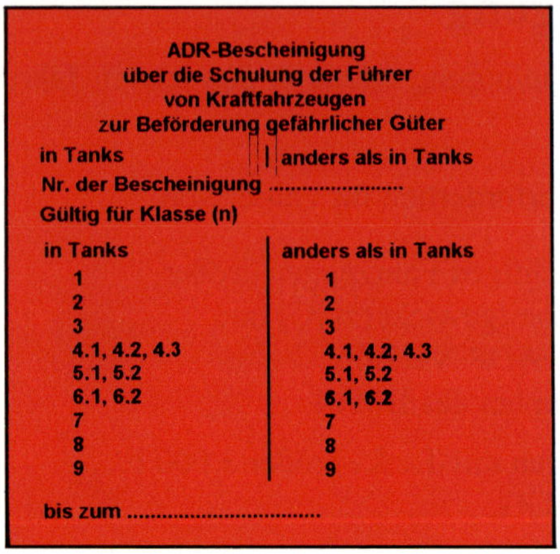

ADR-Bescheinigung
über die Schulung der Führer
von Kraftfahrzeugen
zur Beförderung gefährlicher Güter

in Tanks | anders als in Tanks

Nr. der Bescheinigung ......................

Gültig für Klasse (n)

| in Tanks | anders als in Tanks |
|---|---|
| 1 | 1 |
| 2 | 2 |
| 3 | 3 |
| 4.1, 4.2, 4.3 | 4.1, 4.2, 4.3 |
| 5.1, 5.2 | 5.1, 5.2 |
| 6.1, 6.2 | 6.1, 6.2 |
| 7 | 7 |
| 8 | 8 |
| 9 | 9 |

bis zum ..............................

Bild 3.7 ADR-Bescheinigung

**Geltungsbereich**

Die ADR-Bescheinigung, die Sie nach der Erfolgskontrolle des Grundkurs erhalten, berechtigt zur Beförderung von Gefahrgütern (aller Gefahrgutklassen, ausgenommen Klasse 7) in

- Versandstücken und in
- loser Schüttung.

Für Beförderungen in

- Tanks

sind außerdem der Zusatzgrundkurs Tank und die entsprechenden Aufbaukurse für die jeweiligen Gefahrgutklassen erforderlich.

**Zusätzliche Anforderungen**

Werden aus anderen Rechtsvorschriften heraus zusätzliche Qualifikationsanforderungen an Fahrer oder Begleitpersonal gestellt (z.B. Sprengstoff- oder Atomrecht), so müssen diese zusätzlich zur GGVS bzw. zum ADR erfüllt werden.

## 3.5 Bescheinigung der besonderen Zulassung

Eine besondere Zulassung von Fahrzeugen für den Gefahrguttransport ist für Beförderungseinheiten Typ III, Sprengstoffe der Klasse 1 (Typeinteilung siehe Abschnitt 5.1) erforderlich. Die besonderen Zulassungen für Tankfahrzeuge werden im Abschnitt 3.5 des Zusatzgrundkurs Tank behandelt.

**Übergangs-regelung**

Solange die Prüfbescheinigung alt (Bild 3.8), noch gültig ist, darf sie für innerstaatliche Beförderungen, längstens jedoch bis 31. Dezember 1995, weiter verwendet werden.

**Ausstellung**

Die Bescheinigung der besonderen Zulassung (Bild 3.9) wird nach einer Prüfung des Fahrzeugs durch den "amtlich anerkannten Sachverständigen" (in den alten Bundesländern Mitarbeiter der TÜV, in den neuen Bundesländern Mitarbeiter der DEKRA) ausgestellt. Sie bleibt ein Jahr gültig. Die Gültigkeit kann von den nach § 29 StVZO verantwortlichen Personen nach einer Überprüfung (Hauptuntersuchung) um jeweils ein Jahr verlängert werden.

**Verlängerung**

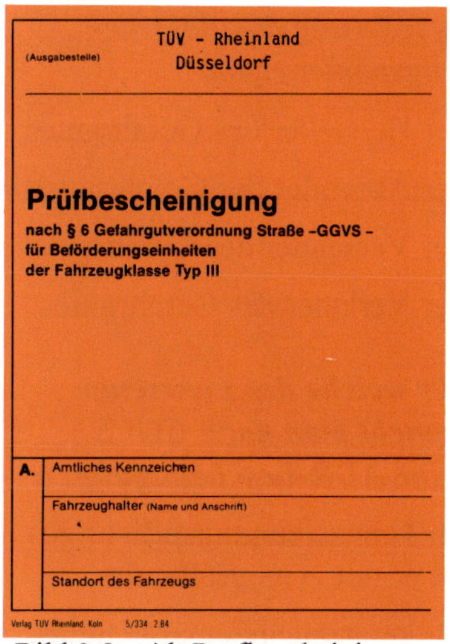
(Ausgabestelle) TÜV - Rheinland Düsseldorf

**Prüfbescheinigung**

**nach § 6 Gefahrgutverordnung Straße -GGVS -**
**für Beförderungseinheiten**
**der Fahrzeugklasse Typ III**

A. Amtliches Kennzeichen

Fahrzeughalter (Name und Anschrift)

Standort des Fahrzeugs

Verlag TÜV Rheinland Köln 5/334 2.84

Bild 3.8 Alt Prüfbescheinigung

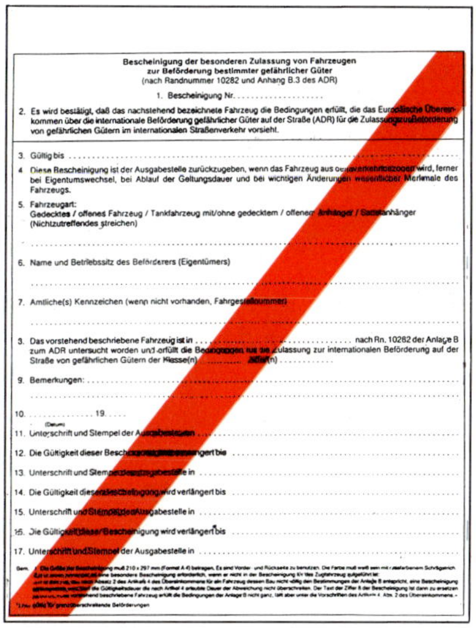
**Bescheinigung der besonderen Zulassung von Fahrzeugen**
**zur Beförderung bestimmter gefährlicher Güter**
(nach Randnummer 10282 und Anhang B.3 des ADR)

1. Bescheinigung Nr. ....................

2. Es wird bestätigt, daß das nachstehend bezeichnete Fahrzeug die Bedingungen erfüllt, die das Europäische Übereinkommen über die internationale Beförderung gefährlicher Güter auf der Straße (ADR) für die Zulassung zur Beförderung von gefährlichen Gütern im internationalen Straßenverkehr vorsieht.

3. Gültig bis ....................

4. Diese Bescheinigung ist der Ausgabestelle zurückzugeben, wenn das Fahrzeug aus dem Verkehr gezogen wird, ferner bei Eigentumswechsel, bei Ablauf der Geltungsdauer und bei wichtigen Änderungen wesentlicher Merkmale des Fahrzeugs.

5. Fahrzeugart:
Gedecktes / offenes Fahrzeug / Tankfahrzeug mit/ohne gedecktem / offenem Anhänger / Sattelanhänger
(Nichtzutreffendes streichen)

6. Name und Betriebssitz des Beförderers (Eigentümers)

7. Amtliche(s) Kennzeichen (wenn nicht vorhanden, Fahrgestellnummer)

8. Das vorstehend beschriebene Fahrzeug ist in .................... nach Rn. 10282 der Anlage B zum ADR untersucht worden und erfüllt die Bedingungen für die Zulassung zur internationalen Beförderung auf der Straße von gefährlichen Gütern der Klasse(n) ........ Ziffer(n) ........

9. Bemerkungen: ....................

10. .............. 19.... (Datum)

11. Unterschrift und Stempel der Ausgabestelle ....................

12. Die Gültigkeit dieser Bescheinigung wird verlängert bis ....................

13. Unterschrift und Stempel der Ausgabestelle in ....................

14. Die Gültigkeit dieser Bescheinigung wird verlängert bis ....................

15. Unterschrift und Stempel der Ausgabestelle in ....................

16. Die Gültigkeit dieser Bescheinigung wird verlängert bis ....................

17. Unterschrift und Stempel der Ausgabestelle in ....................

Bild 3.9 Neu Bescheinigung der besonderen Zulassung

## 3.6 Fahrwegbestimmung

**Listengüter**

Nach der GGVS ist bei bestimmten Stoffen (Listengüter nach Anhang B.8 und Stoffe nach § 7 und 7a GGVS) der Fahrweg außerhalb der Autobahn durch die Behörde vorgeschrieben. Diese Regelung ist auch von der zu befördernden Menge des Gefahrgutes abhängig.

**Fahrerpflicht**

Der Fahrer erhält die Anweisungen über den Fahrweg vom Beförderer. Er ist verpflichtet, sich an diese Anweisungen zu halten. Durch Umleitungen können Abweichungen vom Fahrweg erforderlich sein. Verkehrsbedingte Störungen wie Staus, sind jedoch kein Grund, vom vorgeschriebenen Fahrweg abzuweichen

***3.1 Was ist kein Begleitpapier im Sinne der GGVS?***

- [x] Das Unfallmerkblatt.
- [ ] Das Beförderungspapier.
- [x] Der Fahrzeugschein.
- [ ] Die "Besondere Zulassung".

***3.2 Was muß im Beförderungspapier nicht enthalten sein?***

- [ ] Die Anschrift des Absenders.
- [ ] Die Vorschrift, der der Transport unterliegt.
- [ ] Die Gefahrgutklasse.
- [x] Der Ersteller des Unfallmerkblattes.

***3.3 Wer muß dem Fahrer das Unfallmerkblatt geben?***

- [ ] Der Beifahrer.
- [ ] Der Kollege, der das Gut schon einmal transportiert hat.
- [ ] Der Absender des Gefahrgutes.
- [x] Der Verlader.

***3.4 Für welche Fahrzeuge benötigt man eine "Bescheinigung der besonderen Zulassung"?***

- [ ] Für alle Fahrzeuge im Zulieferverkehr der Eisenbahnen.
- [x] Für Typ III-Fahrzeuge.
- [ ] Für Kategorie V-Fahrzeuge.
- [ ] Für Trägerfahrzeuge von Stückgutcontainern.

***3.5 Bei welchen Beförderungen darf das Sammelunfallmerkblatt verwendet werden?***

- [ ] Bei ADR-Beförderungen.
- [ ] Bei RID-Beförderungen.
- [ ] Bei GbV-Beförderungen.
- [x] Bei GGVS-Beförderungen.

***3.6 Wer muß dafür sorgen, daß der Fahrer vor der Gefahrgutbeförderung das Beförderungspapier erhält?***

- [ ] Der Hersteller des Gefahrgutes.
- [x] Der Absender des Gefahrgutes.
- [ ] Der Versender des Gefahrgutes.
- [ ] Der Verlader des Gefahrgutes.

***3.7 Für welche der Fahrzeuge braucht man nach GGVS keine ADR-Bescheinigung?***

- [ ] Für kennzeichnungspflichtige LKW mit zGG größer 9 t.
- [ ] Für kennzeichnungspflichtige PKW mit radioaktiven Stoffen.
- [x] Für nicht gekennzeichnete LKW zGG größer 3,5 t.
- [ ] Für kennzeichnungspflichtige TYP III-Fahrzeuge.

***3.8 Wo müssen beim Gefahrguttransport die Unfallmerkblätter mitgeführt werden?***

- [ ] Vorn und hinten am Fahrzeug.
- [x] Im Führerhaus.
- [ ] An den Versandstücken.
- [ ] Auf der Ladefläche.

***3.9 Wie lange ist die Bescheinigung der besonderen Zulassung längstens gültig?***

- ☐ Maximal 5 Jahre.
- ☐ Bis zur nächsten Hauptuntersuchung.
- ☐ Maximal 3 Jahre.
- ☒ Maximal 1 Jahr.

***3.10 Für einen Sattelzug Typ III müssen wieviele besondere Zulassungen mitgeführt werden?***

- ☐ Es ist keine erforderlich.
- ☒ Es ist eine erforderlich.
- ☒ Es sind zwei erforderlich.

***3.11 Welche Hinweise enthält das Unfallmerkblatt nicht?***

- ☐ Hinweise auf die Schutzausrüstung.
- ☒ Hinweise auf die richtige Sicherung des Gefahrgutes.
- ☐ Hinweise auf Maßnahmen bei Feuer.
- ☐ Hinweise auf Maßnahmen beim Freiwerden des Gefahrgutes.

***3.12 Welcher Eintrag im Beförderungspapier ist nicht bei allen Gefahrgutklassen erforderlich?***

- ☐ Die Benennung des Gutes.
- ☐ Die Gefahrgutklasse.
- ☐ Die Beförderungsvorschrift.
- ☒ Die Kennzeichnungsnummer.

***3.13 Wozu ist der Fahrer bei Kontrollen verpflichtet?***

- ☐ Die Umverpackungen des Gefahrgutes zur Kontrolle zu öffnen.
- ☐ Die Unfallmerkblätter frei zu interpretieren.
- ☐ Die Begleitpapiere vorzuzeigen.
- ☒ Die Begleitpapiere vorzuzeigen und auszuhändigen.

***3.14 Welche Besonderheit gibt es im ADR-Verkehr bezüglich der Begleitpapiere?***

- ☐ Es gibt keine Besonderheiten.
- ☐ Alle Begleitpapiere müssen in allen vom Transport berührten Staaten abgefaßt sein.
- ☒ Das Beförderungspapier muß immer in Deutsch, Englisch und Französisch abgefaßt sein.
- ☒ Es ist eine Bestätigung erforderlich, daß das Gut auf der Straße befördert werden darf.

***3.15 Bei welchen Stoffen muß neben der Brutto- auch die Nettomasse im Beförderungspapier angegeben werden?***

- ☐ Bei radioaktiven Stoffen.
- ☐ Bei Gefahrgütern mit geringen spezifischen Gewichten.
- ☐ Bei Gefahrgütern, die lungengängig sind.
- ☐ Bei Peroxiden.
- ☒ Bei explosiven Stoffen.

# 4. Bezettelung und Kennzeichnung

## 4.1 Vorschriften der Bezettelung

Die Gefahr, die von den Stoffen ausgeht, können die an der Beförderung beteiligten Personen an den Gefahrzetteln auf den Versandstücken erkennen. Welche Gefahrzettel angebracht werden müssen, richtet sich nach den Eigenschaften des Gefahrgutes. Der Zusammenhang zwischen Bildsymbol und Eigenschaft wurde im Abschnitt 2.1 Eigenschaften der Gefahrgüter schon ausführlich beschrieben. Die Gefahrzettel Muster 10, 11 und 12 sind jedoch allgemein gehalten und geben Hinweise auf die Handhabung der Versandstücke

**Verantwortung** Derjenige, der Gefahrgüter für den Transport verpackt, muß auf der Verpackung auch die vorgeschriebenen Gefahrzettel anbringen.

Als Verlader darf man nur vorschriftsmäßig gekennzeichnete Versandstücke zur Beförderung übergeben.

**Nebengefahren** Einigen Stoffe haben Nebengefahren, die zusätzlich zur Hauptgefahr auch mit Gefahrzetteln gekennzeichnet werden müssen.

**Beispiele**

**Klasse 5.2**

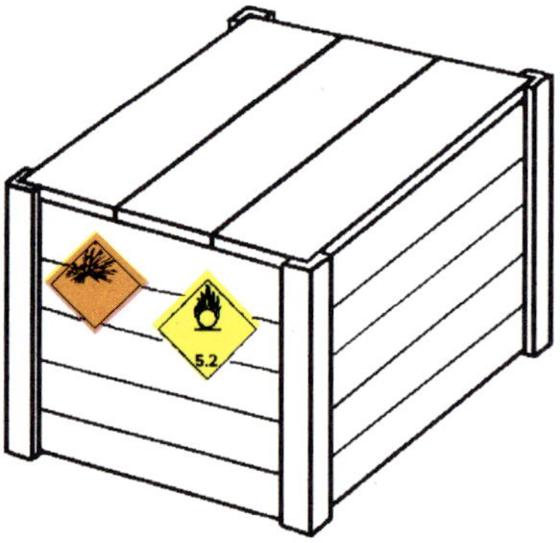


Die Kiste (zusammengesetzte Verpackung) enthält *3102 Organisches Peroxid, fest, Dibenzoylperoxid* der Klasse *5.2; Ziffer 2 b) GGVS.*

Bild 4.1 Naturholzkiste mit Gefahrzettel für den Landverkehr

Die Gefahrzettel signalisieren als Hauptgefahr die thermische Unbeständigkeit eines Peroxides der Klasse 5.2 mit explosiver Nebeneigenschaft (Selbstzersetzung).

**Klasse 2**

Die Stahlflasche enthält

*Sauerstoff (oxidierend)* der Klasse *2; Ziffer 1 a) GGVS.*

Die Gefahrzettel signalisieren, daß es sich um ein unter Druck stehendes, nichtbrennbares Gas, mit brandfördernden Eigenschaften handelt.

Bild 4.2 Stahlflasche, gekennzeichnet für den Landverkehr

**Allgemeine Gefahrzettel**

Bild 4.3 Gefahrzettel Muster 10, 11 und 12

Die allgemeinen Gefahrzettel werden klassenübergreifend eingesetzt. Sie bedeuten:

- Muster 10 Vor Nässe schützen
- Muster 11 Diese Seite nach oben
- Muster 12 Zerbrechlich, vorsichtig behandeln

Die Beschreibung der klassenspezifischen Gefahrzettel finden Sie im Abschnitt 2.

**Besonderheiten**

**Flughafen**
**Seehafen**

Im Vor- bzw. Nachlauf zu Flug- und Seehäfen dürfen die Versandstücke hinsichtlich ihrer Verpackung und Kennzeichnung den Vorschriften der ICAO/IATA-DGR oder der GGVSee/IMDG-Code entsprechen. Praktisch bedeutet das zumeist, daß die Gefahrzettel mit Aufschriften in englischer Sprache versehen sind.

**Beispiel**
**Luftverkehr**

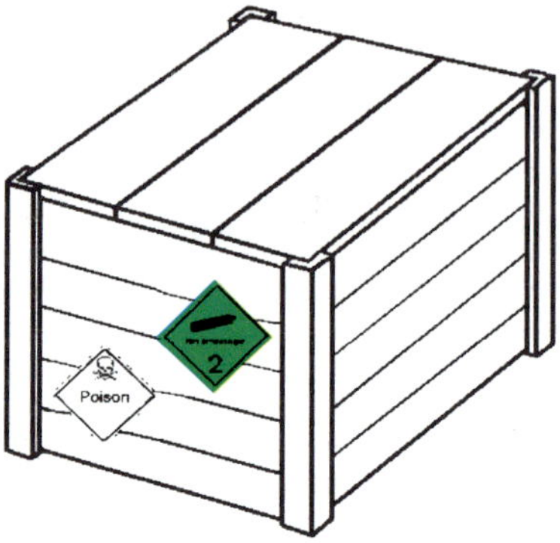


Die Kiste enthält Tränengasgeräte, *1950 Aerosole, nicht entzündbar n.a.g.* Klasse *2.2 IATA-DGR*

Bild 4.4 Naturholzkiste gekennzeichnet für den Luftverkehr

Die Gefahrzettel signalisieren, daß es sich um unter Druck stehende Behälter mit einem nichtbrennbarem Gas mit giftigen Eigenschaften handelt.

Der Gefahrzettel Muster 2 (grün) trägt im Luftverkehr die Aufschrift "Non-flammable gas". Wäre das Gas brennbar, würde anstelle des grünen Gefahrzettel der rote (Muster 3) mit der Aufschrift "Flammable gas" verwendet.

**Beispiel**
**Seeverkehr**

Das Faß enthält Farbe, *1139 Schutzanstrichlösung,* Klasse 3.3 Seite 3321 GGVSee

Die Gefahrzettel signalisieren, daß es sich um eine entzündbare Flüssigkeit, die für Meerwasser einen Schadstoff darstellt, handelt.

Der Gefahrzettel Muster 3 trägt für den Seeverkehr die Aufschrift "FLAMMABLE LIQUID"

Bild 4.5 Faß gekennzeichnet für den Seeverkehr

**Container**

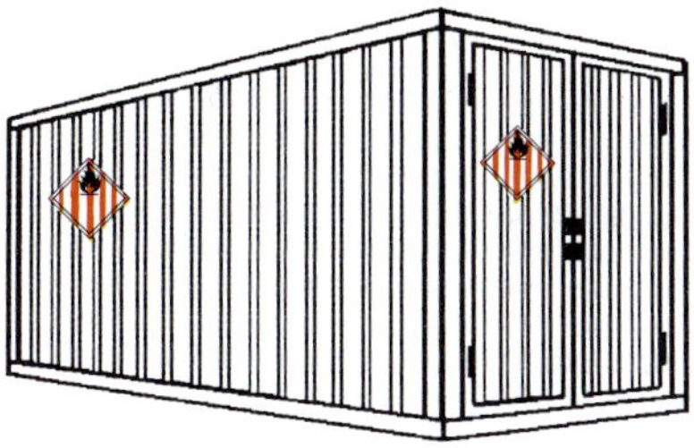

Wenn die Versandstücke nicht in LKW sondern in Container verladen werden, müssen außen am Container die Gefahrzettel der Gefahrgüter angebracht sein, die der Container enthält.

Bild 4.6 Container mit Stückgütern

Dabei müssen diese Gefahrzettel mindestens 250 mm x 250 mm groß sein. Von dieser Regelung sind die Zettel Muster 10, 11 und 12 ausgenommen.

**Wechselbrücke**

Bei Fahrzeugen für austauschbare Ladungsträger ist die Wechselbrücke ein Container (im Sinne der GGVS/ADR), wenn sie sich beim Beladen nicht auf dem Fahrzeug befindet.

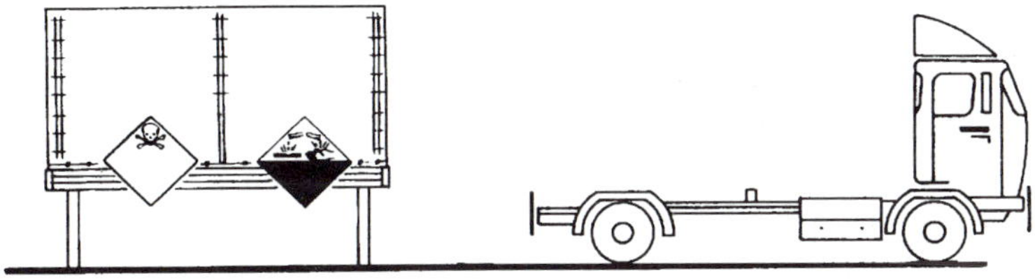

Bild 4.7 Kennzeichnung einer Wechselbrücke

**RS 002**

Der Bundesminister für Verkehr hat in der RS 002 die Empfehlung ausgesprochen, alle vier Außenseiten des Containers zu bezetteln.

**Seeverkehr**

Für den Seeverkehr ist diese Regelung verbindlich vorgeschrieben.

**Klasse 1**

Bei Beförderungseinheiten, die Stoffe oder Gegenstände der Klasse 1 befördern, ist eine Kennzeichnung mit Gefahrzetteln auch für die Beförderungseinheit vorgeschrieben. Die Gefahrzettel sind dann an der Beförderungseinheit an beiden Längsseiten und hinten erforderlich.

Werden verschiedene Unterklassen gleichzeitig befördert, so ist am Fahrzeug der Gefahrzettel der gefährlichsten Unterklasse anzubringen.

Sind die Klasse 1 Güter in Container gestaut und die Container vorschriftsmäßig gekennzeichnet (siehe oben Stichwort Container), muß die Beförderungseinheit nicht mit Gefahrzetteln gekennzeichnet werden.

**Beispiel**

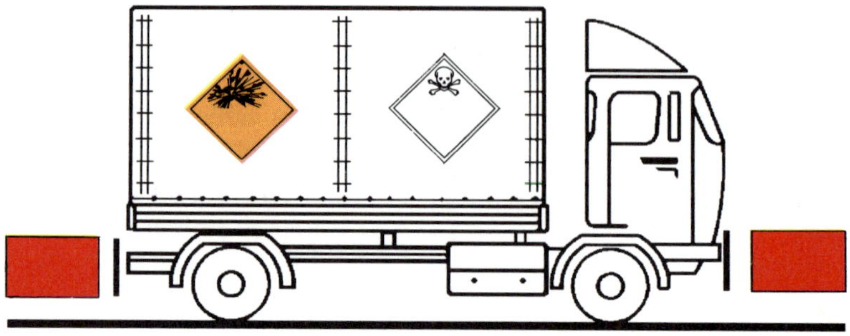

Bild 4.8 LKW als Beförderungseinheit Typ III

Wird in einer Beförderungseinheit Dinitrophenol, trocken, Gefahrgut der Klasse 1.1 D Ziffer 4 UN-Nr. 0076 in einer Menge von 1 500 kg befördert, so muß das Fahrzeug als Typ III-Fahrzeug zugelassen und, wie in Bild 4.8 gezeigt, mit Warntafeln und Gefahrzetteln gekennzeichnet sein.

**Klasse 7**

Auch die Beförderungseinheiten mit Stoffen der Klasse 7 Blätter 5 bis 13 müssen neben der Kennzeichnung mit Warntafeln zusätzlich mit dem Gefahrzettel "Radioaktiv", Muster 7 D, Größe 250 cm mal 250 cm, versehen sein. Die Gefahrzettel werden an beiden Längsseiten und hinten gezeigt.

Bild 4.9 LKW mit radioaktiven Stoffen

# 4.2 Kennzeichnung mit Warntafeln

## 4.2.1 Warntafeln an Fahrzeugen

**Zweck**

Damit die Gefahr, die von gefährlichen Gütern ausgeht, beim Transport für jedermann zu erkennen ist, werden die Beförderungseinheiten mit Warntafeln versehen.

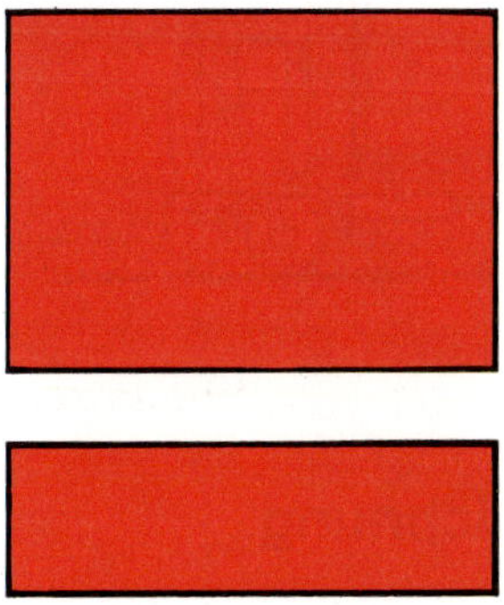

Bild 4.10 Warntafeln

**Warntafelgröße**

**- normal**

**- verkleinert**

Grundsätzlich erfolgt die Kennzeichnung mit orangefarbenen Warntafeln, deren Größe mit mindestens 40 cm Breite und 30 cm Höhe vorgeschrieben ist. Ist es technisch nicht möglich, die Warntafel am Fahrzeug anzubringen, so dürfen die Abmessungen auf 30 cm Breite und 12 cm Höhe verringert werden.

**Die Beförderungseinheiten müssen vorne und hinten mit Warntafeln gekennzeichnet sein.**

Mit dem Begriff "Beförderungseinheit" bezeichnet man das Fahrzeug oder die Kombination von Fahrzeugen, die zur Beförderung eingesetzt werden.

**Beförderungseinheiten**

Bestehen Beförderungseinheiten aus Zugfahrzeug und Anhänger, so werden zwischen den Fahrzeugen keine Warntafeln gezeigt. Fahrzeugkombinationen werden wie Einzelfahrzeuge vorne und hinten, also am Zugfahrzeug vorne und am Anhänger hinten, mit einer Warntafel gekennzeichnet.

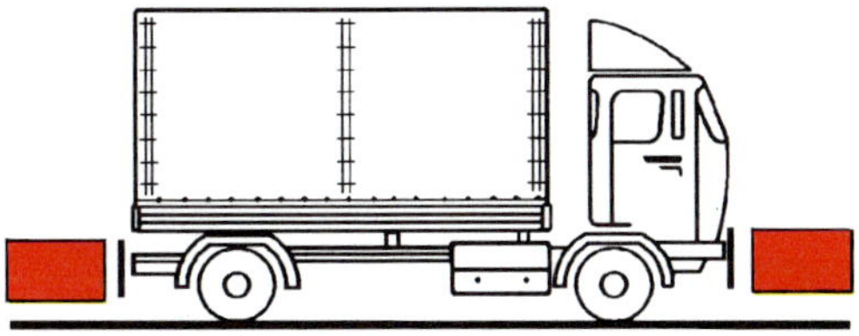

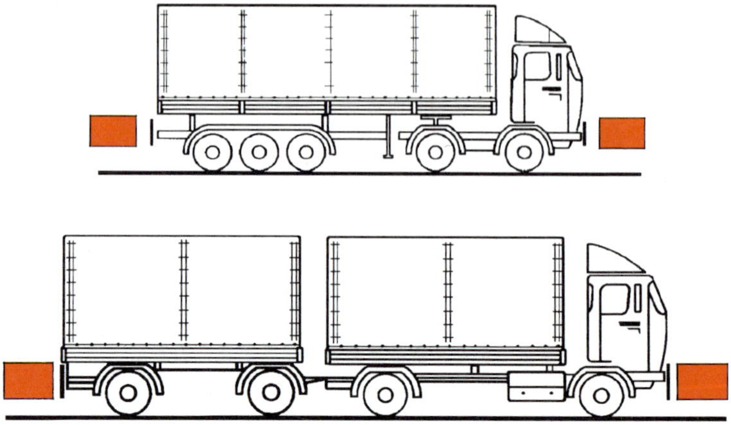

Bild 4.11 Beförderungseinheiten mit Warntafeln

## 4.2.2 Grenzmengen der Kennzeichnung

**Befreiung von Vorschriften**

Die Gefahrgutvorschriften gestatten es, daß man bei geringen Mengen von Gefahrgut einige Vorschriften nicht einhalten muß. Diese Regelung gilt aber nur für Versandstücke.

**Liste der begrenzten Mengen**

Auch die Kennzeichnungspflicht mit Warntafeln ist von dieser Regelung betroffen. Die Grenzmengen, wann eine Warntafeln gezeigt werden muß, richtet sich nach der Gefährlichkeit des einzelnen Stoffes. Eine Übersicht der Grenzmengen ist in der "Liste der begrenzten Mengen" (Rn. 10 011) zusammengefaßt.

Um die jeweils richtige Grenzmenge zu ermitteln, muß man in der Liste die entsprechende Klasse, Ziffern und Kleinbuchstaben suchen.

In einer der Gewichtsspalten findet man zu dem Stoff ein X. Diese Markierung der Gewichtsspalte gibt an, wie groß die Menge eines Gefahrgutes ist, die befördert werden darf, ohne die Beförderungseinheit mit Warntafeln kennzeichnen zu müssen.

**Verschiedene Güter**

Werden verschieden Gefahrgüter gleichzeitig in einer Beförderungseinheit befördert, so muß errechnet werden, ob der zulässige Grenzwert (1 000) für Sammelladungen von Gefahrgut überschritten wird und somit eine Kennzeichnung erfolgen muß.

**Grenzwert**

In der "Liste der begrenzten Mengen" (Bild 4.12) sind in der Kopfzeile Faktoren aufgeführt, mit denen das Bruttogewicht des Gefahrgutes multipliziert werden muß. Die Addition aller Multiplikationen darf 1 000 (Grenzwert) nicht überschreiten.

Die Berechnung wird am besten in Anlehnung an die nachstehende Tabelle (Bild 4.12) durchgeführt.

(Bitte kopieren Sie sich diese Tabelle, und setzen Sie sie bei Ihrer täglichen Arbeit zur Errechnung der Grenzwerte ein).

| Klasse | Gefahrgüter der Ziffer | Höchstmengen (kg) Brutto | | | | | | |
|---|---|---|---|---|---|---|---|---|
| | | 5 | 20 | 50 | 100 | 333 | 500 | 1000 |
| | | | | | | | | |
| | | | | | | | | |
| | | | | | | | | |
| | | | | | | | | |

| | | | | | | | |
|---|---|---|---|---|---|---|---|
| Summe der Stoffe | | | | | | | |
| Multiplikationsfaktoren | 200 | 50 | 20 | 10 | 3 | 2 | 1 |
| Faktor x tatsächliche Ladung in kg | | | | | | | |
| Summe der Rechnung | | | | | | | |

Bei Ergebnis größer als 1 000 muß unter anderem beachtet werden:

| Ausrüstung | vorhanden | Ausrüstung | vorhanden |
|---|---|---|---|
| Unfallmerkblätter | | Werkzeugkasten | |
| Warntafeln | | Unterlegkeile | |
| Feuerlöscher | | Schutzausrüstung | |
| Warnleuchten 2 x | | Unterschrift Fahrer | |

Bild 4.12 Berechnungstabelle

| Klassen | Stoffe | Höchstzulässige Gesamtmenge je Beförderungseinheit/Bruttomasse | | | | | | | |
|---|---|---|---|---|---|---|---|---|---|
| | Multiplikations-/Divisionsfaktor, mit dem die befreiten Gesamtmengen einer Ladung mit mehreren, verschiedenen Massebegrenzungen unterworfenen Gütern berechnet werden können | A | B | C | D | E | F | G | |
| | | 200 | 50 | 20 | 10 | 3 | 2 | 1 | |
| | | 5 kg | 20 kg | 50 kg | 100 kg | 333 kg | 500 kg | 1000 kg | unbegrenzt |
| 1, 2 [nur die unter "a)" oder "b)" aufgeführte Gase], 3, 4.1, 4.2, 4.3, 5.1, 5.2, 6.1, 8 und 9 | Leere Verpackungen (einschließlich Gefäße, ausschließlich Tanks) | | | | | | | | X |
| 1 | 1, 3, 5 bis 7, 9, 10, 12, 13, 15, 17 bis 19, 21 bis 23, 25, 27, 30 bis 32, 34 | | | X | | | | | |
| | 2, 4, 8, 11, 24 | X | | | | | | | |
| | 26, 29, 33 | | X | | | | | | |
| | 35 bis 37, 39 bis 41, 43 | | | | | | X | | |
| | 47 | | | | | | | | X |
| | 48 | X | | | | | | | |
| 2 | Chlorcyan der Ziffer 3 ct) | X | | | | | | | |
| | Chlorkohlenoxid (Phosgen) der Ziffer 3 at) Fluor der Ziffer 1 at) | | | X | | | | | |
| | Ziffern 1 a) und b), 2 a) und b) | | | | | | | X | |
| | Sonstige Stoffe und leere Gefäße, die eines der unter "at)", "bt)", "c)" oder "ct)" aufgeführten Gase enthalten haben | | | | | X | | | |
| 3 | Ziffern 8, 12, 13 und die unter "a)" der Ziffern 11 und 14 bis 26 aufgeführten Stoffe | X | | | | | | | |
| | Unter "b)" der Ziffern 11 und 14 bis 26 aufgeführten Stoffe | | | | X | | | | |
| | Ziffern 1 a), 2 a), und b), 3 b), 4 a) und b), 5 a), 6 a), 6 b) und 7b) | | | | | X | | | |
| | Ziffern 32 c) und 34 c) | | | | | | | X | |
| | Sonstige Stoffe | | | | | | X | | |
| 4.1 | Ziffern 1 b) und 2 c) | | | | | | | | X |
| | Ziffern 6 c) und 11 c) | | | | | X | | | |
| | Ziffern 21 bis 26 | X | | | | | | | |
| | Sonstige Stoffe | | | X | | | | | |

Bild 4.13 Liste der begrenzten Mengen

| Klassen | Stoffe | Höchstzulässige Gesamtmenge je Beförderungseinheit/Bruttomasse | | | | | | | |
|---|---|---|---|---|---|---|---|---|---|
| | Multiplikations-/Divisionsfaktor, mit dem die befreiten Gesamtmengen einer Ladung mit mehreren, verschiedenen Masse-begrenzungen unterworfenen Gütern berechnet werden können | A | B | C | D | E | F | G | |
| | | 200 | 50 | 20 | 10 | 3 | 2 | 1 | |
| | | 5 kg | 20 kg | 50 kg | 100 kg | 333 kg | 500 kg | 1000 kg | unbe-grenzt |
| 4.2 | Ziffer 1 c) | | | | | | | | X |
| | unter "b)" aufgeführte Stoffe | | | | | X | | | |
| | unter "c)" aufgeführte Stoffe | | | | | | | X | |
| 4.3 | Ziffern 11 a), 13 a), 14 a), 16 a) bis 18 a) | X | | | | | | | |
| | Ziffern 11 b) bis 17 b) | | | | | X | | | |
| | Ziffern 11 c) bis 15 c) | | | | | | | X | |
| 5.1 | Ziffern 5, 6, 15, 16 | | X* | | | | | | |
| | Ziffern 7 bis 10, 17 bis 20 | | | X* | | | | | |
| | Ziffern 1 bis 22, 30, 31 und 40, verpackt gemäß Rn. 2553 bis 2556 und 2558 | | | X | | | | | |
| | Ziffer 23 bis 25 | | X | | | | | | |
| 6.1 | Unter "c)" aufgeführte Stoffe | | | | X | | | | |
| | Unter "b)" aufgeführte Stoffe | | | X | | | | | |
| | Sonstige Stoffe außer Ziffern 1 und 2 | X | | | | | | | |
| 7 | Stoffe der Rn. 2704 Blätter 1 bis 4 | | | | | | | | X |
| 8 | Ziffern 1 a), 2 a), 6, 8 b), 21 a), 22 b), 24, 25, 26 a) 36 a), 37 a), 44 a) und 53 b) | | X | | | | | | |
| | Ziffern 52 c), 53 c) und sonstige unter "a)" und "b)" aufgeführte Stoffe | | | | X | | | | |
| | Sonstige Stoffe | | | | | | X | | |
| 9 | Stoffe und Gegenstände der Ziffern 1 b), 4 c) und 5 | | | X | | | | | |
| | Stoffe und Gegenstände der Ziffern 1 c), 6 und 7 | | | | X | | | | |

*) Gegebenenfalls ohne Masse des Kühlsystems

Bild 4.13 Fortsetzung Liste der begrenzten Mengen

**Beispiel für Sammelladung**

Beispiel für einen Sammelladungstransport:
Befördert werden in einer Beförderungseinheit

- 16 Kisten Aerosole à 17,5 kg = 280 kg Brutto;
  Druckgaspackungen Klasse 2; Ziffer 10 bt GGVS.
- 4 Faß Calzium à 65 kg = 260 kg Brutto;
  Calzumkarbid Klasse 4.3; Ziffer 2 a GGVS.
- 1 Kiste Säure à 5 kg;
  Salpetersäure Klasse 8; Ziffer 2 a GGVS.

| Klasse | Gefahrgüter der Ziffer | Höchstmengen (kg) Brutto | | | | | | |
|---|---|---|---|---|---|---|---|---|
| | | 5 | 20 | 50 | 100 | 333 | 500 | 1000 |
| 2 | 10 bt | | | | | **280** | | |
| 4.3 | 2 a | | | | | | | **260** |
| 8 | 2 a | | **5** | | | | | |
| Summe der Stoffe | | | **5** | | | **280** | | **260** |
| Multiplikationsfaktoren | | 200 | 50 | 20 | 10 | 3 | 2 | 1 |
| Faktor x tatsächliche Ladung in kg | | | **250** | | | **840** | | **260** |
| Summe der Rechnung | | 250 + 840 + 260 = **1350** | | | | | | |

Bei Ergebnis größer als 1 000 muß unter anderem beachtet werden:

| Ausrüstung | vorhanden | Ausrüstung | vorhanden |
|---|---|---|---|
| Unfallmerkblätter | X | Werkzeugkasten | X |
| Warntafeln | X | Unterlegkeile | X |
| Feuerlöscher | X | Schutzausrüstung | X |
| Warnleuchten 2 x | X | Unterschrift Fahrer | Müller |

Bild 4.14 Berechnungstabelle mit Checkliste für das Beispiel

Wurden die Gefahrgüter vom Absender vorschriftsmäßig angemeldet, kann diese Rechnung schon bei der Disposition erfolgen. Beim Sammelladungsverkehr im Vorlauf bereitet dies in der Praxis jedoch verschiedentlich Probleme. Oft werden den Beförderern kleine Mengen von Gefahrgüter nicht angemeldet, und der Fahrer muß vor Ort entscheiden (evtl. mit dem Verlader), ob der Grenzwert von 1 000 überschritten ist.

> Legen sie dieses Buch nach der Schulung in Ihr Führerhaus. Im Notfall können Sie die Rechnung selbst durchführen. Die erforderlichen Daten dazu entnehmen Sie dem Beförderungspapier sowie der Liste der begrenzten Mengen (Bild 4.13).

**Checkliste**

In der kleinen Checkliste unter der Berechnungstabelle sind die beweglichen Ausrüstungsgegenstände zusammengefaßt, die bei Überschreiten des Grenzwertes 1 000 mitgeführt werden müssen.

**4.1** ***Wann kann es vorkommen, daß an Beförderungseinheiten außen Gefahrzettel gezeigt werden müssen?***

- [x] Wenn Stückgut-LKW Gefahrgut geladen haben.
- [ ] Wenn gefährliche Güter als geschlossene Ladung befördert werden.
- [x] Wenn radioaktive Stoffe befördert werden.
- [ ] Wenn Gasflaschen nicht sichtbar befördert werden.

**4.2** ***Wer muß die Gefahrzettel an den Versandstücken anbringen?***

- [x] Der Absender.
- [ ] Der Beförderer.
- [ ] Der Fahrer.
- [x] Der Verpacker.

**4.3** ***Wann kann es vorkommen, daß an Beförderungseinheiten außen Gefahrzettel gezeigt werden müssen?***

- [ ] Wenn gefährliche Güter als geschlossene Ladung befördert werden.
- [ ] Wenn Stückgut-LKW Gefahrgut geladen haben.
- [ ] Wenn Gasflaschen sichtbar auf dem Fahrzeug befördert werden.
- [x] Wenn Stoffe der Klasse 1 befördert werden.

**4.4** ***Welche Gefahrzettel werden klassenübergreifend eingesetzt?***

- [ ] Der Zettel Muster 3.
- [x] Der Zettel Muster 12.
- [ ] Der Zettel Muster 8.
- [ ] Der Zettel Muster 6.1.

**4.5** ***Können auf Versandstücken mehrere Gefahrzettel angebracht sein?***

- [ ] Ja, das ist bei allen Gefahrgütern so.
- [ ] Nein, denn damit würden die an der Beförderung Beteiligten verunsichert.
- [x] Ja, man kennzeichnet so die Haupt- und Nebengefahren.
- [ ] Nein, ein Gefahrzettel ist ausreichend.

**4.6** ***Dürfen Gefahrzettel anderer Verkehrsträger beim Straßentransport auf Versandstücken angebracht sein?***

- [ ] Nein, es dürfen nur die Straßenzettel verwendet werden.
- [x] Ja, die Gefahrzettel dürfen auch auf der Straße verwendet werden.
- [ ] Nein, weil die Gefahrzettel für See- und Luftverkehr eine andere Bedeutung haben.
- [ ] Ja, weil es keinen Unterschied in der Bezettelung für die verschiedenen Verkehrsträger gibt.

**4.7** ***Wann kann es vorkommen, daß an Beförderungseinheiten außen Gefahrzettel gezeigt werden müssen?***

- [x] Wenn Wechselbrücken eingesetzt werden.
- [ ] Wenn Stückgut-LKW Gefahrgut geladen haben.
- [ ] Wenn Gasflaschen hinter einer Plane befördert werden.
- [ ] Wenn sonstige gefährliche Güter der Klasse 9 als geschlossene Ladung befördert werden.

**4.8** ***Wann dürfen an Fahrzeugen verkleinerte Warntafeln benutzt werden?***

- [ ] Nur wenn Güter unterhalb des Grenzzahl 1 000 befördert werden.
- [ ] Nur wenn das Fahrzeug als PKW-Kombi zugelassen ist.
- [ ] Nur wenn das Fahrzeug als LKW bis 3,5 t zGG zugelassen ist.
- [x] Nur wenn es die Beschaffenheit des Fahrzeugs erfordert.

**4.9** ***Wo werden Beförderungseinheiten grundsätzlich mit Warntafeln gekennzeichnet?***

- [ ] Vorne, hinten und an den beiden Längsseiten.
- [ ] Im Zug am Zugfahrzeug vorne und hinten und am Anhänger hinten.
- [x] Vorne und hinten.

**4.10** ***Wie wird bei Zusammenladung verschiedener Gefahrgüter festgestellt, ob eine Kennzeichnung mit Warntafeln erforderlich ist?***

- [ ] Die Summe der Bruttomasse aller Güter darf 1 000 kg nicht überschreiten.
- [ ] Die Berechnung der Nettomassen aller Güter darf nicht mehr als 1 000 kg ergeben.
- [ ] Das Überschreiten der Grenzmasse eines Stoffes nach Rn. 10 011 "Liste der begrenzten Mengen" ist ausschlaggebend.
- [x] Die Berechnung der Grenzmenge erfolgt mittels Bruttomasse und Faktor nach Rn. 10 011 "Liste der begrenzten Mengen".

**4.11** ***Wer muß bei der Übergabe der Versandstücke zur Beförderung auf die Richtigkeit der Gefahrzettel achten?***

- [x] Fahrer und Verlader.
- [ ] Absender und Beförderer.
- [ ] Verpacker und Verlader.

**4.12** ***Welcher Gefahrzettel signalisiert keine Gefahr, sondern gibt Hinweise auf die Handhabung der Versandstücke ?***

- [ ] Der Zettel Muster 9.
- [x] Der Zettel Muster 10.
- [ ] Der Zettel Muster 6.2.

# 5. Fahrzeug- und Beförderungsarten, Umschließung und Ausrüstung

## 5.1 Fahrzeug- und Beförderungsarten

### 5.1.1 Beförderungsart des Gutes

**Beförderungsart des Gutes**

Die Fahrzeuge für die Beförderung der Gefahrgüter sind je nach Art der Beförderung vorgeschrieben. Man unterscheidet folgende Arten der Beförderung:

**Lose Schüttung**

- in loser Schüttung:
  bestimmte Gefahrgüter dürfen lose in einem geeigneten Fahrzeug oder Container befördert werden.

**Versandstücke**

- in Versandstücken:
  Gefahrgüter in Verpackungen nach Anhang B.5 oder in Großpackmittel nach Anhang A.6.

**Tanks**

- in Tanks:
  bestimmte Gefahrgüter dürfen in Tanks, festverbundenen oder Tankcontainern, befördert werden.

**Geschlossene Ladung**

Die Art der Beförderung kann für einzelne Stoffe darauf beschränkt sein, daß diese Art nur als "geschlossene Ladung" bei der Beförderung angewendet werden kann. "Geschlossene Ladung" bedeutet, daß die Ladung von einem Absender kommt, dem der ausschließliche Gebrauch eines Fahrzeuges oder Containers vorbehalten ist. Alle Ladevorgänge werden ausschließlich nach den Anweisungen des Absenders oder Empfängers durchgeführt.

### 5.1.2 Fahrzeugarten zur Beförderung

Je nach Beförderungsart sind unterschiedliche Fahrzeug für die Beförderung vorgeschrieben. Nach der GGVS unterscheidet man folgende Fahrzeugarten:

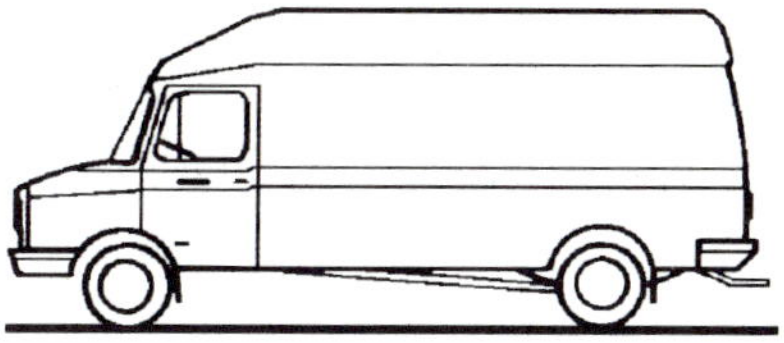

Bild 5.1 Gedecktes Fahrzeug

Gedecktes Fahrzeug

**Gedecktes Fahrzeug**

Für einige Fahrzeuge ist bei der Beförderung ein gedecktes Fahrzeug vorgeschrieben. Dabei handelt es sich um Fahrzeuge, deren Aufbau geschlossen werden kann, wie zum Beispiel der LKW mit einem Kofferaufbau.

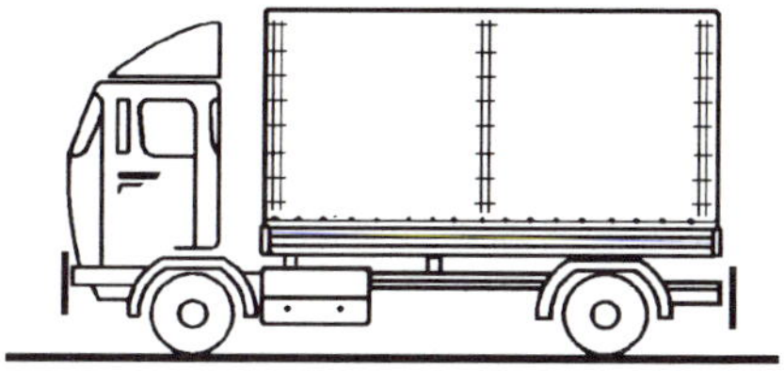

Bild 5.2 Bedecktes Fahrzeug

Bedecktes Fahrzeug

**Bedecktes Fahrzeug**

Dies ist das für die Beförderung von Versandstücken am meisten eingesetzte Fahrzeug. Es handelt sich um ein Fahrzeug, dessen Ladung zum Schutz mit einer Plane bedeckt ist. Wegen der leichteren Handhabung wird die Plane meist durch ein Plangestell gehalten.

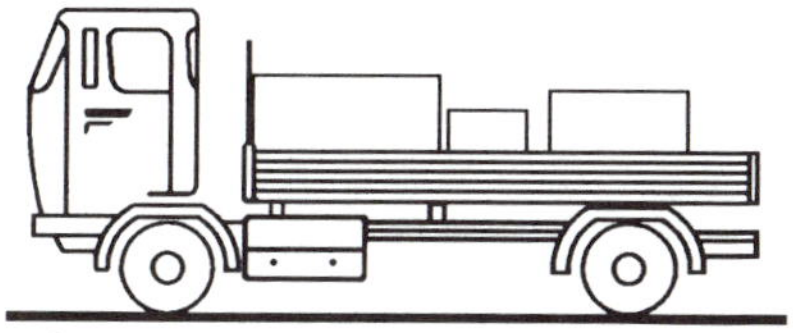

Bild 5.3 Offenes Fahrzeug

Offenes Fahrzeug

**Offenes Fahrzeug**

Verschiedene Güter dürfen auch in offenen Fahrzeugen befördert werden. Als offene Fahrzeuge weden LKW oder Anhänger mit Plattform oder offenem Kasten verstanden.

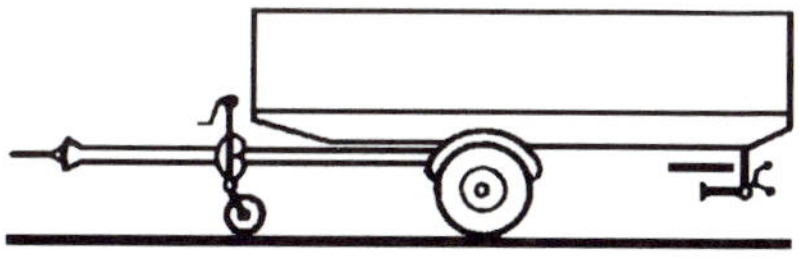

Bild 5.4 Einachsiger Anhänger

Einachsige Anhänger

**Anhänger**

**- einachsig**

Nach den Vorschriften der GGVS ist die Beförderung von Gefahrgütern in loser Schüttung oder in Tanks auf Einachsanhängern verboten. Feste Gefahrgüter in Versandstücken dürfen in Einachsanhängern befördert werden. Für flüssige Gefahrgüter gilt:

- Gebindegröße max. 450 l,
- insgesamt nicht mehr als 1 000 kg auf dem Anhänger.

**Anhänger - mehrachsig**

Mehrachsige Anhänger

Die Mehrachsigkeit eines Anhängers ist unabhängig vom Abstand der Achsen. Mehrachsige Anhänger dürfen für Gefahrgutbeförderungen uneingeschränkt benutzt werden.

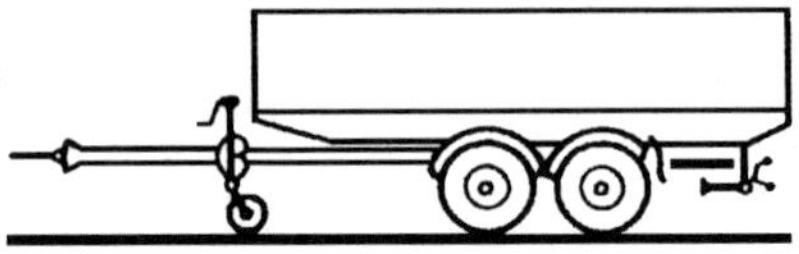

Bild 5.5 Mehrachsiger Anhänger

Bild 5.6 ATL-Fahrzeug

**ATL-Fahrzeug**

Fahrzeuge für austauschbare Ladungsträger (ATL-Fahrzeuge) sind von der Bauart her geeignet, die unterschiedlichsten Aufbauten zu befördern. Sie können im Bereich des Gefahrguttransportes somit verschiedenen Kriterien unterliegen. Sie sind

- Trägerfahrzeug für Stückgutconatiner,
  mit einer Wechselbrücke als Aufbau/Ladung
  (keine Besondere Zulassung),
- Trägerfahrzeug für Tankcontainer,
  mit einem Tankcontainer
  (Besondere Zulassung nach Rn. 10 283 erforderlich)
  oder
- Trägerfahrzeug für Aufsetztanks,
  wenn ein Aufsetztank in einem Containergestell
  (schnelles Auf- und Abladen) befestigt ist
  (Besondere Zulassung nach Rn. 10 282 erforderlich).

Als Fahrer muß man genau wissen, für welche der vorstehend genannten Beförderungen das Trägerfahrzeug eingesetzt werden darf.

## 5.2 Ausrüstungsgegenstände und Sicherheitseinrichtungen

**Grundsatz**

Werden die Grenzmengen nach der "Liste der begrenzten Mengen" Rn. 10 011 überschritten oder ergibt die Rechnung einen Wert größer 1 000, muß die Beförderungseinheit nach den Vorschriften der GGVS ausgerüstet sein (siehe auch Abschnitt 4.2.2).

**Ausnahme Klasse 2**

Bei Gasen der Klasse 2 Ziffer 1 bis 6 und 9c) muß der Laderaum immer (unabhängig von der beförderten Menge) ausreichend belüftet sein.

**Mitzuführende Ausrüstung**

Die bewegliche Ausrüstung eines Gefahrgutfahrzeuges besteht aus

a) einem Feuerlöscher (mind. 2 kg) für den Fahrzeugbrand,

b) einem Feuerlöscher (mind. 6 kg) für den Ladungsbrand,

c) einem Werkzeugkasten für Notreparaturen,

d) einem Unterlegkeil entsprechend der Reifengröße,

e) zwei Warnleuchten mit gelbem Blink- oder Dauerlicht,

f) den Gegenständen, die erforderlich sind, um die im Unfallmerkblatt aufgeführten Maßnahmen durchführen zu können.

Der "Beförderer" muß das Fahrzeug mit der entsprechenden Ausrüstung ausstatten, der "Fahrer" muß sie mitführen, bei Kontrollen vorzeigen und aushändigen und sie im Gefahrenfall anwenden können.

**Feuerlöscher**

Der unter b) aufgeführte Feuerlöscher zur Bekämpfung eines Ladungsbrandes muß mit einer Plombierung versehen sein. Zusätzlich ist ein Prüfschild erforderlich, aus dem hervorgeht, wann die nächste Überprüfung des Feuerlöschers erforderlich ist.

**Abgestellter Anhänger**

Wird ein Anhänger mit Gefahrgut beladen im öffentlichen Verkehrsraum von Zugfahrzeug gelöst und alleine abgestellt, so muß sich ein unter b) genannter Feuerlöscher bei dem Anhänger befinden.

**Werkzeugkasten**

Es gibt keine Hinweise oder Richtlinien, die besagen, welches Werkzeug sich in dem mitzuführenden Werkzeugkasten befinden muß. Das gleiche gilt für die Anwendung des Werkzeuges durch den Fahrer oder Beifahrer.

**Unterlegkeil**

In Deutschland ist für alle Anhänger und LKW größer 4 t zGG ein Unterlegkeil verbindlich vorgeschrieben. Werden Fahrzeuge für Gefahrguttransporte eingesetzt, die nach der StVZO keinen Unterlegkeil benötigen, so müssen sie zusätzlich damit ausgerüstet werden.

**Warnleuchten**

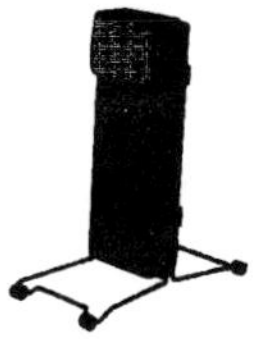

Nach der StVZO müssen LKW mit einer Warnleuchte ausgerüstet sein. Nach den Vorschriften von GGVS/ADR müssen es zwei sein. Das bedeutet aber nicht, daß bei der Beförderung von Gefahrgut drei Warnleuchten mitgeführt werden müssen. Wir empfehlen aber, nur solche Warnleuchten zu benutzen, die eine Bauartgenehmigung haben.

**Ausrüstung nach Unfallmerkblatt**

Zu der unter f) aufgeführten Ausrüstungen für die durchzuführenden Notmaßnahmen macht der Gesetzgeber in der RS 002 folgende Ausführungen:

> Um die gemäß Unfallmerkblatt zu ergreifenden Hilfsmaßnahmen durchführen zu können, ist die dafür erforderliche Ausrüstung mitzuführen.
>
> Dieser Verpflichtung ist entsprochen, wenn mindestens Schutzhandschuhe und Schutzbrille mitgeführt werden; zur erforderlichen Ausrüstung können auch Schaufel oder Spaten gehören.
>
> Die Vorschriften Rn. 21 260 und 61 260 bleiben unberührt.

**Schaufel**

In der Praxis bedeutet das, wenn im Unfallmerkblatt steht, "beim Auslaufen Flüssigkeit mit Erde oder dergleichen eindämmen" so gehört auch eine Schaufel zur notwendigen Ausrüstung der Beförderungseinheit.

**Spezielle Ausrüstung**

In der Klasse 2 und 6.1 werden für einige Stoffe zusätzliche Ausrüstungsgegenstände vorgeschrieben. Zum Beispiel Gasmasken bei giftigen Gasen. Wird einer dieser Stoffe befördert, so müssen diese Ausrüstungsgegenstände zusätzlich mitgeführt werden.

# 5.3 Gefahrgutumschließungen

## 5.3.1 Versandstücke

Ein großer Teil der Sicherheit beim Gefahrguttransport wird durch die Verpackung der Güter gewährleistet.

**Versandstücke**

Unter einem Versandstück versteht man das fertige Endprodukt des Verpackungsvorganges, bestehend aus der Verpackung und ihrem Inhalt.

Versandstücke können sein:

- Verpackungen, die nach Anhang A.5 GGVS zugelassen sind und
- Großpackmittel, die nach Anhang A.6 GGVS zugelassen sind.

## 5.3.2 Verpackungen nach Anhang A.5

**Geprüfte Verpackungen**

Die Verpackung, die großen Einfluß auf die Sicherheit bei der Beförderung von Gefahrguter hat, wird für jedes Gefahrgut vorgeschrieben. Man hat sich im internationalen Rahmen darauf geeinigt, daß nur "geprüfte Verpackungen" eingesetzt werden. In der Regel sind die Prüfvorschriften auch in der GGVS enthalten. Eine Ausnahme gilt jedoch für die Gase der Klasse 2.

**Klasse 2**

Für die Gase der Klasse 2, die während des Transportes unter Druck stehen, werden die Verpackungen nach den Vorschriften der Druckbehälter-Verordnung geprüft. Die Gültigkeit dieser Prüfungen ist zeitlich begrenzt. Es dürfen nur Gasflaschen eingesetzt werden, deren Prüfungen noch gültig sind.

**Gefahrzettel**

Wegen der Kennzeichnmung der Gasflaschen mit Gefahrzetteln siehe Abschnitt 4.1.

Gasflaschen werden, wie in Bild 5.6 dargestellt, in verschiedenen Größen verwendet. Wegen der Ladungssicherung der unterschiedlichen Größen siehe Abschnitt 6.1.

Bild 5.7 Gasflaschen

**Baumusterprüfung**

Geprüfte Gefahrgutverpackungen nach Anhang A.5 GGVS/ADR sind baumustergeprüft. Das bedeutet, daß Musterstücke der Verpackung einer Prüfung (bei der Bundesanstalt für Materialforschung und Prüfung) unterzogen werden. Wird die Prüfung bestanden, erhält der Hersteller der Verpackung eine Kennzeichnungsnummer, mit der alle Verpackungen, die dem geprüften Muster nachgebaut werden, gekennzeichnet sind.

Man unterscheidet folgende Arten der Verpackung:

**Verpackungsarten**

- Fässer,
- Kanister,
- Kisten,
- Säcke,
- Kombinationsverpackungen,
- Zusammengesetzte Verpackungen.

**Werkstoffverträglichkeit**

Diese Verpackungsarten können aus unterschiedlichsten Werkstoffen bestehen. Die Verträglichkeit der Werkstoffe muß vom Verpacker geprüft werden.

Es gibt drei Verpackungsgruppen, die mit den römischen Zahlen I, II und III bezeichnet sind. Bezüglich der einzufüllenden Gefahrgüter besteht ein Zusammenhang mit dem Kleinbuchstaben in der Ziffer der Stoffaufzählung der GGVS/ADR (siehe auch Abschnitt 1.2.1).

**Zusammenhänge**

| Kleinbuchstabe | Gefährlichkeit | Verpackungsgruppe | Kennbuchstabe | Prüfung z.B. Fallhöhe |
|---|---|---|---|---|
| a | sehr gefährlicher Stoff | I | X | 1,80 m |
| b | gefährlicher Stoff | II | Y | 1,20 m |
| c | weniger gefährlicher Stoff | III | Z | 0,80 m |

Bild 5.8 Gefährlichkeit und Verpackungsgruppe

**Beispiele**

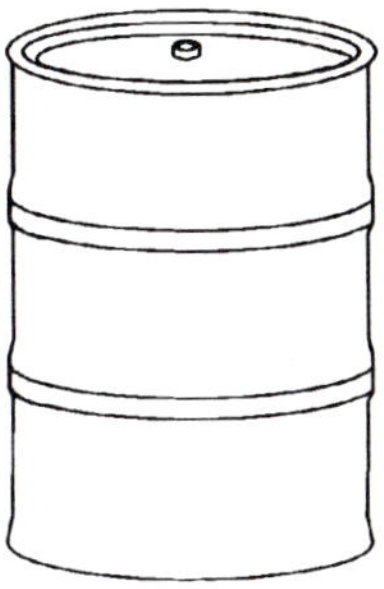

Bild 5.9 Spundlochfaß

**- Spundlochfaß**

Faß aus Stahl mit nichtabnehmbaren Deckel (Spundlochfaß), zugelassen für Verpackungsgruppe I, "sehr gefährliche Stoffe".

(un) 1A1/X/ ...

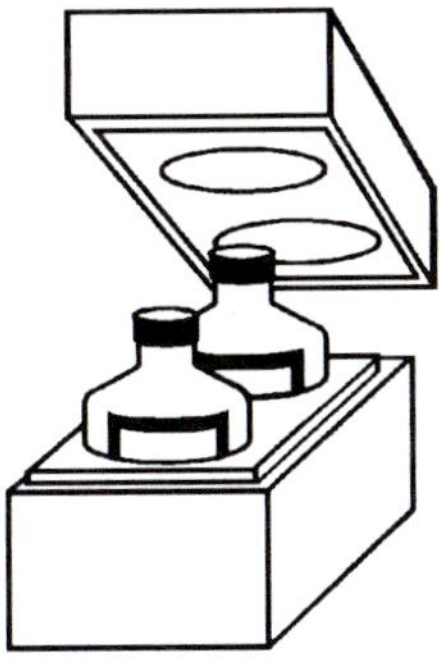

Bild 5.10 Kombinationsverpackung mit Innenverpackung aus Glas

**Kombinationsverpackung**

Bei einen Kombinationsverpackung sind die innere und die äußere Verpackung fest miteinander verbunden. In diesem Beispiel sehen Sie eine mit Außenverpackung aus Schaumstoff mit einer Innenverpackung aus Glas. Sie ist zugelassen nach Verpackungsgruppe II, "gefährliche Stoffe".

(un) 6PH1/Y/ ...

Bild 5.11 Lebensdaueruhr

**Lebensdaueruhr**

Verpackungen aus Kunststoffen sind in der Lebensdauer beschränkt. Für die meisten Stoffe gilt, eine Kunststoffverpackung darf maximal fünf Jahre nach der Herstellung verwendet werden. Für einige Stoffe ist dieser Zeitraum auf drei Jahre beschränkt. Die Verpackungen sind mit einer "Lebensdaueruhr", die den Monat und das Jahr der Herstellung angibt, ausgerüstet.

**Kanister aus Kunststoff**

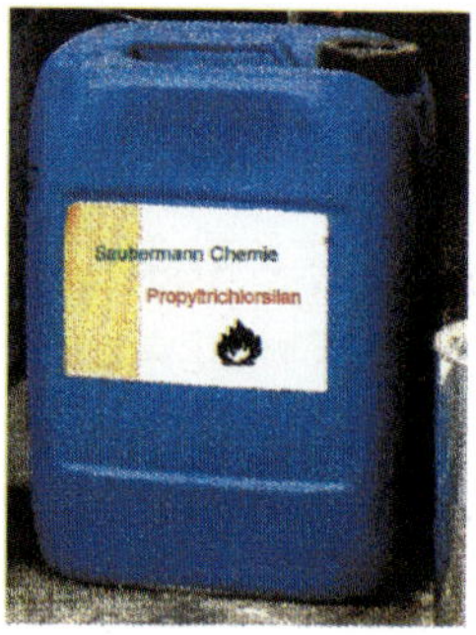


Bild 5.11 Kanister aus Kunststoff

Kanister aus Kunststoff mit nichtabnehmbarem Deckel, zugelassen für Verpackungsgruppe III, "weniger gefährliche Stoffe".

(u/n) 3H1/Z ...

**Kiste aus Pappe**

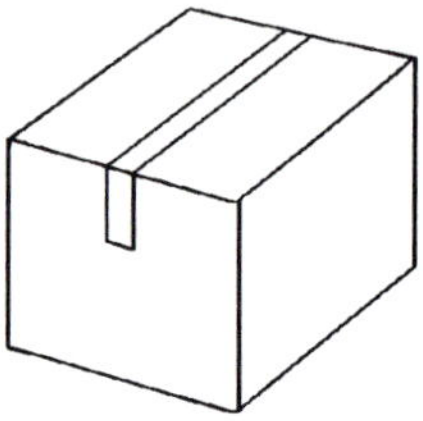

Bild 5.12 Kiste aus Pappe, als zusammengesetzte Verpackung

Zusammengesetzte Verpackung, zugelassen für Verpackungsgruppe II, gefährliche Stoffe, außen Kiste aus Pappe, innen zum Beispiel Feinblechdosen mit Verdünung.

(u/n) 4G/Y ...

**ADR/RID**

Neben den (u/n) Verpackungen, die verkehrträgerübergreifend eingesetzt werden können, gibt es speziell für den Landverkehr Verpackungen, die nur zur Beförderung auf den Verkehrsträgern

- Straße

  und

- Schiene

zugelassen sind. Sie werden nicht mit (u/n) gekennzeichnet, sondern mit den Buchstaben **ADR/RID.**

**Beispiel**

Feinstblechverpackung mit nichtabnehmbarem Deckel, zugelassen für Verpackungsgruppe II, gefährliche Stoffe (zum Beispiel für Verdünnung).

ADR/RID OA1/Y/...

## 5.3.3 Verpackungen nach Anhang A.6

**Großpackmittel bzw. IBC**

Großpackmittel, oft werden sie auch IBC (Intermediate Bulk Container) genannt, sind auch Versandstücke im Sinne von GGVS/ADR. Der Fassungsraum der IBC ist jedoch auf höchstens 3 $m^3$ begrenzt. IBC werden nach UN-Kriterien geprüft, zugelassen und gekennzeichnet.

**Ausnahmen**

Als "sehr gefährliche Stoffe" (Kleinbuchstabe a) klassifizierte Güter dürfen in IBC nur mit Ausnahmegenehmigung befördert werden. Diese Ausnahmen gelten nur bei innerstaatlichen Beförderungen.

**Arten von IBC**

IBC können aus unterschiedlichsten Werkstoffen bestehen. Man unterscheidet sie in:

- starre IBC

  und
- flexible IBC.

**Beispiele**

**Metallener IBC**

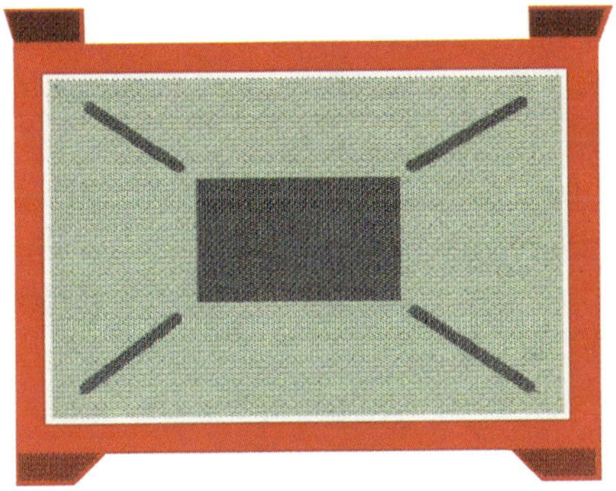

Metallener IBC

Diese IBC sind Weiterentwicklungen der früher nur in Deutschland zugelassenen KTC.

Bild 5.13 Metallener IBC

In diesem Beispiel handelt es sich um einen metallenen IBC, zugelassen nach Verpackungsgruppe II für gefährliche Stoffe, der im Juli 1993 gebaut wurde.

(u/n) 11A/Y/0793 ...

**Flexibler IBC**

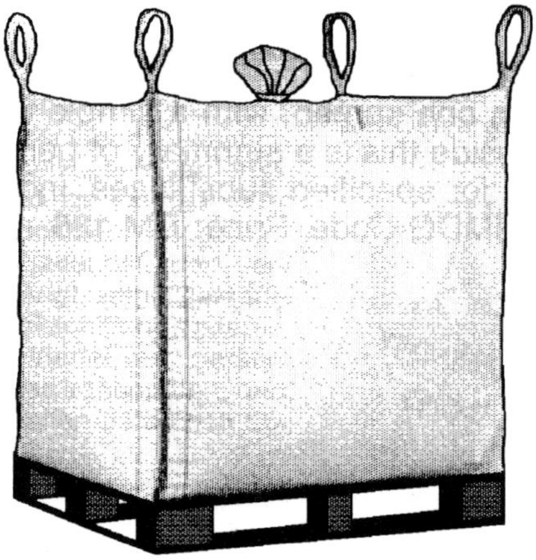

Bild 5.14 Flexibler IBC

Flexibler IBC

In diesem Beispiel handelt es sich um einen IBC aus Kunststoffgewebe mit Innenauskleidung, zugelassen nach Verpackungsgruppe III, weniger gefährliche Stoffe. Damit er universell umgeschlagen werden kann, ist er mit einen Holzgestell zur Aufnahme von Gabelzinken versehen

(u n) 31H1/Z/0591 ...

**Kombinations-IBC**

Häufig werden auch Kombinations-IBC verwendet. Dabei handelt es sich um Großpackmittel, meist aus Kunststoff, die zum Schutz des Kunststoffinnenbehälters mit einer äußeren Umhüllung versehen sind. Diese Umhüllung kann zum Beispiel aus Feinblech oder einem Gittergeflecht bestehen.

In diesem Beispiel handelt es sich um einen Kombinations-IBC, der Verpackungsgruppe II für gefährliche Stoffe. Der IBC ist zugelassen für feste Stoffe und wird drucklos durch Schwerkraft entleert. Der IBC wurde im Februar 1992 gebaut.

(u n) 11HZ1/Y/02921 ...

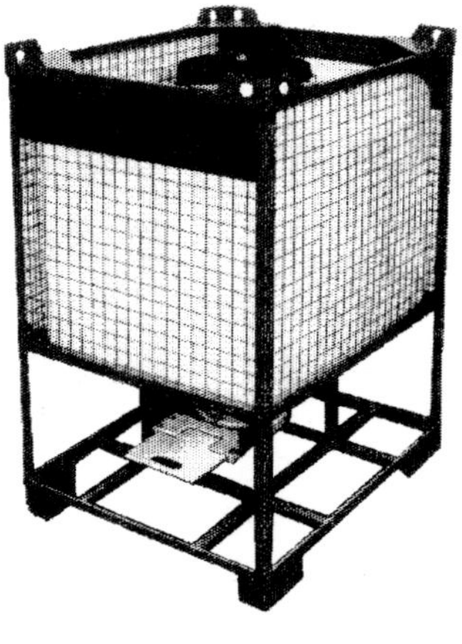

Bild 5.15 Kombinations IBC

Kombinations-IBC gibt es in einer großen Vielfalt. Sie werden in der Industrie häufig für Massenguttransporte eingesetzt. Meistens handelt es sich dabei um IBC, die mehrwegfähig sind.

## 5.3.4 Ladungseinheit

Versandstücke, besonders kleinere, werden häufig zu Ladeeinheiten zusammengefaßt. Die Gründe dafür können sehr unterschiedlich sein. Bei verschiedenen Verladern werden die Versandstücke zum leichteren Umschlagen zu größeren Einheiten palettiert. Bei anderen werden die Waren für einzelne Kunden zur Auslieferung zusammengestellt, und zur besseren Handhabung werden dafür Paletten verwendet.

**Ladungseinheit**

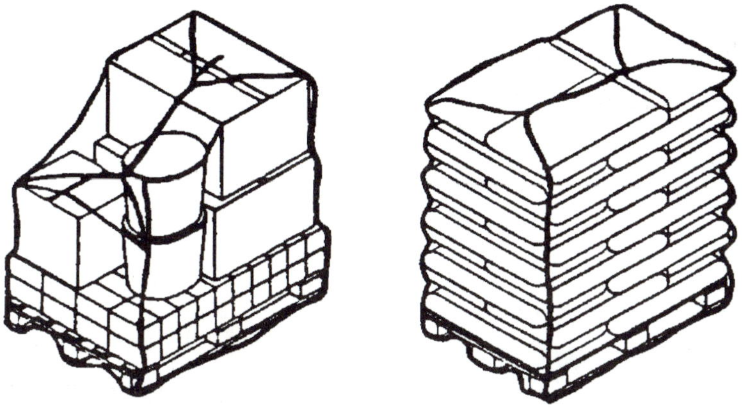

Bild 5.16 Ladungseinheiten mit Schrumpffolie

Vorstehend zwei Beispiele, bei denen die Ladungseinheiten mit Schrumpffolie zusammengehalten wird. Schrumpfen und Wickeln mit Folien ist keine Ladungssicherung, diese muß zusätzlich erfolgen.

## 5.3.5 Stückgutcontainer

Für die Beladung von Containern mit Stückgütern gelten die gleichen Grundsätze wie für Fahrzeuge. Werden Stückgutcontainer für den Seeverkehr beladen, so muß zusätzlich zu den sonstigen erforderlichen Papieren ein Containerpackzertifikat ausgestellt werden.

***5.1 Welches Fahrzeug darf zur Beförderung von Tankcontainern nicht eingesetzt werden?***

- ☐ Ein offenes Fahrzeug.
- ☐ Ein bedecktes Fahrzeug.
- ☐ Ein zweiachsiger Anhänger.
- ☒ Ein einachsiger Anhänger.

***5.2 Welche der genannten Umschließungen können nicht als Versandstück befördert werden?***

- ☐ Fässer.
- ☐ Kombinationsverpackungen.
- ☐ Großpackmittel.
- ☒ Tankcontainer.

***5.3 Welche Versandarten sind für Gefahrgüter zulässig?***

- ☐ Nur Stückgutversand.
- ☐ Gefahrgut nur als geschlossene Ladung.
- ☐ Nur Tankbeförderung und lose Schüttung.
- ☒ Nur lose Schüttung, Tankbeförderung und Versandstücktransport.

***5.4 Wie erkennen Sie eine UN-Verpackung?***

- ☐ Am Siegel mit Bundesadler der BAM.
- ☐ An dem Aufdruck ADR/RID.
- ☒ An dem Aufdruck $\binom{u}{n}$ ....
- ☐ Am Zulassungsschein der BAM.

***5.5 Welche der nachstehenden Versandstücke werden nicht nach UN-Vorschriften baumustergeprüft?***

- ☐ Pappkisten.
- ☐ Kunststoffässer.
- ☒ Gasflaschen.
- ☐ IBC, Großpackmittel.

***5.6 In welchen Verpackungen dürfen Güter mit dem Kleinbuchstaben "a" nicht befördert werden?***

- ☐ In Fässern $\binom{u}{n}$ 1A1/Z 1.5/....
- ☐ In Kisten $\binom{u}{n}$ 4G/Y 23/....
- ☐ In Großpackmitteln, IBC.
- ☐ In IBC $\binom{u}{n}$ 11A/Y/0192/....

***5.7 Welche der nachstehenden Verpackungen darf nicht für den Seeverkehr verwendet werden?***

- ☐ Fässer $\binom{u}{n}$ 1A1/Z 1.5/....
- ☐ Kisten $\binom{u}{n}$ 4G/Y 23/....
- ☐ IBC $\binom{u}{n}$ 11A/Y/0192/....
- ☒ Feinstblechverpackungen ADR/RID 0A2/X/92...

***5.8 Was ist ein Versandstück?***

- ☒ Das fertige Endprodukt nach der Verpackung.
- ☐ Das Ladegut, so wie es zum Transport bereitgestellt wird.

***5.9 Was ist eine Ladeeinheit?***

- ☐ Der absetzbare Teil des Fahrzeugs für austauschbare Ladungsträger.
- ☐ Das fertige Endprodukt nach der Verpackung.
- ☐ Der Stückgutcontainer, so wie er auf das Trägerfahrzeug verladen wird.
- ☒ Das Ladegut, so wie es zum Transport bereitgestellt wird.

***5.10 Welche Verantwortung hat der "Beförderer" bezüglich der Fahrzeugausrüstung?***

- ☐ Keine, das ist Sache des Fahrzeughalters.
- ☒ Er muß das Fahrzeug damit ausrüsten.
- ☒ Er muß den Fahrer anweisen, die erforderlichen Ausrüstungen zu beschaffen.
- ☐ Keine, der Fahrer ist verantwortlich.

***5.11 Was gehört nicht zur Ausrüstung nach GGVS?***

- ☐ Der Feuerlöscher.
- ☐ Die Schneeketten.
- ☒ Der Werkzeugkasten.
- ☐ Der Unterlegkeil.

***5.12 Wann muß bei Gefahrgutbeförderungen ein dritter Feuerlöscher mitgeführt werden?***

- ☐ Nie, zwei sind immer ausreichend.
- ☐ Wenn das Fahrzeug voll ausgeladen ist.
- ☒ Wenn der Anhänger alleine mit Gefahrgut im öffentlichen Verkehrsraum geparkt wird.
- ☐ Wenn der Anhänger alleine ohne Gefahrgut im öffentlichen Verkehrsraum geparkt wird.

***5.13 Welche persönliche Schutzausrüstung ist sinnvoll?***

- ☐ Die, die der Beförderer mitgibt.
- ☒ Die im Unfallmerkblatt beschriebene.
- ☐ Da das Gut in UN-Verpackungen ist, ist eine Schutzausrüstung nicht erforderlich.
- ☐ Eine Schutzausrüstung ist nur bei Tankbeförderungen erforderlich.

***5.14 Was gehört nicht zur Ausrüstung nach GGVS?***

- ☐ Die Warnleuchten.
- ☐ Der Unterlegkeil.
- ☐ Der Werkzeugkasten.
- ☒ Die Ersatzglühlampen.

# 6. Durchführung der Beförderung

## 6.1 Verkehrs- und Betriebssicherheit

### 6.1.1 Fahrtvorbereitungen

**Checkliste**

Die Sicherheit eines Transportes beginnt mit den Fahrtvorbereitungen. In besonderem Maße gilt dies für Gefahrguttransporte. Der Fahrer muß vor Fahrtbeginn kontrollieren, ob das Fahrzeug sicher und die vorgeschriebene Ausrüstung vollständig ist. Es ist sinnvoll, diese Vorbereitung anhand von Checklisten durchzuführen.

| **Checkliste für Gefahrguttransporte** | | | |
|---|---|---|---|
| Lfd. Nr. | Prüfpostition | i.O. | n.i.O. |
| **Fahrer-, Fahrzeugunterlagen und Papiere** | | | |
| 1 | Personalausweis/Reisepaß | | |
| 2 | Führerschein | | |
| 3 | ADR-Schein | | |
| 4 | Fahrzeugschein/Anhängerschein | | |
| | - HU noch gültig? | | |
| 5 | Bei Klasse 1: Besondere Zulassung noch gültig? | | |
| 6 | ADR/GGVS Beförderungspapier | | |
| | - Inhalt vollständig? | | |
| 7 | Unfallmerkblatt/blätter | | |
| 8 | Ausnahmen, falls erforderlich | | |
| 9 | Fahrwegbestimmung, falls erforderlich | | |
| 10 | Papiere nach anderen Vorschriften | | |
| | - Abfallbegleitschein | | |
| | - Klasse 1, Berechtigungsschein | | |
| | - Klasse 7, Beförderungsgenehmigung | | |

Bild 6.1 Beispiel einer Checkliste für Stückgutbeförderung

| Fahrzeug und -ausrüstung | | | |
|---|---|---|---|
| 11 | Beleuchtung | | |
| 12 | Bremsen | | |
| 13 | Reifen | | |
| 14 | Lenkung | | |
| 15 | Unterlegkeile | | |
| 16 | Warnleuchten, 2 Stück | | |
| 17 | Werkzeugkasten | | |
| 18 | Feuerlöscher | | |
| 19 | Schutzausrüstung nach Unfallmerkblatt | | |
| | - Schutzhandschuhe | | |
| | - Schutzbrille | | |
| | - Augenspülflasche | | |
| | - Schaufel | | |
| **Ladungssicherheit des Fahrzeugs** | | | |
| 20 | Ladefläche sauber | | |
| 21 | Ladungssicherung vorgenommen | | |
| 22 | Zusammenladeverbote/Getrennthalten beachtet | | |
| 23 | Nässeempfindliche Ladung geschützt | | |

Bild 6.1 Fortsetzung Beispiel einer Checkliste für Stückgutbeförderung

### 6.1.2 Besondere Verkehrslagen

**Schneeglätte**

Von besonderer Gefahr sind Wetterlagen mit Nebel oder Schneefall. Ist eine Beförderungseinheit kennzeichnungspflichtig, so wird durch die StVO die Weiterfahrt unter solchen schweren Wertterlagen verboten (siehe Abschnitt 1.3.4).

## 6.2 Einflüsse auf den Transport

### 6.2.1 Be- und Entladen

Von der richtigen Beladung einer Beförderungseinheit wird die Sicherheit während der Beförderung direkt beeinflußt. Neben dem zulässigen Gesamtgewicht und den zulässigen Achslasten sind auch die Vorschriften des ADR/GGVS zu beachten.

Die Ladefläche eines Gefahrguttransporters muß "besenrein" sein. Insbesondere Nägel, Holzreste, Papier oder Lappen können mit brennbaren oder brandfördernden Stoffen Reaktionen eingehen, die zu einem Feuer führen, wenn eine Verpackung durch ein unvorhersehbares Ereignis undicht wird und Gefahrgut freigesetzt wird.

**Sauberkeit**

Alte Nägel von Ladungssicherungen früherer Beförderungen können die Gefahrgutverpackungen durchdringen und zu einer Stofffreisetzung führen.

**Rauchverbot**

Das Rauchverbot bei Gefahrgutbeförderungen bezieht sich auf das Be- und Entladen des Fahrzeugs. Auch Feuer oder offenes Licht sind verboten.

**Getrennt halten**

Gefahrgüter müssen von Nahrungs- und Genußmitteln getrennt gehalten werden. Dies bedeutet, sie dürfen nicht zu einem Versandstück oder zu einer Ladungseinheit zusammengefaßt werden. Ein Abstand zwischen Nahrungs- und Genußmitteln und Gefahrgütern ist nicht vorgeschrieben. Wenn es möglich ist, sollte man die Ladung jedoch nicht direkt nebeneinander stellen.

| Gefahrzettel | 1, 1.4, 1,5 | 2 | 3 | 4.1 | 4.2 | 4.3 | 5.1 | 5.2 | 5.2 + 01 | 6.1, 6.1 A | 7 A, B, C | 8 | 9 |
|---|---|---|---|---|---|---|---|---|---|---|---|---|---|
| 1, 1.4, 1.5 | X | | | | | | | | | | | | |
| 2 | | | | | | | | | | | | | |
| 3 | | | | | | | | | | | | | |
| 4.1 | | | | | | | | | | | | | |
| 4.2 | | | | | | | | | | | | | |
| 4.3 | | | | | | | | | | | | | |
| 5.1 | | | | | | | | | | | | | |
| 5.2 | | | | | | | | | | | | | |
| 5.2 + 01 | | | | | | | | | | | | | |
| 6.1, 6.1 A | | | | | | | | | | | | | |
| 7 A, B, C | | | | | | | | | | | | | |
| 8 | | | | | | | | | | | | | |
| 9 | | | | | | | | | | | | | X |

| | verboten | | erlaubt |
|---|---|---|---|

X = Hier sind die nachstehenden Besonderheiten der Klassen zu beachten.

Bild 6.2 Tabelle der Zusammenladeverbote

## 6.2.2 Zusammenladeverbote

Das Verbot, Gefahrgüter verschiedener Klassen in ein Fahrzeug zu verladen, ist von den verwendeten Gefahrzetteln abhängig.

Bis auf wenige Ausnahmen, so kann man der vorstehenden Tabelle entnehmen, ist ein Zusammenladen von Stückgütern gestattet. Trägt ein Versandstück jedoch einen Gefahrzettel nach Muster 1 oder 01, so ist Vorsicht geboten. Hier gelten Zusammenladeverbote.

**Klasse 1**

Innerhalb der Klasse 1 gelten noch zusätzliche Regeln für das Zusammenladen in einem Fahrzeug. Entscheidend dafür ist die Verträglichkeitsgruppe, der das Gut oder der Gegenstand zugeordnet wurde.

| | B | C | D | E | F | G | H | J | L | S |
|---|---|---|---|---|---|---|---|---|---|---|
| B | X | | | | | | | | | X |
| C | | X | X | X | | X | | | | X |
| D | | X | X | X | | X | | | | X |
| E | | X | X | X | | X | | | | X |
| F | | | | | X | | | | | X |
| G | | X | X | X | | X | | | | X |
| H | | | | | | | X | | | X |
| J | | | | | | | | X | | X |
| L | | | | | | | | | 1 | |
| S | X | X | X | X | X | X | X | X | | X |

X = Zusammenladen erlaubt

1 = Versandstücke mit Stoffen und Gegenständen der Verträglichkeitsgruppe L dürfen mit Versandstücken mit gleichartigen Stoffen und Gegenständen derselben Verträglichkeitsgruppe zusammen in einem Fahrzeug verladen werden.

Bild 6.3 Zusammenladeverbote in der Klasse 1

**Klasse 9 nur GGVS**

Verflüssigte Metalle der Klasse 9 Ziffer 10 dürfen nicht mit anderen gefährlichen Gütern in ein Fahrzeug verladen werden.

## 6.2.3 Ladungssicherung

**Vorschriften**

Hinweise zur Ladungssicherung findet man in verschiedenen Rechtsvorschriften und Richtlinien:

- § 22 Abs. 1 Straßenverkehrsordnung (StVO),
- Rn. 10 414 Abs. 1 der GGVS/ADR und die besonderen Vorschriften Rn. XY 414 in den einzelnen Gefahrgutklassen,
- VDI-Richtlinie 2700, 2701 und 2702 Ladungssicherung auf Straßenfahrzeugen, Zurrmittel und Zurrkräfte,
- VBG 12 Unfallverhütungsvorschriften (UVV),
- TRbF 108 ortsbewegliche Tanks, Container, Gefäßbatterien,
- Container-Packrichtlinien,
- TRS 005 Ladungssicherung zu Rn. 10 414 Abs. 1 GGVS.

### 6.2.3.1 Krafteinwirkung auf die Ladung

Um zu verstehen, warum einzelne Maßnahmen zur Ladungssicherung unbedingt erforderlich sind, müssen die auf die Ladung einwirkenden Kräfte bekannt sein. Folgende Kräfte müssen berücksichtigt werden:

**Kräfte**

- Längskräfte,
  (Beschleunigen, Bremsen und Gelände),
- Querkräfte,
  (Kurvenfahrten und Gelände),
- Vertikalkräfte,
  (Gelände und Straßenbeschaffenheit).

Die Intensität, mit der diese Kräfte auf das Fahrzeug wirken, ist auch von der Beschaffenheit des Fahrzeuges (zum Beispiel der Federung) abhängig.

**Längskräfte**

**Beschleunigen**

**Bremsen**

Außer der Gewichtskraft des Ladegutes müssen zur Sicherung des Gutes die Kräfte berücksichtigt werden, die während der Fahrt entstehen. Besonders in Längsrichtung entstehen große Kräfte, zum Beispiel durch eine Notbremsung. Auch beim Anfahren am Berg, besonders wenn ruckartig angefahren wird, wird die Ladung starken Längskräften ausgesetzt.

Bild 6.4 Längskräfte beim Beschleunigen und Bremsen

Beim Durchfahren von Kurven wirken auf die Ladung Fliehkräfte ein. Auch wenn langsam gefahren wird, aber starke Lenkbewegungen erforderlich sind, wie beim Rangieren, werden auf die Ladung große Querkräfte ausgeübt.

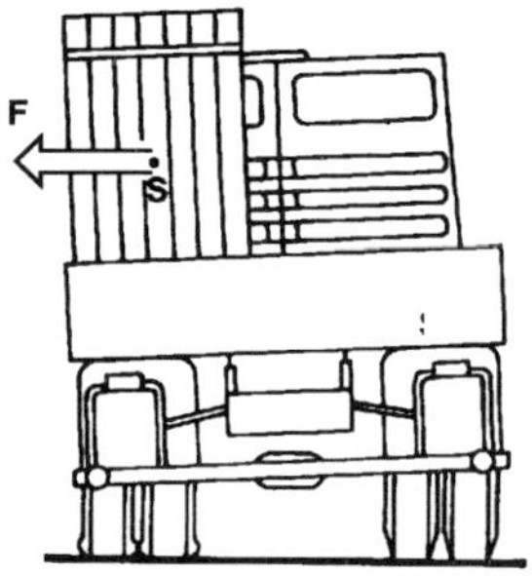


Bild 6.5 Querkräfte

**Straßeneinfluß**

Von besonderem Einfluß auf die Sicherheit beim Transport ist die Beschaffenheit der Wegstrecke in Verbindung mit der Federung des Fahrzeugs. Bei schlechter Straße und harter Federung (Blattfeder) wird das Fahrzeug starken vertikalen Stößen und Schwingungen ausgesetzt, die zum "Wandern" einer ungesicherten Ladung führen können.

**Reibungskräfte**

Die zum Verschieben einer Ladung erforderliche Kraft ist von der Reibung zwischen Fahrzeugboden und Ladungseinheit abhängig. Die physikalische Beziehung lautet:

- Reibkraft = Reibungskoeffizient x Gewichtskraft
- $F_R = \mu \times F_G$

**Beispiel**

Werden auf einer Palette mit einem Gewicht von 10 kg 20 Kisten von je 15 kg Gewicht gestapelt, so ergibt sich die Reibkraft aus:

- $F_R = \mu \times F_G$ $\qquad \mu = 0{,}3$

$F_G = (20 \times 15) + 10 = 410$ kg

- $F_R = 0{,}3 \times 410 =$

$F_R = 123$ kg Reibkraft

Die Ladungseinheit muß und die Kisten auf der Palette müssen gesichert werden.

**Kräfte auf der See**

Im Seeverkehr treten noch zusätzliche Kräfte auf, die durch das "Gieren", "Rollen" oder "Stampfen" des Schiffes hervorgerufen werden. Durch die Überlagerung von Bewegungen wird die Ladung besonders beansprucht. Durch die Einhaltung der Container-Packrichtlinien können Ladungsschäden vermieden werden.

### 6.2.3.2 Möglichkeiten der Ladungssicherung

Entsprechend den allgemeinen Regeln müssen die für das gefährliche Ladegut bereitgestellten Lädeflächen geeignet und sauber sein. Der Fahrzeugaufbau alleine bietet keine ausreichende Ladungssicherung. Es sind insbesondere bei Teilladungen immer Ladungssicherungsmittel zu verwenden.

**GGVS/ADR**

Nach der GGVS/ADR muß die Ladungssicherung so erfolgen, daß sich während der Beförderung die Ladung nicht untereinander oder gegenüber dem Fahrzeug bewegen kann. Wenn der gesamte Laderaum ausgefüllt ist, werden die Bordwände als ausreichende Sicherung der Ladung angesehen.

**Zurr- und Spannmittel**

Als Mittel zur Ladungssicherung werden oft Zurr- und Spanngurte verwendet. Sie sind einfach und universell anwendbar. Bei der Anwendung muß darauf geachtet werden, daß Spanngurte nur Zugkräfte aufnehmen können. Die Gurte dürfen die Versandstücke nicht beschädigen. Bei empfindlichen Verpackungen wie Säcken und Pappkisten müssen eventuell Kantenschoner oder Abdeckungen zusätzlich verwendet werden.

**Zurrpunkte**

Die Befestigung der Gurte am Fahrzeug bereitet auch verschiedentlich Probleme, da die Fahrzeuge nicht mit Befestigungspunkten ausgerüstet sind. Hier muß schon bei der Anschaffung des Fahrzeuges auf Möglichkeiten zur Ladungssicherung geachtet werden.

**Lade- oder Sperrbalken**

Lade- oder Sperrbalken bestehen aus Holz oder Aluminium. Sie werden mittels Klemmen an den Längsbracken des Fahrzeuges befestigt. Die Kraftaufnahme dieser Balken ist begrenzt. Als Sicherung werden sie oft in einem nicht vollkommen ausgefüllten Laderaum für die rückwärtige Sicherung verwendet.

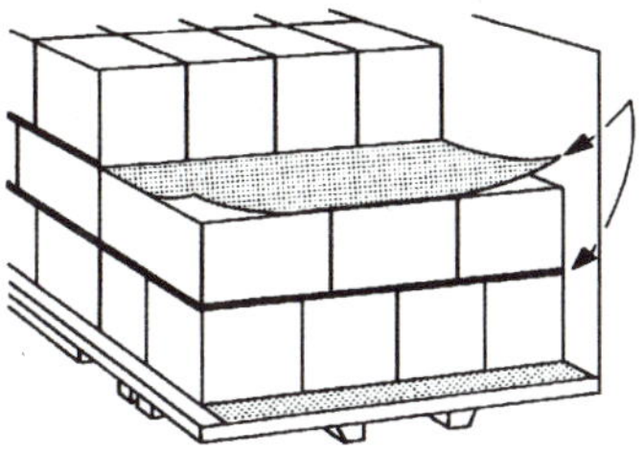

Bild 6.6 Rutschfeste Zwischenlagen

**Rutschfeste Zwischenlagen**

Rutschfeste Zwischenlagen sind besonders geeignet, wenn gleichartige bzw. gleichgroße Versandstücke in mehreren Lagen befördert werden sollen. Sie erhöhen die Reibung zwischen Laderaum um Ladegut bzw. zwischen den einzelnen Lagen von Gefahrgut. Auch zur Sicherung von Kisten- oder Sackware auf Paletten sind sie geeignet.

### 6.2.3.3 Lastverteilung und Ladeplan

**Lastverteilung**

**Freiräume**

Die Ladung ist auf der Ladefläche so zu verstauen, daß der Schwerpunkt der gesamten Ladung nach Möglichkeit in der Längsmittelebene des Fahrzeugs liegt. Punktförmige Belastungen des Fahrzeugs sind zu vermeiden. Wird der Laderaum nur zum Teil genutzt, so muß die Beladung unter Berücksichtigung der zulässigen Achslasten erfolgen. Dabei sind Freiräume im Laderaum zu vermeiden, Freiräume zwichen den Ladeeinheiten sind mit Polstermaterial aufzufüllen. Die Ladung muß gesichert werden.

**Ladeplan**

Es ist sinnvoll, bei Gefahrgutsendungen einen Ladeplan anzufertigen und mitzuführen, damit man zum Beispiel nach einem Unfall den Standort der einzelnen Gefahrgutsendungen auf dem Fahrzeug nachvollziehen kann.

## 6.3 Transportdurchführung

**Fahrzeugbesatzung**

Unter der Fahrzeugbesatzung versteht man die Personen, die der Beförderer zur Abwicklung des Transportes auf dem Fahrzeug einsetzt. Ein Beifahrer, der nicht aufgrund von GGVS/ADR Vorschriften erforderlich ist, muß den Fahrer nicht ablösen können.

**Klasse 1**

Werden Güter der Klasse 1 befördert, so ist ein Beifahrer, der den Fahrer ablösen können muß, erforderlich.

**Telefon**

In Deutschland kann eine Ausnahme (GGAV) angewendet werden, die besagt, daß wenn Funktelefon oder UKW-Funk an Bord ist, und deren Stromkreise eigensicher sind, auf einen Beifahrer verzichtet werden kann.

**Personen-beförderung**

Die Beförderung anderer Personen als der Fahrzeugbesatzung ist in Gefahrgutfahrzeugen verboten, wenn die Grenzmengen der "Liste der begrenzten Mengen" (siehe Abschnitt 4.2.2) überschritten wird.

**Halten und Parken**

Grundsätzlich müssen haltende oder parkende Fahrzeuge vorschriftsmäßig gesichert sein. Beim Parken muß die Feststellbremse betätigt werden.

Wenn bei Nacht oder schlechter Sicht ohne Fahrzeugbeleuchtung gehalten oder geparkt (in Deutschland auch die Regelung der StVO beachten), so sind die beiden Warnleuchten ca. 10 m vor und hinter dem Fahrzeug aufzustellen. Diese Regelung ist mengenunabhängig.

**Überwachung**

Die Vorschriften für das Überwachen von parkenden Gefahrgutfahrzeugen lauten sinngemäß:

- Gefahrgutfahrzeuge dürfen außerhalb von Werksbereichen nur unter folgenden Bedingungen geparkt werden:

**Parkplatz 1**

1) auf einem Parkplatz, überwacht durch den Fahrer oder einen Parkwächter. Dieser muß im Gefahrenfall die richtigen Maßnahmen treffen können und die Polizei benachrichtigen.

Ist die unter 1) beschriebene Parkmöglichkeit nicht vorhanden, darf auch geparkt werden:

**Parkplatz 2**

2) auf einem Parkplatz, auf dem die Beförderungseinheit nicht in die Gefahr kommt, durch andere Fahrzeuge beschädigt zu werden oder

**Parkplatz 3**

3) auf einer von der Öffentlichkeit wenig benutzten Fläche abseits von Hauptverkehrsstraßen und Wohngebieten.

Fahrzeuge mit Sprengstoffen müssen dabei mindestens einen Abstand von 50 m untereinander haben.

Die Vorschriften der Überwachung von Gefahrgutfahrzeugen müssen eingehalten werden, wenn die in Tabelle (Bild 6.7) angegebenen Grenzmengen überschritten werden.

**Grenzmengen der Überwachungspflicht beim Parken**

| Klasse | Ziffer | Grenzmenge in kg |
|---|---|---|
| 1 | alle | 50 *) |
| 2 | 1at) Bortrifluorid und Fluor, 3at), 3bt) ausgenommen Äthylchlorid, 3ct), Chlorwasserstoff 5at) und tiefgekühlte verflüssigte Gase der Ziffer 7b)und 8b) GGVS, 7a) und 8a) ADR. | 1 000 |
| | 3b), Äthylchorid 3bt), Vinylchlorid 3c), 4b), 7a und 8a) GGVS ausgenommen Kohlensäure, 7b) und 8b) ADR | 10 000 |
| 3 | 1 bis 5a) und b), 7b) 21 bis 26 | 10 000 |
| | 8, 11 bis 20 | 5 000 |
| 4.1 | 21 bis 25, 31 bis 33 | 1 000 |
| | 26, 34 und 35 | 100 |
| 4.2 | a) der einzelnen Ziffern und 22 | 10 000 |
| 4.3 | a) der einzelnen Ziffern | 10 000 |
| 5.1 | a) der einzelnen Ziffern und 5 | 10 000 |
| 5.2 | 1, 2, 13 und 14 | 1 000 |
| | 3, 4, 15 und 16 | 2 000 |
| | 5, 6, 17 und 18 | 5 000 |
| | 11 und 12 | 500 |
| 6.1 | 1 bis 3 und Stoffe a) der einzelnen Ziffern | 1 000 |
| | b) der einzelnen Ziffern | 5 000 |
| 7 | alle Stoffe | 0 |
| 8 | a) der einzelnen Ziffern | 10 000 |
| | Brom der Ziffer 24 | 1 000 |
| 9 | b) der einzelnen Ziffern | 5 000 |

*) Gesamtexplosivstoffmasse

Bild 6.7 Tabelle Grenzmengen der Überwachungspflicht

**Rauchverbot** Grundsätzlich besteht bei allen Gefahrguttransporten ein Rauchverbot. In der Nähe der Fahrzeuge und in den Fahrzeugen, also auch im Führerhaus, darf nicht geraucht werden. Dies gilt auch bei Be- und Entladearbeiten.

**Ausnahmen** Ausgenommen von dem grundsätzlichen Rauchverbot sind Transporte mit tiefkaltem verflüssigten Kohlendioxid (Klasse 2, Ziffer 7a = Feuerlöschmittel) und Beförderungen von Stoffen oder Gegenständen der Klasse 7, wenn diese nicht brennbar sind.

# 6.3 Fahrverhalten von Fahrzeugen

Im Abschnitt 6.2.3.1 werden die Kräfte beschrieben, die auf die Ladung einwirken. Diese Kräfte entstehen durch die Fahrzeugbewegungen während der Beförderung. Der Zustand und die Art der Federung und der Stoßdämpfer beeinflußen in starkem Maße die Transport- und Fahrsicherheit der Fahrzeuge.

**Kippsicherheit** Für die Sicherheit gegen Kippen ist der Gesamtschwerpunkt von Fahrzeug und Ladung ausschlaggebend. Er soll möglichst niedrieg liegen. Bei Tankfahrzeugen kann man den Schwerpunkt durch die Tankform beeinflußen. Bei Stückguttransporten wird der Schwerpunkt von der Ladung und der richtigen Art der Stauung beeinflußt.

**Kippkante**

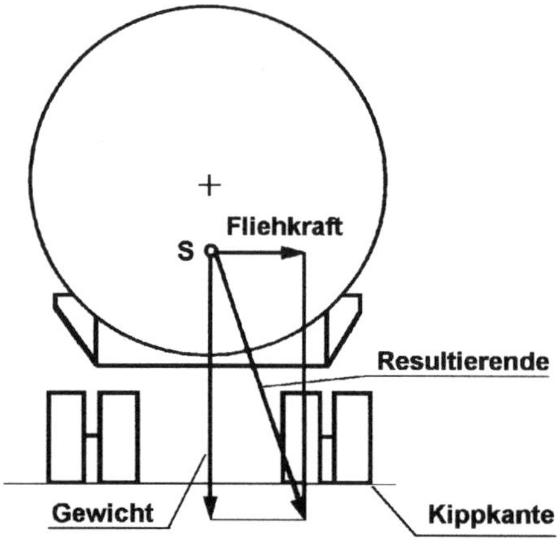


Bild 6.9 Kräfte am Fahrzeug

Bei Kurvenfahrten entsteht neben der Gewichtskraft eine Fliehkraft. Die Resultierende aus diesen beiden Kräften darf die Kippkannte des Fahrzeugs nicht überschreiten.

**6.1 *Welche Fahrvorbereitungen sind vor einem Gefahrgut-transport sinnvoll?***

- ☐ Fahrzeug waschen lassen.
- ☐ Mit dem Fahrer sprechen, der die letzte Tour gefahren hat, um zu erfahren, ob am Fahrzeug alles ok ist.
- ☒ Anhand einer Chekliste das Fahrzeug überprüfen.
- ☐ Kühlwasserdruck überprüfen.

**6.2 *Welche Wetterlage erfordert für Gefahrgutfahrer eine Besonderheit?***

- ☐ Regen bei Tag.
- ☒ Nebel und Schneeglätte.
- ☐ Sonnenschein.
- ☐ Regen bei Nacht.

**6.3 *Wann darf nicht geraucht werden?***

- ☐ Bei der Zusammenstellung der Tour im Dispositionsbüro.
- ☒ Bei der Beladung.
- ☐ Bei einer Pause in der Auto-bahnraststätte.

**6.4 *Welchen Zustand soll die Ladefläche eines LKW vor der Beladung haben?***

- ☐ Sie muß naß gereinigt werden.
- ☐ Der Zustand ist unbedeutend.
- ☒ Sie muß besenrein sein.
- ☐ Sie muß nicht gereinigt werden.

**6.5 *Wovon ist das Zusammenlade-verbot auf einem Fahrzeug abhängig?***

- ☐ Von der Art der Verpackung.
- ☐ Vom Zustand der Ladung.
- ☐ Von den Hinweisen im Beförderungspapier.
- ☐ Von den Gefahrzetteln auf der Verpackung.

**6.6 *Welche Behauptung über das Rauchen beim Gefahrgut-transport ist falsch?***

- ☐ Der Beifahrer darf in Fahrzeug nicht rauchen.
- ☐ Der Fahrer darf beim Beladen nicht rauchen.
- ☐ Der Verladearbeiter darf bei der Beladung nicht rauchen.
- ☒ Der Disponent darf bei der Planung nicht rauchen.

**6.7 *In welcher Gefahrgutklasse gibt es besondere Zusammenladeverbote?***

- ☐ In der Klasse 4.1 und 8.
- ☒ In der Klasse 1 und 9.
- ☐ In der Klasse 5.1 und 3.
- ☐ In der Klasse 4.3 und 2.

**6.8** ***Welche Behauptung über das Rauchen beim Gefahrguttransport ist falsch?***

- ☐ Der Beifahrer darf bei der Beladung nicht rauchen.
- ☐ Der Polizist darf bei der Kontrolle nicht rauchen.
- ☐ Der Fahrer darf bei der Kontrolle durch die Polizei nicht rauchen.
- ☒ Der Beifahrer darf im Fahrzeug rauchen.

**6.9** ***Welche Aussage im Zusammenhang mit Genußmitteln ist richtig?***

- ☐ Sie dürfen nicht mit Gefahrgut auf eine Ladefläche sein.
- ☐ Genußmittel müssen auf den Motorwagen, Gefahrgüter auf den Anhänger geladen werden.
- ☒ Gefahrgüter und Genußmittel müssen getrennt gehalten werden.
- ☐ Gefahrgüter und Genußmittel müssen mindestens 3 m auseinanderstehend gestaut werden.

**6.10** ***Welche Kraft wirkt immer auf die Ladung ein?***

- ☒ Die Gewichtskraft.
- ☐ Die Fliehkraft.
- ☐ Die Beschleunigungskräfte des Fahrzeugs.
- ☐ Die Verzögerungskräfte (Bremskräfte) des Fahrzeugs.

**6.11** ***Wo greifen die Kräfte bei der Ladung an?***

- ☐ An den Zurrgurten.
- ☒ Im Schwerpunkt.
- ☐ Im Lateralpunkt.
- ☐ An der Aufstandsfläche.

**6.12** ***Was ist bei Teilladungen keine ausreichende Sicherung der Ladung?***

- ☐ Befestigung mittels Gurten.
- ☐ Befestigung mittels Sperrbalken.
- ☒ Die Schwerkraft.
- ☐ Sperren des Freiraumes mit Paletten.

**6.13** ***Wer gehört nicht zur Fahrzeugbesatzung?***

- ☐ Der Beifahrer.
- ☐ Der Fahrer.
- ☒ Der Ladearbeiter.

**6.14** ***Muß ein Gefahrgutfahrzeug beim Parken immer überwacht werden?***

- ☐ Nein, nur bei gewissen Gefahrgutmengen.
- ☒ Ja, weil von ihm eine besondere Gefahr ausgeht.
- ☐ Nein, da die Verpackungen ausreichend dicht sind.
- ☐ Ja, damit das Fahrzeug vor unbefugten Zugriffen geschützt ist.

# 7. Pflichten und Verantwortlichkeiten, Sanktionen

## 7.1 Pflichten und Verantwortlichkeiten

**Verantwortliche Personen**

In Verlauf eines Gefahrguttransportes kommen viele Personen mit dem gefährlichen Gut in Berührung. Jedem der am Transport Beteiligtem kommt dabei eine besondere Verantwortung zu. Nicht nur der Fahrer, sondern alle müssen dazu beitragen, daß der Transport sicher durchgeführt werden kann.

**Absender**

Absender ist, wer mit dem Beförderer einen Beförderungsvertrag abschließt.

Wird kein Beförderungsvertrag abgeschlossen, so ist der Beförderer gleichzeitig auch der Absender.

**Beförderer**

Beförderer ist, wer das Fahrzeug zur Ortsveränderung des Gutes verwendet.

**Verlader**

Verlader ist, wer als unmittelbarer Besitzer (nicht Eigentümer) des Gutes es dem Beförderer übergibt, oder selbst befördert.

**Fahrzeugführer**

Fahrzeugführer ist derjenige, der das Fahrzeug tatsächlich lenkt. Ist ein LKW mit zwei Personen besetzt, so wird beim Fahrerwechsel der Beifahrer zum Fahrzeugführer und umgekehrt.

**Fahrerpflichten**

Der Fahrer hat jedoch eine Schüsselposition, und es liegt ein Großteil der Verantwortung auf seinen Schultern. Er wird gleich zweimal in die Verantwortung genommen.

- Allgemein durch § 4 GGVS

> Die an der Beförderung gefährlicher Güter Beteiligten haben die nach Art und Ausmaß der vorhersehbaren Gefahren erforderlichen Vorkehrungen zu treffen, um Schadensfälle zu verhindern und beim Eintritt eines Schadens dessen Umfang so gering wie möglich zu halten.

und

- durch § 9 Abs. 4, 14, 15 und 18 GGVS.

  Hier sind die vom Fahrer einzuhaltenen Regeln im einzelnen aufgeführt.

**Verantwortung im Detail**

Der Fahrzeugführer

- darf keine beschädigten Verpackungen befördern,
- muß die Begleitpapiere, die Feuerlöscher und die Ausrüstung mitführen und bei Kontrollen aushändigen,
- muß die Vorschriften über das Halten und Parken beachten,
- hat dafür zu sorgen, daß die Vorschriften für das Betreten der Ladefläche mit Beleuchtungsgeräten eingehalten werden,
- hat, wenn erforderlich, die Warntafeln sichtbar zu machen,
- darf nur mit angezogener Feststellbremse parken,
- hat beim Parken bei schlechter Sicht die Warnleuchten aufzustellen,
- hat bei Unfällen oder Zwischenfällen die Polizei zu benachrichtigen,
- hat bei Unfällen oder Zwischenfällen die im Unfallmerkblatt aufgeführten Maßnahmen zu treffen,
- hat, wenn er ein Tankfahrzeug befüllt, den höchstzulässigen Füllungsgrad einzuhalten,
- hat bei Tankfahrzeugen die Dichtheit der Verschlußeinrichtung zu prüfen,
- hat die Vorschriften über das Be- und Entladen, das Zusammenladen und Getrennthalten sowie die Handhabung der Güter zu beachten,
- hat das Verbot von Feuer und offenem Licht sowie das Rauchverbot zu beachten.

**Notwendigkeit der Schulung**

Aus der Vielzahl der Pflichten ergibt sich die Notwendigkeit, nur Fahrer zu Gefahrguttransporten einzusetzten, die besonders geschult worden sind. Der Beförderer ist verpflichtet, nur solche Fahrzeugführer einzusetzen, die mit den Besonderheiten des Gefahrguttransportes vertraut gemacht wurden.

**Mitwirkung bei Kontrollen**

Der Gefahrgutfahrer wird bei der Ausübung seines Befrufes häufig kontrolliert. Bei diesen Kontrollen sind er und der Beifahrer zur Mitwirkung verpflichtet. Auf Verlangen hat er den Kontrollbeamten alle Papiere und Ausrüstungsgegenstände vorzeigen und, wenn es gewünscht wird, auszuhändigen.

## 7.2 Sanktionen

**Verwarn- und Bußgelder**

Allen am Transport gefährlicher Güter beteiligten Personen (Absender, Beförderer, Verlader, Fahrer, Beifahrer) droht bei Verstößen gegen die GGVS/ADR ein Bußgeld, wenn Pflichten vernachlässigt werden.

Die Bußgelder nach der GGVS/ADR sind sehr hoch. So werden zum Beispiel für das nicht Mitführen der Schulungsbescheinigung (ADR-Bescheinigung) 300 DM angedroht. Ist der Fahrer jedoch nicht geschult, so drohen 600 DM Bußgeld.

**Punkte**

Verstöße und Bußgelder gegen die GGVS/ADR werden nicht mit Punkten im Verkehrszentralregister in Fensburg geahndet.

**StVO**

Die Verwarn- und Bußgelder der StVO und StVZO bleiben neben denen der GGVS/ADR zusätzlich bestehen. Der Verwargeld- und Bußgeldkatalog sieht für GGVS/ADR-Fahrzeuge sogar härtere Strafen vor als für Fahrzeuge ohne Gefahrgut. Auch Fahrverbote als Nebenstrafe werden für Gefahrgutfahrer früher fällig, als für andere Fahrer.

**Beispiel**

Eine Geschwindigkeitsüberschreitung bei einem Gefahrguttransport von mehr als 26 km/h innerhalb geschlossener Ortschaften bedeutet

- einen Monat Fahrverbot und
- 250 DM Bußgeld.

**Schadensersatz nach BGB**

Sollte bei der Gefahrgutbeförderung ein Schaden entstanden sein, so muß dieser nach dem Prinzip der Gefährdens- und Verschuldenshaftung reguliert werden.

Bei grober Fahrlässigkeit kann eine Versicherung die Regulierung des Schadens verweigern bzw. sich an dem grob fahrlässig Handelnden schadlos halten und erbrachte Leistungen zurückfordern.

7.1 ***Welche nachstehenden Verantwortungen muß der Fahrer wahrnehmen?***

- ☐ Das Fahrzeug richtig auszurüsten.
- ☐ Das Beförderungspapier zu erstellen.
- ☒ Beim Parken die Feststellbremse zu betätigen.
- ☐ Bei Klasse-1-Beförderungen einen Beifahrer mitzugeben.

7.2 ***Wer ist keine verantwortliche Person nach der GGVS/ADR?***

- ☐ Der Absender.
- ☒ Der Kontrollbeamte.
- ☐ Der Fahrer.
- ☐ Der Beifahrer.

7.3 ***Was darf man beim Gefahrguttransport im, am und um das Fahrzeug herum nicht?***

- ☐ Seine Mittagspause verbringen.
- ☐ Sich bei Kontrollen aufhalten.
- ☐ Die Straßenkarte studieren.
- ☒ In der Pause rauchen.

7.4 ***Was darf man beim Gefahrguttransport im, am und um das Fahrzeug herum nicht?***

- ☐ Seine vorgeschriebene Pause machen.
- ☐ Sich bei Kontrollen aufhalten.
- ☒ Mit offenem Licht umgehen.
- ☐ Sich länger als nötig aufhalten.

7.5 ***Welche der nachstehenden Verantwortungen muß der Fahrer wahrnehmen?***

- ☒ Die Fahrzeugausrüstung mitzuführen.
- ☐ Das Fahrzeug mit Feuerlöschern auszurüsten.
- ☐ Beim Parken die Polizei zu benachrichtigen.
- ☐ Bei Klasse-1-Beförderungen einen Beifahrer mitzugeben.

7.6 ***Was muß der Fahrer bei Kontrollen tun?***

- ☐ Nichts, damit er sich nicht selbst belastet.
- ☐ Er muß den Kontrollbeamten auf Mißstände beim Transport hinweisen.
- ☐ Nichts, weil er sonst mit seinem Chef Ärger bekommen kann.
- ☒ Er muß die verlangten Ausrüstungen, Papiere und Auskünften geben.

7.7 ***Welche nachstehenden Verantwortungen muß der Fahrer wahrnehmen?***

- ☐ Wenn nötig das Fahrzeug auszurüsten.
- ☐ Wenn nötig das Beförderungspapier zu erstellen.
- ☐ Bei Klasse-1-Beförderungen einen Beifahrer mitzugeben.
- ☒ Wenn nötig die Warntafeln aufzudecken.

*7.8* ***Wer wird mit Bußgeld bedroht, wenn die Fahrzeugausrüstung unvollständig ist?***

☒ Der Fahrer und der Beförderer.

☐ Der Fahrer und der Verlader.

☐ Der Verlader und der Fahrzeughalter.

☐ Der Fahrzeughalter und der Beförderer.

*7.9* ***Wer wird mit Bußgeld bedroht, wenn ein ungeschulter Fahrer beim Gefahrguttransport eingesetzt wird?***

☐ Der Verlader und der Beförderer.

☐ Der Fahrer und der Verlader.

☐ Der Verlader und der Fahrzeughalter.

☒ Der Fahrer und der Beförderer.

*7.10* ***Wer wird mit Bußgeld bedroht, wenn ein Beförderungspapier falsch ausgestellt ist?***

☐ Der Verlader.

☐ Der Fahrer.

☐ Der Fahrzeughalter.

☒ Der Absender.

*7.11* ***Wer wird mit Bußgeld bedroht, wenn ein ungeprüfter Feuerlöscher mitgeführt wird?***

☐ Der Fahrer und der Beifahrer.

☒ Der Fahrer und der Beförderer.

☐ Der Fahrzeughalter.

☐ Der Fahrer und der Absender.

*7.12* ***Wer wird mit Bußgeld bedroht, wenn beschädigte Versandstücke befördert werden?***

☐ Der Verlader und der Absender.

☒ Der Fahrer und der Verlader.

☐ Der Verlader und der Fahrzeughalter.

☐ Der Fahrer und der Beförderer.

*7.13* ***Wer wird mit Bußgeld bedroht, wenn an einem Stückgutcontainer die Gefahrzettel fehlen?***

☒ Der Verlader.

☐ Der Fahrer und der Verlader.

☐ Der Verlader.

☐ Der Fahrer und der Beförderer.

*7.14* ***Wer wird mit Bußgeld bedroht, wenn bei Beförderungen von Klasse-3-Gütern der Beifahrer keine ADR-Bescheinigung hat?***

☐ Der Beförderer.

☐ Der Beifahrer und der Beförderer.

☐ Der Verlader und der Fahrzeughalter.

☒ Niemand.

# 8. Maßnahmen nach Unfällen und Zwischenfällen

Wie jedes andere Fahrzeug kann auch ein Gefahrguttransporter jederzeit in einen Unfall verwickelt werden. Trotz der gefährlichen Fracht die Unfallfolgen so gering wie möglich zu halten, ist oberstes Ziel.

**Grundsätze**

**Grundsätze der Unfallbekämpfung**

- Ruhe bewahren,
- eigenen Schreck überwinden,
- erst denken, dann besonnen handeln,
- zusätzliche Schäden verhindern,
- Unfallstelle absichern,
- Hilfe herbeiholen,
- Notruf: Polizei - Feuerwehr.

**Maßnahmen**

Sofort nach einem Unfall hat der Fahrzeugführer und, wenn vorhanden, der Beifahrer folgendes zu beachten,

**So schnell wie möglich die Polizei benachrichtigen,**

- Motor ausstellen, Zündquellen fernhalten, Neugierigen und Passanten Rauchverbot erteilen,
- Schutzausrüstung anlegen,
- Unfallstelle absichern, Passanten zur Hilfeleistung bei der Warnung des Verkehrs auffordern (in ausreichendem Abstand von Unfallort),
- Unbefugte fernhalten,
- Begleitpapiere für Feuerwehr und Polizei bereithalten,
- Wird Ladegut frei oder bei Feuer Maßnahmen nach Unfallmerkblatt treffen.

**Unfallmeldung**

Der Unfallmeldung kommt eine große Bedeutung zu. Sie muß die Polizei in die Lage versetzen, möglichst schon vor dem Eintreffen am Unfallort die ersten Maßnahmen einzuleiten, wie Krankenwagen in ausreichender Stückzahl oder die Feuerwehr mit Lösch- oder Chemiezug zu ordern.

**Unfallmeldung**

Die Unfallmeldung sollte lauten,

| | |
|---|---|
| **Wer** | Wer meldet den Unfall? |
| **Wo** | Wo ist der Unfall geschehen? |
| **Was** | Was ist geschehen? |
| **Wieviele** | Verletzte? |
| **Was** | Was hatte das Fahrzeug geladen?<br>Produkte und Eigenschaften gemäß den Unfallmerkblättern angeben. |
| **Was** | Was ist mit dem Ladegut?<br>Ist Ladegut freigeworden oder in die Kanalisation gelangt? |

**Maßnahmen bei Feuer**

**Maßnahmen bei Feuer**

Für die in der GGVS vorgeschriebenen Feuerlöscher sind folgende Mindestinhalte festgelegt.

- mind. 2 kg für Fahrzeugbrandbekämpfung und
- mind. 6 kg für Ladungsbrandbekämpfung.

Es ist aber sinnvoll, das Fahrzeug mit zwei 6 kg-Feuerlöschern auszurüsten.

**Brandklassen**

Nicht alle Brände können mit jedem Feuerlöscher bekämpft werden. Die Feuerlöscher tragen Kennzeichnungen, für welche Brandklassen sie geeignet sind.

| | Brandklasse | Art des Feuerlöschers |
|---|---|---|
|  | Brennbare feste Stoffe, flammen- und glutbildend | Wasserlöscher DIN W<br>Pulverlöscher DIN PG |

| | Brandklasse | Art des Feuerlöschers |
|---|---|---|
|  | Brennbare flüssige Stoffe | Kohlensäure-Löscher und Löschbrause DIN K<br>Pulverlöscher DIN P<br>Pulverlöscher DIN PG |
|  | Brennbare Gase | Kohlensäure-Löscher mit Gasdüse KIN K<br>Pulverlöscher DIN PG |
|  | Magnesium, Aluminium und deren Legierungen sowie sonstige Metalle, einschließlich Natrium und Kalium | Metallbrand-Sonderlöscher mit Löschbrause, Metalle und Legierungen können unter Umständen mit Wasser unter Bildung von brennbaren Gasen reagieren |

Bild 8.1 Brandklassen

Die folgende Darstellung (Bild 8.2) gibt an, in welcher Form der Feuerlöscher gehandhabt werden sollte, um ihn möglichst effektiv einzusetzen. Dies ist notwendig, da die Löschzeit eines 6 kg-Feuerlöschers ca. 12 Sekunden beträgt.

Bild 8.2 Brandbekämpfung

***8.1 Wer muß nach einem Unfall zuerst informiert werden?***

- ☐ Der Vorgesetzte.
- ☐ Der Kunde.
- ☐ Die Feuerwehr.
- ☒ Die Polizei.
- ☐ Die Gewerbeaufsicht.

***8.2 Was soll eine Unfallmeldung nicht enthalten?***

- ☐ Informationen über das Gefahrgut.
- ☐ Informationen über den Schadensumfang.
- ☐ Informationen über die Zahl der Verletzten.
- ☒ Informationen über die Beschaffenheit der Fahrbahnoberfläche.

***8.3 Wie lange kann man einen 6 kg Feuerlöscher ungefähr einsetzen?***

- ☐ ca. 3 Minuten.
- ☒ ca. 12 Sekunden.
- ☐ ca. 25 Sekunden.
- ☐ ca. 3 Sekunden.

***8.4 Wer ist verpflichtet, nach einem Unfall die Polizei zu informieren?***

- ☐ Der Beförderer.
- ☒ Der Fahrer.
- ☐ Der Absender.
- ☐ Der Verlader.

***8.5 Wie groß muß der Feuerlöscher für den Ladungsbrand mindestens sein?***

- ☐ 2 kg.
- ☒ 6 kg.
- ☐ 12 kg.

***8.6 Wie groß muß der Feuerlöscher für den Fahrzeugbrand mindestens sein?***

- ☐ 2 kg.
- ☐ 6 kg.
- ☐ 12 kg.

***8.7 Wie setzt man einen Feuerlöscher sachgerecht ein?***

- ☐ Möglichst weit vom Brandherd mit dem Einsatz beginnen.
- ☐ Möglichst dem Wind entgegenarbeiten.
- ☒ Möglichst mit dem Wind arbeiten.
- ☐ Möglichst hoch den Löschstrahl ansetzen.

***8.8 Warum ist Wasser zum Löschen von Benzin ungeeignet?***

- ☐ Weil das Wasser das Benzin verdünnt.
- ☐ Weil Benzin mit Wasser ein gefährliche Gemisch bilden kann.
- ☒ Weil das Benzin auf dem Wasser schwimmt und sich so weiter ausbreitet.

# Für Ihre Notizen

**Hinweis**

Der Lehrstoff in diesem Teil bezieht sich ausschließlich auf die Beförderung von Gefahrgütern in Tanks. Es werden die Unterschiede zwischen der Beförderung von Schütt- und Stückgütern auf der einen und von Tanks auf der anderen Seite dargestellt.

Da dieser Teil als Ergänzung zum Grundkurs anzusehen ist, sind in Analogie zum DIHT-Rahmenlehrplan nicht alle Abschnitte der Gliederung belegt.

# 1. Allgemeine Vorschriften

Nicht belegt, keine Besonderheiten in diesem Aufbaukurs

# 2. Allgemeine Gefahreigenschaften der Stoffe

Nicht belegt, keine Besonderheiten in diesem Aufbaukurs

# 3. Dokumentation und Gefahrinformation

## 3.1 Nicht belegt

## 3.2 Nicht belegt

Bei den schon im Grundkurs behandelten Themen 1 - 3.2 (Allgemeine Vorschriften, Allgemeine Gefahreneigenschaften, Mitzuführende Papiere und dem Beförderungspapier) gibt es keine Unterschiede bei der Beförderung von Stück- und Schüttgut gegenüber der Beförderung in Tanks. Diese Themenbereiche sind deshalb im Zusatzgrundkurs Tanktransport nicht belegt. Ähnliches wird Ihnen auch in den Aufbaukursen begegnen.

## 3.3 Schriftliche Weisungen

**Unfallmerkblätter**

Das A und O jeder sinnvollen Möglichkeit des Selbstschutzes und für Sofort- und Hilfsmaßnahmen ist, daß der Tankwagenfahrer vor

Fahrtantritt die schriftlichen Weisungen (Unfallmerkblatt) nicht nur zur Kenntnis nimmt, sondern die Anweisungen so gut kennt, daß er sie ausführen und andere dazu anweisen kann.

Je gefährlicher die Eigenschaften der zu transportierenden Stoffe sind, um so kritischer wird die Situation bei jedem Zwischenfall oder Unfall. Hier genügen schon kleinste Stoffmengen, um schwere Folgen nach sich zu ziehen.

Wenn bei einem Unfall Gefahrgüter freigesetzt werden, ein Mensch durch sie verletzt wird oder in der Nähe ein Brand ausbricht, hängt oft das Ausmaß der Schäden und vieles mehr davon ab, ob die richtigen Sofortmaßnahmen durchgeführt werden.

Jeder hat nach kurzer Berufszeit die allgemeinen Notmaßnahmen, die bei jedem Unfall wichtig sind, im Kopf (siehe Grundkurs Abschnitt 3 und 8).

Bei Tankfahrzeugunfällen mit Stofffreisetzung ist es besonders wichtig, stoffspezifische Maßnahmen schnell zu ergreifen. Diese sind in den jeweils zu einem Produkt gehörenden schriftlichen Weisungen (Unfallmerkblatt) enthalten.

Darin finden Sie auch die genaue Aufstellung der erforderlichen Ausrüstung, die zu Ihrem Schutz erforderlich ist.

**- Inhalt**

Die **schriftlichen Weisungen** sind so aufgebaut, daß sie stichwortartig und gut verständlich die Maßnahmen nennen, die bei einem bestimmten Stoff besonders wichtig sind:

- Allgemeine Notmaßnahmen
- Maßnahmen bei einem Leck
- Maßnahmen bei einem Feuer
- Maßnahmen zur ersten Hilfe

**Fahrerpflicht**

Deshalb muß der Fahrzeugführer den Inhalt der schriftlichen Weisungen vor Fahrtbeginn genau kennen, um sie im Notfall schnell und ohne verzögerndes Überlegen anwenden zu können.

Die schriftlichen Weisungen sind dem Inhalt entsprechend in Themenabschnitte unterteilt, was im Notfall für eine schnelle Hilfe sehr entscheidend sein kann. Sie enthalten Angaben und Maßnahmen unter folgenden Überschriften:

- Stoffbezeichnung, Klassifizierung und Kennzeichnung
- Eigenschaften des Stoffes

- Gefahren
- Schutzausrüstung
- Notmaßnahmen
- Leck
- Feuer
- Erste Hilfe
- Zusätzliche Hinweise des Herstellers, Verladers oder Absenders
- Telephonische Rückfragemöglichkeiten

**Allgemeine Notmaßnahmen** (Beispiele für Tankfahrzeuge)

**Notmaß-nahmen**

- Batterietrennschalter (wenn vorhanden) betätigen.
- Motor abstellen.
- Zündquellen fernhalten.
- Straße sichern und andere Verkehrsteilnehmer warnen.
- Unbefugte fernhalten.
- Auf windzugewandter Seite aufhalten.
- Schutzausrüstung anlegen.

**Maßnahmen bei einem Leck**

**- bei Leck**

- Nach Möglichkeit Undichtheit beseitigen.
- Eindringen der Flüssigkeit in Kanalisation, Gräben und Keller verhindern.
- Flüssigkeit mit Erde, Sand oder geeignetem anderem Material eindämmen.

**Maßnahmen bei Feuer**

**- bei Feuer**

- Bei Feuereinwirkung von außen den Tank mit Wassersprühstrahl kühlen.
- Löschen vorzugsweise mit Löschpulver, Schaum oder Halogenen. Wasser darf nur verwendet werden, wenn es nicht ausdrücklich im Unfallmerkblatt ausgeschlossen ist.
- Niemals mit scharfem Wasserstrahl löschen (Feuer erhält sonst neuen Sauerstoff und der freigesetzte Transportstoff wird im weiteren Umkreis verteilt). Nur mit Sprühstrahl löschen.

**- Erste Hilfe**

**Maßnahmen zur ersten Hilfe**

- Ist der Stoff in die Augen gelangt, unverzüglich mit viel Wasser mehrere Minuten spülen (von Nase zur Schläfe hin).
- Mit dem Stoff verunreinigte Kleidungsstücke unverzüglich entfernen, die Haut mit Wasser und Seife waschen.
- Ärztliche Hilfe ist erforderlich bei allen Symtomen, die auf eine Einwirkung auf Haut und Augen hinweisen.

Beispielhaft für die verschiedensten Stoffe, die in Tanks befördert werden, ist in Bild 3.1 ein Unfallmerkblatt für Chlor und in Bild 3.2 für Salpetersäure dargestellt. Auf der Seite 47 im Grundkrus finden Sie ein Unfallmerkblatt für Benzin (Kohlenwasserstoffe mit einem Flammpunkt unter 55 °C).

## 3.4 Nicht belegt

UNFALLMERKBLATT FÜR DEN STRASSENTRANSPORT

CEFIC TEC(R)-2
Rev. 2

Klasse 2 ADR
Ziff. 3at)

# CHLOR

| 266 |
|---|
| 1017 |

**Eigenschaften des Ladegutes:** Unter Druck verflüssigtes grünlich-gelbes Gas mit wahrnehmbarem Geruch

**Gefahren:**
Giftig
Schwere, evtl. tödliche Vergiftung durch Einatmen. Vergiftungssymptome können auch erst nach vielen Stunden auftreten
Die Flüssigkeit verursacht schwere Schäden an Haut und Augen
Die Gase verursachen starke Reizung der Augen, Haut und Atemwege
Mit feuchter Luft entwickeln sich ätzende Dämpfe
Auslaufende Flüssigkeit ist sehr kalt und verdampft rasch
Die Gase sind schwerer als Luft und breiten sich am Boden aus
Fördert die Verbrennung (Oxidationsmittel)
Erhitzen führt zu Drucksteigerung – Berstgefahr

**Schutzausrüstung:**
Geeigneter Atemschutz
Dichtschließende Schutzbrille
Handschuhe aus Kunststoff oder Gummi, Stiefel, leichte Schutzkleidung
Augenspülflasche mit reinem Wasser

## NOTMASSNAHMEN

**Sofort Feuerwehr und Polizei benachrichtigen**

- Fahrzeug möglichst in freies Gelände bringen. Fachmann sofort beiziehen
- Motor abstellen
- Zündquellen vermeiden (z. B. offenes Feuer), Rauchverbot
- Straße sichern und andere Straßenbenutzer warnen
- Unbefugte fernhalten
- Auf windzugewandter Seite bleiben
- Schutzausrüstung vor Betreten der Gefahrenzone anlegen

## Leck

- Eindringen der Flüssigkeit in Kanalisation, Gruben und Keller verhindern
- Flüssigkeit mit Erde oder dergleichen eindämmen
- Alle warnen – Vergiftungs- und Verätzungsgefahr. Falls notwendig, evakuieren
- Wenn Gaswolken auf Wohngebiete zutreiben, Bewohner warnen
- Dämpfe mit Wassersprühstrahl niederschlagen; keinen Wasserstrahl auf das Behälterleck richten
- Falls Produkt in Gewässer oder Kanalisation gelangt ist oder Erdboden oder Pflanzen verunreinigt hat, Feuerwehr oder Polizei darauf hinweisen

## Feuer

- Bei Feuereinwirkung Behälter mit Wassersprühstrahl kühlen

## Erste Hilfe

- Falls Produkt in Augen gelangt, unverzüglich mit viel Wasser mehrere Minuten spülen
- Mit Produkt verunreinigte Kleidungsstücke unverzüglich entfernen und betroffene Haut mit viel Wasser waschen
- Von kalter Flüssigkeit vereiste Körperteile mit viel Wasser auftauen, dann Kleidungsstücke vorsichtig entfernen
- Ärztliche Hilfe erforderlich bei Symptomen, die offensichtlich auf Einatmen oder Einwirkung auf Haut oder Augen zurückzuführen sind
- Personen, die das Gas eingeatmet haben, zeigen nicht unbedingt sofort Symptome. Sie hinlegen und ruhighalten, zum Arzt bringen und dieses Merkblatt vorzeigen. Ärztliche Überwachung ist während mindestens 48 Stunden erforderlich
- Vor Wärmeverlust schützen
- Künstliche Beatmung nur bei Atemstillstand vornehmen

Zusätzliche Hinweise des Herstellers oder Absenders:
**Achtung: Fluchtfilter schützen nur kurze Zeit. Sie sind bei Freiwerden größerer Mengen ungeeignet zur Bekämpfung von Leckagen und Feuer.**

TELEFONISCHE RÜCKFRAGE:

Für den Inhalt verantwortlich:

(Name und Anschrift der natürlichen oder juristischen Person)

Bestell-Nr. 4 031

**Gilt nur während des Straßentransports**

Deutsch

Erhältlich bei: Dössel & Rademacher, Formularverlag, Brandstwiete 42, 2000 Hamburg 11, Telefon (040) 32 14 81

Bild 3.1 Unfallmerkblatt für Chlor

CEFIC TEC(R)-9a
Rev. 1, ED 1

**UNFALLMERKBLATT FÜR STRASSENTRANSPORT**

Klasse 8 ADR
Ziff. 2a)

## SALPETERSÄURE mit mehr als 70% $HNO_3$

| |
|---|
| 885 |
| 2032 |

**Eigenschaften des Ladegutes:**
Farblose Flüssigkeit, mit wahrnehmbaren Geruch, entwickelt gelblich-braune Dämpfe
Vollständig mischbar mit Wasser

**Gefahren:**
Dampf verursacht Vergiftung durch Einatmen
Verursacht schwere Schäden der Augen, Haut und Atemwege
Ätzend
Kleidung wird angegriffen
Kann mit brennbaren Stoffen zu Feuer und Explosion führen und giftige Gase bilden: Nitrose Gase

**Schutzausrüstung:**
Geeigneter Atemschutz
Dichtschließende Schutzbrille
Handschuhe, Stiefel, Schutzanzug und vollkommener Kopf-, Gesichts- und Nackenschutz aus Kunststoff
Augenspülflasche mit reinem Wasser

## NOTMASSNAHMEN

**Sofort Feuerwehr und Polizei benachrichtigen**

- Motor abstellen
- Straße sichern und andere Straßenbenutzer warnen
- Unbefugte fernhalten
- Auf windzugewandter Seite bleiben
- Schutzausrüstungen vor Betreten der Gefahrenzone anlegen

## Leck

- Flüssigkeit mit Erde oder dergleichen eindämmen, Fachmann beiziehen
- Nicht mit Sägemehl oder anderen brennbaren Stoffen aufnehmen
- Falls Produkt in Gewässer oder Kanalisation gelangt ist oder Erdboden und Pflanzen verunreinigt hat, Feuerwehr oder Polizei darauf hinweisen
- Dämpfe mit Wassersprühstrahl niederschlagen

## Feuer

- Bei Feuereinwirkung Behälter mit Wassersprühstrahl kühlen

## Erste Hilfe

- Falls Produkt in Augen gelangt, unverzüglich mit viel Wasser mehrere Minuten spülen
- Mit Produkt verunreinigte Kleidungsstücke unverzüglich entfernen und betroffene Haut mit viel Wasser waschen
- Wegen des verzögerten Vergiftungeffektes Personen, die Rauch oder Dämpfe eingeatmet haben, hinlegen und ruhighalten. Ärztliche Überwachung während mindestens 48 Stunden
- Ärztliche Hilfe erforderlich bei Symptomen, die offensichtlich auf Einatmen oder Einwirkung auf Haut oder Augen zurückzuführen sind
- Auch wenn sich keine Symptome bemerkbar machen, Arzt zuziehen und dieses Merkblatt zeigen
- Vor Wärmeverlust schützen
- Künstliche Beatmung bei Atemstillstand

Zusätzliche Hinweise des Herstellers oder Absenders:
**Achtung: Fluchtfilter schützen nur kurze Zeit. Sie sind bei Freiwerden größerer Mengen ungeeignet zur Bekämpfung von Leckagen und Feuer.**

TELEFONISCHE RÜCKFRAGE:

Für den Inhalt verantwortlich:

(Name und Anschrift der natürlichen oder juristischen Person)

Best.-Nr. 4 161

**Gilt nur während des Straßentransports** Deutsch

Erhältlich bei Dössel & Rademacher, Formularverlag, Brandstwiete 42, 2000 Hamburg 11, Telefon (040) 32 14 81

Bild 3.2 Unfallmerkblatt für Salpetersäure

## 3.5 Bescheinigung der Besonderen Zulassung

**Bescheinigung der Besonderen Zulassung**

Wie jedes Fahrzeug einer straßenverkehrsbehördlichen Zulassung bedarf, so ist dies in verstärktem Maß und nach strengeren Sicherheitsvorschriften auch für Fahrzeuge zur Gefahrgutbeförderung in Tanks der Fall.

**Tankwerkstoff**

Einer speziellen Prüfung unterliegt der Tank des Gefahrgutfahrzeuges. Er ist nicht nur wesentlicher Bestandteil des Fahrzeuges, sondern gleichzeitig auch die "Verpackung" des Gefahrgutes. Es muß deshalb geprüft werden, wie sich das Baumaterial des Tanks mit den verschiedenen Gefahrgütern über eine lange Zeit verträgt.

Dies ist deshalb von so großer Bedeutung, weil manche Stoffgruppen bestimmte Materialien angreifen und zersetzen.

Nach erfolgter Prüfung erhalten die Tanks von der Behörde eine

**Baumusterzulassung.**

Werden die geprüften Tanks mit einem Fahrzeug verbunden, so unterliegt auch das Fahrzeug einer besonderen Prüfung, die von den Amtlich anerkannten Sachverständigen der TÜV durchgeführt wird. Verläuft die Prüfung des Fahrzeugs mängelfrei, so stellt der Sachverständige eine

**Bescheinigung der Besonderen Zulassung**

aus.

**Fahrzeugarten**

Für folgende Fahrzeuge ist eine Bescheinigung der Besonderen Zulassung erforderlich:

- Tankfahrzeuge
- Trägerfahrzeuge von
  - Aufsetztanks
  - Gefäßbatterien
- Beförderungseinheiten für Tankcontainer von mehr als 3000 Liter Gesamtfassungsvermögen
- Zugfahrzeuge der oben genannter Fahrzeuge

**Besondere Zulassung**

**- Inhalte**

In die Bescheinigung der besonderen Zulassung sind eingetragen:

- Geltungsdauer der Bescheinigung
- Fahrzeugart
- Amtliches Kennzeichen des Fahrzeuges sowie Name und Anschrift des Fahrzeughalters
- Klasse, Ziffer, Kleinbuchstabe und, wenn erforderlich, auch die namentliche Bezeichnung der Stoffe

**- Stoffe**

Damit ist eindeutig festgelegt, daß nur solche Güter geladen und befördert werden dürfen, die in der Bescheinigung der Besonderen Zulassung eingetragen sind. Die Bescheinigung selbst gilt längstens ein Jahr nach ihrer Ausstellung. Fahrzeug und Tank dürfen nur so lange eingesetzt werden, wie die Bescheinigung der Besonderen Zulassung Gültigkeit hat.

**- Aufsetztank**

Für Fahrzeuge mit Aufsetztanks wird nur für das Fahrzeug eine Bescheinigung der Besonderen Zulassung ausgestellt. Für den Aufsetztank muß zusätzlich eine gültige Prüfbescheinigung des "Tanksachverständigen" mitgeführt werden.

Die Fahrzeuge müssen auch dann den Vorschriften entsprechen, wenn keine Gefahrgüter befördert werden.

## Bescheinigung der besonderen Zulassung von Fahrzeugen zur Beförderung bestimmter gefährlicher Güter

1. Bescheinigung Nr.: **0259/1987263**

   Es wird bestätigt, daß das nachstehend bezeichnete Fahrzeug die Vorschriften des Europäischen Übereinkommens über die internationale Beförderung gefährlicher Güter auf der Straße (ADR) für die Zulassung zur Beförderung von gefährlichen Gütern im internationalen Straßenverkehr erfüllt.

2. Hersteller und Art des Fahrzeugs: **Muster Nutzfahrzeuge**
   **Tankfahrzeug**

3. Amtliche(s) Kennzeichen (wenn vorhanden): **K - PL 4681**

   und Fahrgestellnummer: **WW10946TKW6239817**

4. Name und Betriebssitz des Beförderers, Verwenders (Halters) oder Eigentümers:

   **Saubermann GmbH**
   **Otto Str. 45**
   **50129 Köln**

5. Das oben beschriebene Fahrzeug ist den in Rn. 10282 / ~~10283~~* der in Anlage B zum ADR vorgesehenen Prüfungen unterzogen worden und erfüllt die Anforderungen für die Zulassung zur internationalen Beförderung auf der Straße von gefährlichen Gütern der nachstehend aufgeführten Klassen, Ziffern und Buchstaben (falls erforderlich sind die Benennung oder die Kennzeichnungsnummer des Stoffes anzugeben):

   **Klasse 3, Ziffer 3b Benzin, 32c Dieselöl, Heizöl**

6. Bemerkungen:

   Gilt - ~~mit den angegebenen Abweichungen~~ - * auch in Deutschland für innerstaatliche Beförderungen.

   Besondere Elektrische Ausrüstung: Ja / ~~Nein~~*     Brandschutz (Rn 10220 (2)) : Ja / ~~Nein~~*

   Bei festverbundenen Tanks*:

   Tankhersteller* **Tankbau GmbH**     Herstellungsnummer* **14735 / 92**

   Nächste Tankprüfung fällig am* **Juli 1996**

   Auflagen*: **Keine**

   Weitere Bemerkungen siehe Anlage: ~~Ja~~ / Nein*

7. Gültig bis: **18.Januar 1994**

Stempel der Ausgabestelle:

Ort: **Köln**

Datum: **18.01.1993**

Unterschrift:

**Schubert aaS**

*Nichtzutreffendes bitte streichen

Bild 3.3 Bescheinigung der Besonderen Zulassung für ein Tankfahrzeug

**Bescheinigung der besonderen Zulassung von Fahrzeugen zur Beförderung bestimmter gefährlicher Güter**

1. Bescheinigung Nr.: **0259/9819872**

   Es wird bestätigt, daß das nachstehend bezeichnete Fahrzeug die Vorschriften des Europäischen Übereinkommens über die internationale Beförderung gefährlicher Güter auf der Straße (ADR) für die Zulassung zur Beförderung von gefährlichen Gütern im internationalen Straßenverkehr erfüllt.

2. Hersteller und Art des Fahrzeugs: **Muster Nutzfahrzeuge**
   **Sattelzugmaschine**

3. Amtliche(s) Kennzeichen (wenn vorhanden): **K - HG 9823**

   und Fahrgestellnummer: **WW10946TKW6239817**

4. Name und Betriebssitz des Beförderers, Verwenders (Halters) oder Eigentümers:

   **Saubermann GmbH**
   **Otto Str. 45**
   **50129 Köln**

5. Das oben beschriebene Fahrzeug ist den in Rn. 10282 / ~~10283~~* der in Anlage B zum ADR vorgesehenen Prüfungen unterzogen worden und erfüllt die Anforderungen für die Zulassung zur internationalen Beförderung auf der Straße von gefährlichen Gütern der nachstehend aufgeführten Klassen, Ziffern und Buchstaben (falls erforderlich sind die Benennung oder die Kennzeichnungsnummer des Stoffes anzugeben):

   **Klasse 1, Ziffern alle;**
   **Klasse 2, 3, 4.1, 4.2, 4.3, 5.1, 5.2, 6.1, 6.2, 7, 8 und 9 alle Stoffe, deren Beförderung in Tanks nach Rn. 211 X10 und 212 X10 zugelassen ist.**

6. Bemerkungen:

   Gilt - ~~mit den angegebenen Abweichungen~~ - * auch in Deutschland für innerstaatliche Beförderungen.

   Besondere Elektrische Ausrüstung: Ja / ~~Nein~~* Brandschutz (Rn 10220 (2)) : Ja / ~~Nein~~*

   **Wegen der Begrenzung der explosiven Stoffe oder der Nettoexplosivstoffmasse siehe Anlage B Rn. 11 401GGVS/ADR.**

7. Gültig bis: **18.Januar 1994**

Stempel der Ausgabestelle:

Ort: **Köln**

Datum: **18.01.1993**

Unterschrift: Schubert

**Schubert aaS**

*Nichtzutreffendes bitte streichen

Bild 3.4 Bescheinigung der Besonderen Zulassung für eine Stattelzugmaschine, zugelassen nach Typ III Vorschriften und für alle Gefahrgutklassen

## Übergangsvorschriften

**Übergangs-
vorschriften**

**Bescheinigung der Besonderen Zulassung nach ADR (31.12.89)**

Diese bisher nur im internationalen Verkehr gültigen Besonderen Zulassungen durften bis zum 31.12.1993 weiterverwendet werden.

**31.12.1993**

**Prüfbescheinigungen nach § 6 GGVS (31.12.92)**

dürfen weiterverwendet werden, solange sie gültig sind, längstens jedoch bis zum 31.2.1995. Im Fahrzeugschein **muß** jedoch einer der nachstehenden Vermerke enthalten sein:

**31.12.1995
oder nächste
Tankprüfung**

"Baumusterzugelassen nach GGVS"

"Geprüft nach § 6 (4) GGVS"

Für Trägerfahrzeuge von Tankcontainern gilt bei innerstaatlichen Beförderungen bis zur nächsten HU (nach dem 1.10.193) der Fahrzeugschein als Bescheinigung der Besonderen Zulassung. Bei grenzüberschreitenden Beförderungen ist eine Bescheinigung der Besonderen Zulassung nach neuem Recht erforderlich.

**Nächste HU**

# 4. Bezettelung und Kennzeichnung

## 4.1 Bezettelung

**Gefahrzettel**

Die Grundsätze und der Sicherheitsgedanke bei der Kennzeichnung von Beförderungseinheiten mit Gefahrzetteln sind im Grundkurs (Abschnitt 4 Seite 56 folgende ) beschrieben. Bei Beförderungen in Tanks gibt es jedoch einige Besonderheiten, auf die näher eingegangen werden muß.

**- Größe**

**- Anzahl**

Um alle Personen direkt erkennbar vor möglichen Gefahren zu warnen, schreibt die GGVS auf Fahrzeugen mit Tanks grundsätzlich Gefahrzettel vor. Diese Gefahrzettel müssen mindestens 250 x 250 mm groß sein, und werden an den Fahrzeugen an beiden Längsseiten und hinten angebracht.

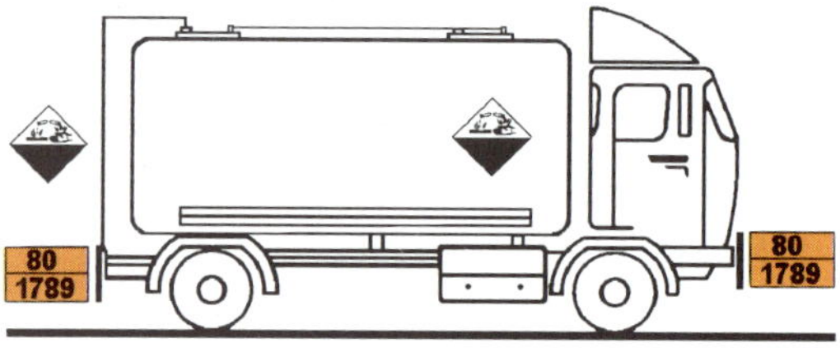


Bild 4.1 Tankwagen mit Salzsäure

**- TC und Gefäßbatterie**

Tankcontainer und Gefäßbatterien müssen an beiden Längsseiten mit Gefahrzetteln gekennzeichnet sein. Sind die Gefahrzettel beim Transport nicht von außen sichtbar, so müssen dieselben Gefahrzettel am Fahrzeug außen an beiden Längsseiten und hinten angebracht sein.

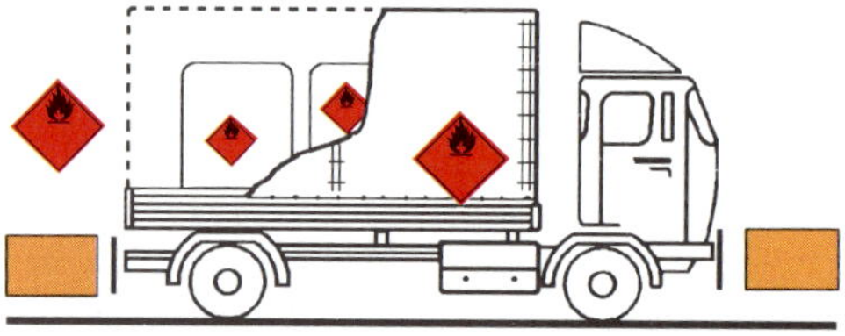

Bild 4.2 Trägerfahrzeug mit Tankcontainern < 3000 l, mit leicht entzündbaren flüssigen Stoffen

**- Grundsatz**

Gefahrzettel dürfen nur gezeigt werden, wenn tatsächlich eine Gefahr vorliegt. Ist das Gefahrgutfahrzeug oder der Tankcontainer entleert, gereinigt und entgast, müssen alle Gefahrzettel und Kennzeichnungen entfernt oder abgedeckt werden.

Verantwortlich für das Anbringen und Entfernen von Gefahrzetteln sind,

**Verantwortung**

- der Fahrzeugführer bei Tankfahrzeugen,
- Verlader und Empfänger bei Tankcontainern.

Welche Gefahrzettel bei den verschiedenen Stoffen zu verwenden sind, ist für Beförderungen in Tanks in der Anlage B vorgeschrieben. Sie als Fahrer erhalten diese Angabe vom Verlader.

**Bedeutung der Gefahrzettel**

Die Bedeutung der Gefahrzettel ist im Grundkurs (Seite 22 und 56) beschrieben. Dort sind die Gefahrzettel auch abgebildet.

## 4.2 Kennzeichnung mit Warntafeln

**Warntafeln**

**- Kennzeichnungs-Nr.**

Die Warntafeln von Tankfahrzeugen werden fast immer mit Kennzeichnungsnummern versehen. Diese Nummern sind im Anhang B.5 der Anlage B aufgeführt. Sie sind hauptsächlich von technischer Bedeutung, da sie vorwiegend nur von Fachpersonen und Rettungsmannschaften verstanden werden. Der Fahrer, der dafür verantwortlich ist, daß die richtige Nummer auf der Warntafel gezeigt wird, kann die Kennzeichnungsnummern dem Unfallmerkblatt entnehmen.

**Tank- bzw. Fahrzeuggröße**

Die Kennzeichnug mit Warntafeln und Nummern ist immer erforderlich, wenn gefährliche Güter in Tanks (größer 3000 l) befördert werden oder die Tanks leer und ungereinigt sind. Werden kleinere Tanks verwendet, ist diese Art der Kennzeicnung nur erforderlich, wenn das Fahrzeug mehr als 3,5 zulässiges Gesamtgewicht hat.

**Anhang B.5**

Im Anhang B.5 der GGVS (siehe Anlage ) sind zwei Verzeichnisse enthalten.

Verzeichnis I : Die Stoffe sind namentlich aufgeführt.

Verzeichnis II : Enthält für nicht im Verzeichnis I aufgeführte Stoffe Möglichkeiten zur Zuordnung einer Kennzeichnungsnummer.

**Kennzeichnung mit Warntafeln** Wie Stückgutfahrzeuge werden auch Beförderungseinheiten mit Tanks grundsätzlich vorne und hinten mit Warntafeln gekennzeichnet.

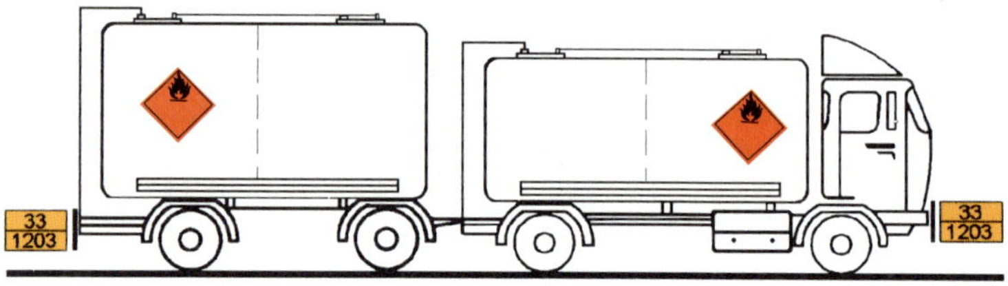


Bild 4.3 Gliederzug, der Benzin geladen hat

**Mehrkammerfahrzeuge**

Werden verschiedene Gefahrgüter in einem Fahrzeug mit mehreren Kammern transportiert, so muß beidseitig an jeder Tankkammer das entsprechende Gefahrgut mit Warntafeln und Kennzeichnungsnummern gekennzeichnet werden. In diesem Fall wird das Fahrzeug vorne und hinten mit einer neutralen orangefarbenen Warntafel gekennzeichnet.

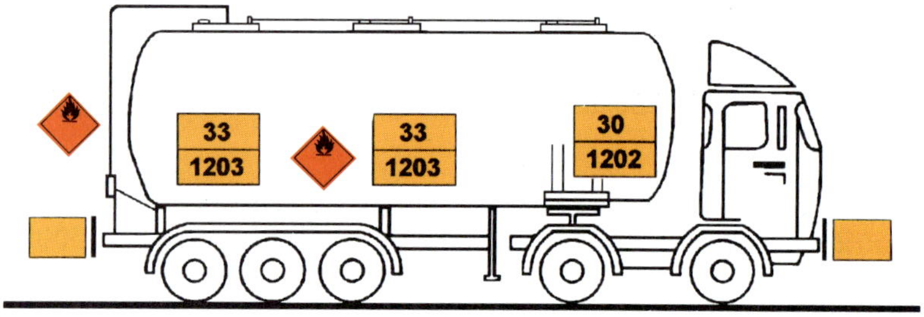


Bild 4.4 Sattelzug, Tankauflieger mit drei Kammern
Kammer 1 = Dieselkraftstoff, Kammer 2 und 3 = Benzin

**Gefahrnummer**

**Die Gefahrnummer** besteht aus zwei oder drei Ziffern. Bei einigen Stoffen wird der Gefahrnummer ein "X" vorangesetzt.

Die Ziffern geben Auskunft über die Gefahren, die von der Ladung ausgehen.

Wird als zweite Ziffer eine 0 gezeigt, so gehen vom Gefahrgut über die Hauptgefahr hinaus keine nennenswerten weiteren Gefahren aus.

Ziffernkombinationen signalisisieren, daß neben der Gefahr noch eine bedeutende zweite oder dritte Gefahr besteht z.B. 63 = giftig und entzündbar.

Die **Ziffern** bedeuten im einzelnen:

**- Bedeutung**

| | |
|---|---|
| 0 | ohne Bedeutung |
| 2 | Gas, Entweichen durch Druck oder chemische Reaktion |
| 3 | Entzündbarkeit von Flüssigkeiten (Dämpfen) und Gasen |
| 4 | Entzündbarkeit von festen Stoffen |
| 5 | entzündende (brandfördende) Wirkung |
| 6 | Giftigkeit |
| 7 | Radioaktivität |
| 8 | Ätzwirkung |
| 9 | Gefahr einer spontanen heftigen Reaktion |

**"X" vor der Gefahrenziffer** bedeutet, daß der Stoff mit Wasser (Luftfeuchtigkeit) gefährlich reagiert.

Eine vollständige Aufzählung aller Ziffernkombinationen ist im Anhang B.5 (siehe Anhang) aufgeführt. Normalerweise kann man die Eigenschaften, für die die einzelnen Ziffern stehen, aneinanderfügen und erhält so die richtige Bedeutung der Kombination.

Eigenschaften eines Stoffes

giftiger oder gesundheitsschädlicher Stoff, leicht entzündbar (FLP 21°C bis 55°C), ätzend,

Bedeutet auf der Warntafel die Gefahrnummer **638**

Einige Zifferkombinationen weichen von diesem Schema ab und haben eine besondere Bedeutung.

**- Besonderheiten**

| | |
|---|---|
| 22 | tiefgekühltes Gas |
| X323 | entzündbarer flüssiger Stoff, der mit Wasser gefährlich reagiert, wobei entzündbare Gase entweichen |
| X333 | selbstentzündliche Flüssigkeit |
| X423 | entzündbarer fester Stoff, der mit Wasser gefährlich reagiert, wobei brennbare Gase entweichen |
| 44 | entzündbarer fester Stoff, der sich bei erhöhter Temperatur in geschmolzenem Zustand befindet |
| 539 | entzündbares organisches Peroxid |
| 723 | radioaktives Gas, brennbar |
| 90 | verschiedene gefährliche Stoffe |

**Stoffnummer:**

**Stoff-nummer**

Die Stoffnummern (UN-Nummern) unterliegen keinem systematischen Aufbau, sondern sind einem Stoff zugeordnet. Sie sind immer vierstellig. Sie bedeuten zum Beispiel:

| | |
|---|---|
| 0082 | Sprengstoffe Typ B<br>(Stoff der Klasse 1.1 D) |
| 1987 | Alkohole flüssig, nicht giftig, rein oder in Gemischen<br>(Stoff der Klasse 3) |
| 1965 | Gemische von Kohlenwasserstoffen (verflüssigte Gase)<br>(Stoff der Klasse 2) |
| 1789 | Salzsäure<br>(Stoff der Klasse 8) |
| 1796 | Salpetersäure<br>(Stoff der Klasse 8) |

**Kennzeichnung Tankcontainer**

Diese Kennzeichnungsregeln gelten auch für Tankcontainer. Die vorgeschriebenen seitlichen Warntafeln dürfen dann jedoch durch Farbanstrich des Tankcontainers oder Selbstklebefolie ersetzt werden.

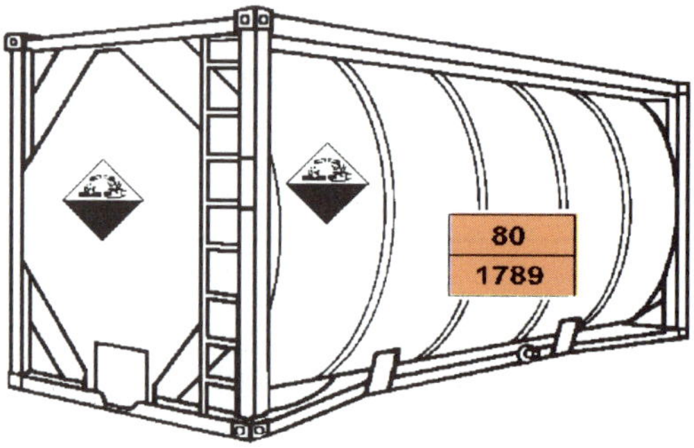


Bild 4.5 Tankcontainer mit Salzsäure

Alle Warntafeln, auch die der beiden Längsseiten, müssen deutlich sichtbar angebracht sein.

**- Verantwortung**

Bei Tankcontainern ist für das Anbringen oder Sichtbarmachen der Warntafeln der Verlader verantwortlich. Die Verantwortung für das Verdecken oder Entfernen liegt beim Empfänger.

**Träger-fahrzeug**

Bei allen anderen Beförderungseinheiten ist der Fahrzeugführer derjenige, der für die richtige Kennzeichnung mit Warntafeln zu sorgen hat.

Werden Gefahrgüter befördert, die dem Abfallgesetz unterliegen, so müssen diese zusätzlich entsprechend den Vorschriften des Abfallgesetzes gekennzeichnet sein (siehe Abschnitt1.3.3 Seite 11).

# 5. Fahrzeug- und Beförderungsarten, Umschließungen, Ausrüstung

## 5.1 Tankfahrzeuge

**Tankfahrzeug**

Ein Tankfahrzeug ist ein Fahrzeug mit einem oder mehreren festverbundenen Tanks zur Beförderung flüssiger, gasförmiger oder staubförmiger Stoffe. Auch Silofahrzeuge fallen unter den Begriff "Tankfahrzeuge". Sie werden bei der Beförderung von körnigen oder pulverförmigen Stoffen verwendet.

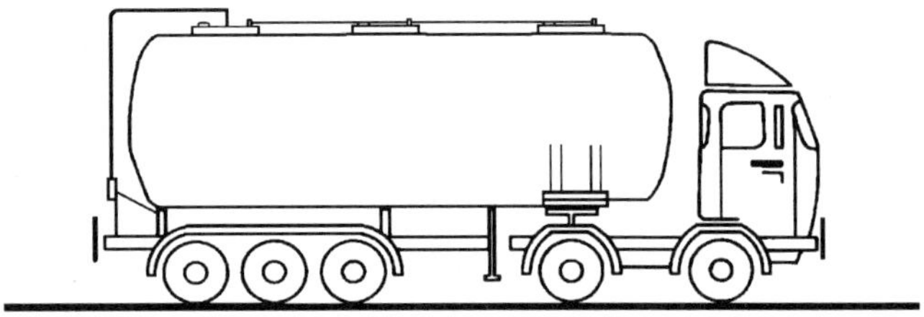

Bild 5.1 Tankfahrzeug

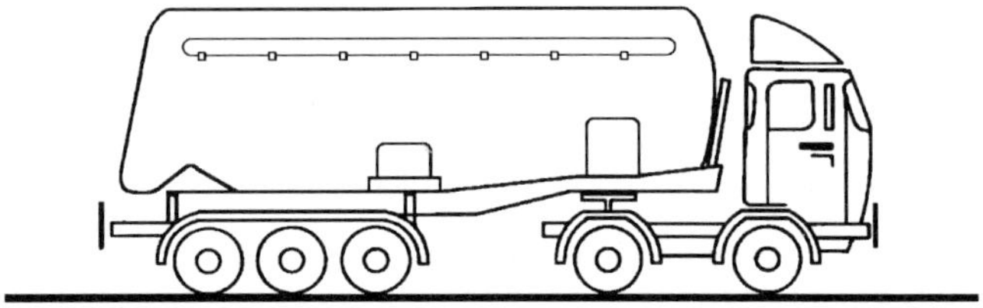

Bild 5.2 Silofahrzeug

**Beförderungseinheit**

Eine Beförderungseinheit besteht aus einem Sattelzug oder einem Kraftfahrzeug mit oder ohne Anhänger.

Die Hauptunterscheidungsmerkmale von Tankfahrzeugen bestehen in der Anzahl der Tankkammern und der Abgabesysteme. Unter einem Abgabesystem versteht man die Einrichtung aus Ventilen, Pumpen und Schläuchen zur Entleerung eines Tanks.

Man unterscheidet **drei Abgabesysteme**:

**Einproduktentank**

a) Einproduktentank, die Abgabe erfolgt über ein Sammelrohr.

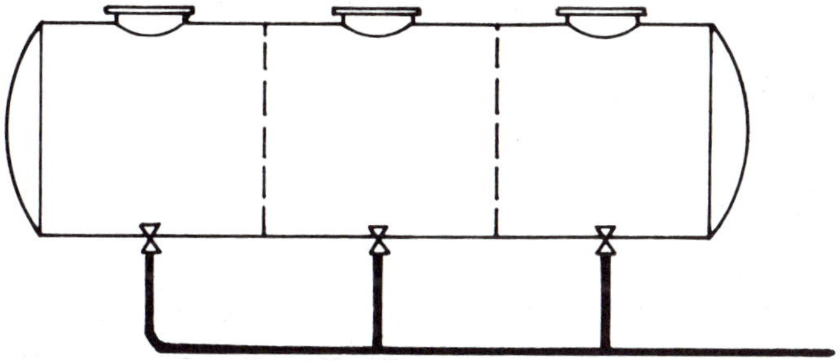

Bild 5.3 Einproduktentank

Mineralöltransporte werden überwiegend mit solchen Tanks durchgeführt, deren Kammern einen gemeinsamen Ablauf haben, da sonst die für diesen Bereich vorgeschriebenen aufwendigen Abfüllarmaturen mehrfach installiert werden müßten.

**Zweiproduktentank**

b) Zweiproduktentank

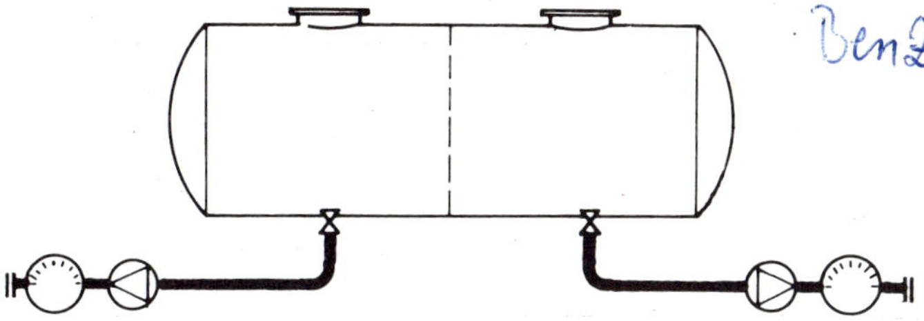

Benzin + Diesel

Bild 5.4 Zweiproduktentank

Die Abgabe erfolgt über ein doppeltes Ablaufsystem. Werden z.B. zwei unterschiedliche Mineralölprodukte transportiert, muß eine zweite Abfüllvorrichtung installiert sein, um gefährliche Vermischungen im Ablaufrohr zu vermeiden.

**Mehrproduktentank**

c) Mehrproduktentank

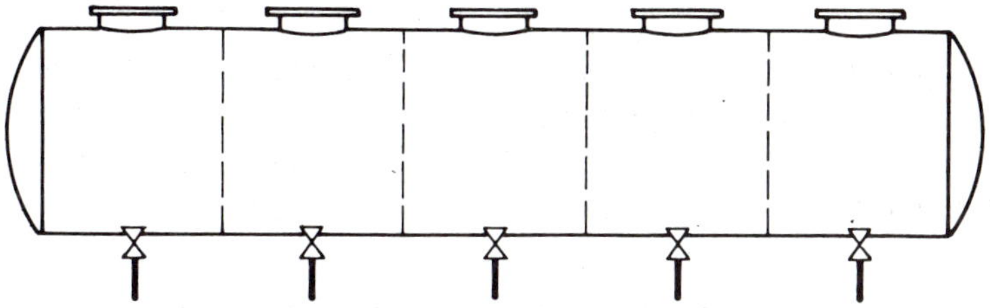

Bild 5.5 Mehrproduktentank

Die Abgabe erfolgt über voneinander unabhängige Systeme. Der Tank hat für jede Kammer ein eigenes Ablaufsystem.

Damit werden Einprodukt- und Mehrproduktentankfahrzeuge unterschieden. Als Einproduktfahrzeug gilt ein Tankfahrzeug, dessen Tank aus einer Kammer besteht. Hierunter sind auch Tankfahrzeuge mit mehreren Kammern einzustufen, wenn diese nur über ein Abgabesystem entleert werden können. Diese Zurechnung ist sachlich gerechtfertigt, weil keine unterschiedlichen Produkte über dasselbe Abgabesystem verladen werden dürfen.

**Unterscheidungsmerkmale**

Ein Mehrproduktenfahrzeug ist immer ein Mehrkammer-Tankfahrzeug. In ihm können unterschiedliche Produkte getrennt befördert werden, und es verfügt über mindestens zwei voneinander unabhängige Abgabesysteme. Diese Trennung der Abgabesysteme muß technisch so gestaltet sein, daß es durch technische Defekte oder Fehlbedienungen nicht zu einer Vermischung der geladenen Produkte kommen kann.

Diese Art der Abgabe findet man vor allem bei Chemiezügen vor, mit denen ständig unterschiedliche Stoffe befördert werden. So werden beim Entladen gefährliche Vermischungen sicher vermieden.

## 5.2 Tanks

In der Praxis werden überwiegend die nachstehenden drei Tankformen verwendet:

**Tankformen**

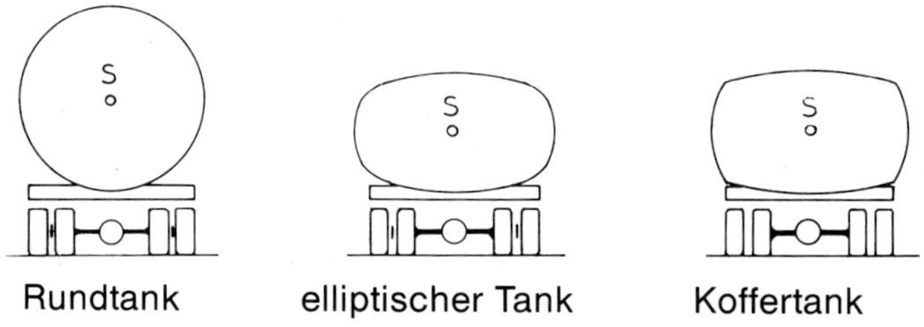


Bild 5.6 Bauformen von Tanks

**- Rundtanks**

Der Rundtank findet vor allem dann Verwendung, wenn der Tank einem inneren Druck standhalten muß, z.B. bei der Beförderung unter Druck verflüssigter Gase oder wenn der Behälter mit Druck entleert wird.

Fahrzeuge mit Drucktanks haben einen hohen Schwerpunkt und weisen deshalb ein ungünstiges Fahrverhalten auf.

Bei Oval- und Koffertanks ist der Schwerpunkt dagegen etwas niedriger. Fahrzeuge mit diesen Tanks können auch die in der StVZO vorgeschriebenen maximalen Fahrzeugabmessungen und Gewichte besser ausschöpfen. Heute werden aber auch schon vermehrt neue Tankformen gebaut. Bei diesen wird der Tank zwischen den Achsen tiefer abgesenkt und damit eine noch günstigere Schwerpunktlage erreicht.

**- Koffertanks**

**- Ellipsenform**

In der GGVS sind bestimmte Mindestwanddicken vorgeschrieben, wobei man davon ausgeht, daß der Tank um so stärker gebaut sein muß, je gefährlicher das Gut ist. Bei der Prüfung des Tanks durch den Sachverständigen wird der Tank mit einem Überdruck, dem sogenannten Prüfdruck, beaufschlagt und geprüft.

**- Wandstärken**

Tanks mit einem Prüfdruck von weniger als 4 bar, die zur Beförderung von entzündbaren Stoffen bestimmt sind, müssen so unterteilt sein, daß der Rauminhalt jedes Tankabteils 7500 Liter nicht übersteigt.

**- Prüfdruck**

Bei Drucktanks ist eine Kammerbegrenzung nicht vorgeschrieben.

**- Drucktank**

Soweit Tanks für die Beförderung von flüssigen Stoffen nicht durch Trenn- oder Schwallwände in Abteile von höchstens 7500 Liter Fassungsraum unterteilt sind, muß der Füllungsgrad mindestens 80% betragen, außer wenn sie praktisch leer sind.

**- Füllgrenze**

Dadurch soll eine zu große Schwallwirkung vermieden werden.

**Schwall**

Welches Material für den Tank verwendet wird, hängt davon ab, welche Produkte in dem Tank befördert werden. Die GGVS schreibt vor, daß nur geeignete metallische Werkstoffe Verwendung finden dürfen, damit der Tank durch das Gefahrgut nicht chemisch angegriffen wird. Wesentliche Werkstoffe sind Stahl, Edelstahl, Aluminium.

**Tankwerkstoff**

Außerdem müssen Tanks für bestimmte Stoffe gekühlt werden. Zu diesem Zweck gibt es weitere Anforderungen an die Tankwerkstoffe und notwendige technische Kühleinrichtungen.

Man unterscheidet neben der Tankform auch die Art in der der Tank mit einem Fahrzeug verbunden wird.

## Festverbundene Tanks

**Tankfahrzeug**

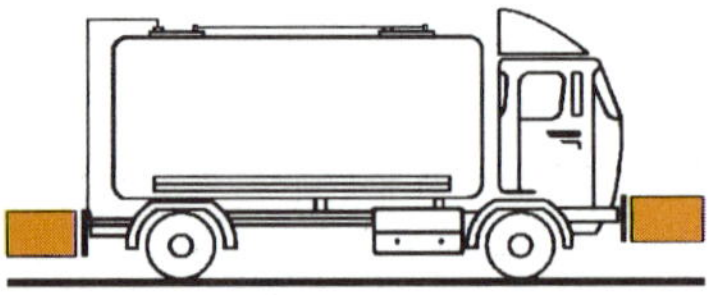

Bild 5.6 Festverbundener Tank

Tanks, die mit einem Trägerfahrzeug fest verbunden sind (Tankfahrzeuge).

## Aufsetztanks

**Aufsetztank**

Bild5.7 Aufsetztank

Aufsetztanks werden dagegen nur auf Trägerfahrzeuge aufgestellt und verankert. Das Auf- und Absetzen ist nur in **leerem** Zustand erlaubt. Eine Verbindung des Aufsetztanks zu dem Hauptrahmen des Trägerfahrzeugs ist vorgeschrieben. Mehrere Aufsetztanks auf einem Fahrzeug sind möglich.

## Tankcontainer

**Tankcontainer**

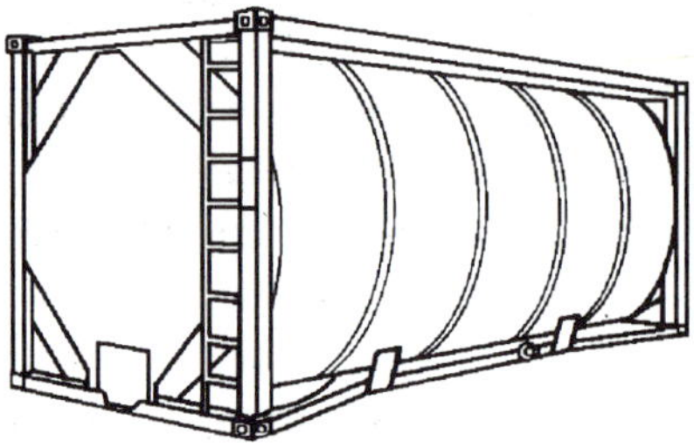

Bild5.8 Tankcontainer, leer, gereinigt und entgast

Tankcontainer unterliegen der Baumusterzulassung. Sie haben einen Fassungsraum von mehr als 450 Litern und sind gefüllt auf- und absetzbar.

## Gefäßbatteriefahrzeug

**Gefäßbatteriefahrzeug**

Bild5.8 Gefäßbatterie, hier für gasförmigen Wasserstoff

Eine Gefäßbatterie ist eine Einheit aus mehreren Gefäßen, die durch ein Sammelrohr miteinander verbunden sind. Der Fassungsraum jedes Einzeltanks beträgt mehr als 150 Liter.

# 5.3 Ausrüstungsgegenstände

## 5.3.1 Tankausrüstung

**Tank-armaturen**

Die Tankausrüstungen werden als **Armaturen** bezeichnet. Die Tankentleerung erfolgt in der Regel von der Unterseite der Tanks. Dort befinden sich dann die Abgabearmaturen. Sind die Armaturen an der Tankoberseite montiert, spricht man von Domarmaturen.

Wegen der enormen Typenvielfalt dieser Ausrüstungsteile ist es im Rahmen dieser Ausbildung und dieses Buches nicht möglich, sämtliche Variationen anzusprechen.

Aus diesem Grund wird hier beispielhaft die Armatur eines Tankfahrzeuges geschildert, das den Vorschriften für die Beförderung von Mineralölprodukten mit einem niedrigen Flammpunkt entspricht.

### Domarmaturen

Bild 5.9 Domdeckel mit Armaturen und Gaspendelleitung

**Dom-armaturen**

**- Domdeckel**

**- Kippventil**

**- Peilstab**

**- Lüfterhaube**

Auf dem Mannloch, das dem Sachverständigen des TÜV bei der Prüfung des Tanks als Einstieg dient, ist eine Kombination aus Domdeckel, Peilstab, Kippventil und Lüfterhaube aufgeschraubt. Der Domdeckel besteht aus zähem Werkstoff und verschließt die Oberseite des Tanks dicht und muß verriegelbar sein. Bei der Beladung des Tankfahrzeuges von oben wird der Füllarm der Befüllstation durch den geöffneten Domdeckel eingeführt.

**Kippventil**

Neben dem Domdeckel sitzt das Kippventil, das einen ständigen Druckausgleich zwischen dem Tankinneren und der Atmosphäre gewährleistet, gleichzeitig aber durch einen Schwimmer das Herausschwappen der Flüssigkeit während der Fahrt verhindert. Bei umgekipptem Fahrzeug fließt aus dem Kippventil nur eine geringe Leckölmenge heraus. Während der Stoffabgabe wird es durch Druck (pneumatisch oder hydraulisch) weit geöffnet, damit genügend Luft nachströmen kann und sich kein Unterdruck bildet, durch den sich der Tank zusammenzieht.

**- Funktion**

Falls eine Kammer ohne Beachtung des notwendigen Freiraums gefüllt und damit überfüllt wurde, schließt der Schwimmer des Kippventils die Entlüftung des Tanks. Durch die Wärmeausdehnung der Flüssigkeit bildet sich ein Überdruck, der gefährlich ist (der Tank kann bersten). Um diesen Zustand zu vermeiden, wurde im Kippventil ein kleines Rückschlagventil untergebracht, das sich, bevor der Druck im Tank zu groß wird, öffnet und über eine kleine Bohrung Gas bzw. das Ladegut langsam in die Domwanne entweichen läßt.

Über dem Kippventil ist an der Außenseite des Tanks eine Lüfterhaube angebracht, die mit einem flammendurchschlag-sicherem Sieb versehen ist. Sie nimmt einmal die Aufgabe eines Regenschirms wahr, zum anderen verhindert das Sieb das Übergreifen eines Brandes von außen nach innen bzw. umgekehrt.

**Gaspendelleitung**

Das Rohr, daß am oberen Bildrand zu sehen ist, ist eine Gaspendelleitung. Sinn und Zweck dieser Einrichtung wird später erläutert. Ebenfalls zur Domarmatur zählt der Peilstab. Er ist nicht geeicht und dient daher nur der ungefähren Bestimmung des Füllstandes.

**Schutzvorrichtung**

Die Domwanne umschließt die Domarmaturen. Eventuelle Leckölmengen können über den Ablauf der Domwanne in einen Eimer abgeleitet werden. Der Ablauf muß bei der Beförderung immer geschlossen sein. Auch dürfen keine Füllgutreste an der Tankaußenwand haften. Die Domarmaturen werden durch die Konstruktion der Wanne oder durch Überrollbügel geschützt.

**Abgabearmaturen**

**Abgabearmaturen**

**- Bodenventil**

An der tiefsten Stelle des Tanks befindet sich das Bodenventil. Es verschließt die Tanksohle von innen her, so daß selbst dann kein Gut ausfließen kann, wenn der außenliegende Teil des Bodenventils (z.B. durch einen Unfall) zerstört wird. Ein Grobsieb, das das Bodenventil im Tankinnern umgibt, soll verhindern, daß in den Tank gefallene Gegenstände in die weiteren Abgabearmaturen gelangen, mit denen das Bodenventil durch Rohre verbunden ist.

**Armaturenschrank**

Die dem Bodenventil nachgeschalteten Armaturen befinden sich im Armaturenschrank. Dazu gehören in der Regel die Pumpe, der Gasmeßverhüter, der Zähler, Betätigungen für die Bodenventile, Meßwertverstärker für den Grenzwertgeber und einiges mehr.

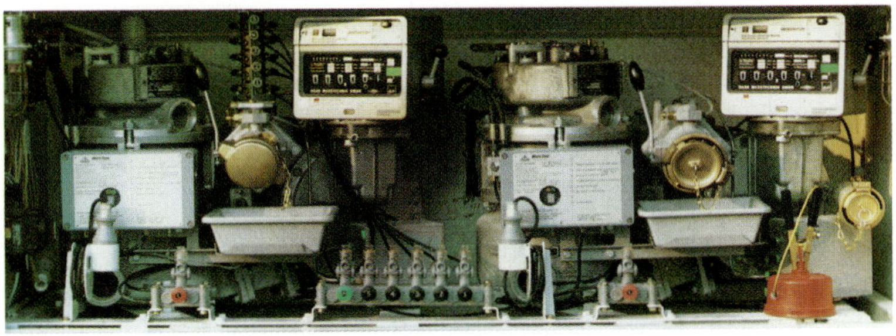

Bild 5.11 Armaturenschrank eines Minealöltankfahrzeuges mit zwei getrennten Abgabesystemen

Bei Fahrzeugen, die zum Transport feuergefährlicher Flüssigkeiten mit einem Flammpunkt unter 55°C zugelassen sind, ist in den Leitungen eine Flammendurchschlagsicherung eingebaut. **FLP < 55 °C**

Falls nicht im freien Gefälle (also durch das Eigengewicht der Flüssigkeit) entladen wird, kann mit Hilfe einer Pumpe der erforderliche Volumenstrom eingestellt werden.

Wird das Gut über den (geeichten) Zähler abgegeben, so wird durch den vor dem Zähler liegenden Gasmeßverhüter eine Fehlmessung verhindert. Der Gasmeßverhüter registriert in der Flüssigkeit enthaltene Luftperlen (Blasen) und unterbricht dann automatisch die Abgabe.

## Schaltschemata der Armaturen

Die Abgabe der Tankfüllung oder von Teilmengen kann auf verschiedene Arten vor sich gehen: **Schaltschema**

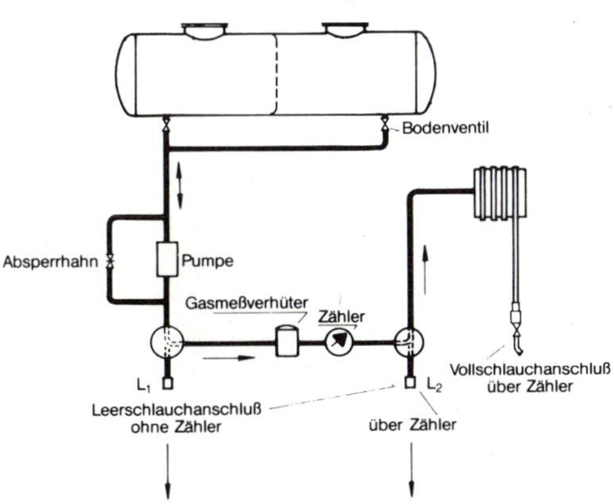


Bild 5.12 Leitungschema eines Tankfahrzeuges

a) Abgabe ohne Zähler über den Leerschlauchanschluß L1

**- Funktionsbeschreibung**

Hierbei kann entweder im freien Gefälle (Absperrhahn zu) oder mit der Eigenpumpe entladen werden, was vor allem dann erforderlich ist, wenn der Empfängertank höher steht als das Tankfahrzeug.

Bei Mineralölfahrzeugen findet man diesen Anschluß häufig verplombt vor oder er fehlt völlig. Dadurch soll verhindert werden, daß Ware abgegeben wird, die vom Zähler nicht registriert wurde.

Wenn eine Ausrüstung mit einer Umkehrpumpe vorhanden ist, kann der Tank des Fahrzeuges auch mit eigener Kraft von unten befüllt werden bzw. bei geöffnetem Absperrhahn mit der Pumpe der Befüllstation beladen werden.

b) Abgabe über Zähler und Leerschlauchanlage L2

Diese Methode empfiehlt sich besonders bei Kunden, die eine größere Menge bestellt haben, da der Leerschlauch einen erheblich größeren Durchmesser hat als der Vollschlauch. Der Leerschlauch muß - wie der Name schon sagt - nach der Befüllung wieder entleert werden. Das im Schlauch befindliche Gut gehört dem Kunden. Der leere Schlauch wird anschließend im Schlauchkasten verstaut.

c) Abgabe über Zähler und Vollschlauchanschluß V

Das ist die häufigste Abgabeart bei kleineren Heizölmengen. Der Vollschlauch, auf einer Trommel aufgerollt, ist ständig bis zur Zapfpistole mit Gut gefüllt.

## 5.3.2 Fahrzeugausrüstung

**Fahrzeugausrüstung**

Wird im Tank Gefahrgut befördert, unterliegen Tank und Fahrzeug den Vorschriften der GGVS. Dies gilt auch für den Transport geringer Mengen. So besteht z.B. für alle Fahrzeuge mit festverbundenen Tanks, Aufsetztanks und Gefäßbatterien die Forderung nach einen hinteren Anfahrschutz des Tanks. Eine Ausnahme bilden nur die Silofahrzeuge mit nach hinten kippbaren Behältern für pulverförmige oder körnige Stoffe.

**Fahrzeugarten**

- Tankfahrzeuge,
- Fahrzeuge mit Aufsetztanks oder Gefäßbatterien,
- Fahrzeuge mit Tankcontainern mit einem Fassungsraum von mehr als 3000 Litern und
- Beförderungseinheiten Typ III

mit einer zulässigen Gesamtmasse (zGG) von mehr als

**Fahrzeuggröße**

- 16 Tonnen für Kraftfahrzeuge (Zugmaschinen und LKW) und
- 10 Tonnen für Anhänger (Sattelanhänger, Starrdeichselanhänger, usw.)

**A B V**

müssen, wenn sie erstmals nach dem 30.06.1993 zugelassen werden, mit einem Blockierverhinderer ausgerüstet sein.

**Ausnahme Nr. 93 (S)**

Für ältere Fahrzeuge, die nicht mit einer automatischen Bremsnachstellung ausgerüstet werden können, hat der Gesetzgeber durch die Ausnahme Nr. 93 (S) die Möglichkeit der weiteren Benutzung des Fahrzeuges gegeben. Es dürfen mit diesen Fahrzeugen jedoch keine Beförderungen durchgeführt werden, für die eine Fahrwegbestimmung nach § 7 oder 7a erforderlich ist.

**Dauerbremse**

Drüber hinaus müsssen diese Fahrzeuge oder Beförderungseinheiten mit diesen Fahrzeugen mit einer Dauerbremsanlage ausgerüstet sein. Diese muß den internationalen Anforderungen der ECE-Regelung 13 entsprechen und die Geschwindigkeit auf einer langen Gefällestrecke stabilisieren, ohne daß die Betriebs-, Hilfs- oder Feststellbremse benutzt wird.

**Bremsnachstellung**

Außerdem müssen diese Fahrzeuge (ausgenommen Fahrzeuge mit Tankcontainern) mit automatischer Bremsnachstellung ausgerüstet sein.

**FPL < 55 °C**

Fahrzeuge, die Flüssigkeiten mit einem Flammpunkt unter 55 °C oder brennbare Gase in Tanks befördern, müssen zusätzlichen Anforderungen genügen:

**Motor Auspuff**

- Die Motoren von Fahrzeugen und gegebenfalls die Ladepumpe müssen so beschaffen und angeordnet sein, daß jede Gefahr für die Ladung infolge Erhitzung oder Entzündung vermieden wird. Gleiches gilt auch für die Auspuffanlage.

| | | |
|---|---|---|
| **Tank** | | Kraftstoffbehälter zur Versorgung des Motors von Fahrzeugen sind so anzuordnen, daß sie soweit wie möglich bei einem Aufprall geschützt sind. |
| **Elektrik** | - | Die elektrischen Leiter müssen aus besonders geschützten Leitungen (TKW-Kabel) bestehen. Die Stromrückführung (Masse) darf nicht über Rahmen und Fahrgestell erfolgen, sondern muß über die isolierte Leitung bis zur Batterie erfolgen. |
| **Leuchten** | - | Die Leuchten der Fahrzeuge müssen vor mechanischen Schäden, die Glühlampen gegen ein Selbstlockern (keine Schraubsockel) gesichert sein. Leitungsverbindungen dürfen nur mit Steckverbindern erfolgen, die mit Rastwarzen versehen sind. |
| **Batterie-trennschalter** | - | Über einen Batterietrennschalter müssen sich alle Stromkreise abschalten und einschalten lassen (gilt nicht für eigensichere Stromkreise). Die Bedienungseinrichtungen für den Trennschalter müssen an gut sichtbarer und leicht erreichbarer Stelle sowohl im Führerhaus als auch außerhalb des Führerhauses vorhanden sein. |

Im übrigen sind durch den Fahrzeugführer die gleichen Ausrüstungsgegenstände mitzuführen, wie sie Ihnen aus dem Grundkurs bekannt sind, bzw. diejenigen, die für die Durchführung der im Unfallmerkblatt beschrieben Hilfsmaßnahmen erforderlich sind.

# 6. Durchführung der Beförderung

## 6.1 Maßnahmen zur Verkehrs- und Betriebssicherheit

Verkehrs- und Betriebssicherheit beginnen bereits vor Fahrtantritt. Den größten Einfluß auf einen ungefährdeten und ungefährlichen Transport haben der Fahrzeugführer und - falls vorhanden - der Beifahrer.

Es ist also sehr sinnvoll, wenn der Fahrer vor Fahrtantritt anhand einer Checkliste prüft, ob alle Sicherheitsvorschriften für den Gefahrguttransport nach GGVS und ADR eingehalten werden.

Der Fahrer soll sich konsequent an die einzelnen Punkte halten und prüfen, ob die darin genannten Forderungen erfüllt sind. Sie gelten zuzätzlich zu denen, die schon im Grundkurs (Seite 64) aufgeführt sind.

| **Checkliste für Gefahrguttransporte in Tanks** | | | |
|---|---|---|---|
| Lfd.Nr. | Prüfposition | i.O. | n.i.O |
| **Fahrzeug-, Ladungs- und fahrerbezogene Papiere** | | | |
| 1 | **Beförderungspapier - Inhalt** | | |
| | - Name und Anschrift des Absenders | | |
| | - Name und Anschrift des Empfängers | | |
| | - Bezeichnung des Gutes, Klasse, Ziffer und ggf. Buchstabe und Rechtsvorschrift (GGVS, ADR, GGVE, RID) | | |
| | - Kennzeichnungsnummer des Stoffes (sofern vorhanden) | | |
| | - Anzahl und Beschreibung der Versandstücke oder der Großpackmittel (IBC) | | |
| | - Bruttomasse des Gutes | | |
| | - Erklärung entsprechend den Vorschriften einer Sondervereinbarung oder ggf. national Bezug auf eine Ausnahme | | |
| 2 | **Bescheinigung der besonderen Zulassung** | | |
| | Je eine Bescheinigung pro Fahrzeug vorhanden und gültig | | |
| | Gefahrgut in der Bescheinigung aufgeführt | | |

| **Fortsetzung Checkliste für Gefahrguttransporte in Tanks** | | | |
|---|---|---|---|
| Lfd.Nr. | Prüfposition | i.O. | n.i.O |
| 3 | **Fahrwegbestimmung § 7, 7a** | | |
| | Anfahrweg zur Autobahn | | |
| | Abfahrweg von der Autobahn | | |
| 4 | **ADR-Schein** | | |
| | Gültig, zulässig für die zu befördernden Güter | | |
| **Fahrzeugbeschaffenheit** | | | |
| 5 | **Kennzeichnung des Fahrzeugs und des/der Tanks** | | |
| | Warntafeln vorne und hinten an der Beförderungseinheit, | | |
| | - Kennzeichnungsnummern erforderlich und gezeigt | | |
| | Zusätzliche seitliche Kennzeichnung mit Warntafeln, | | |
| | - alle erforderlichen Warntafeln gezeigt | | |
| | - alle Kennzeichnungsnummern richtig | | |
| | Gefahrzettel an den Längsseiten und hinten richtig und sichtbar | | |
| 6 | **Zusätzlich zur GGVS/ADR beachten** | | |
| | Bei begleitscheinpflichtigen Abfallbeförderungen Fahrzeugkennzeichnung mit **A** | | |
| | Bei Mineralöltransporten *Meßanlagenbrief* nur für Fahrzeuge mit Erstzulassung nach 1.1.1985 | | |
| | Eichung des Zählers gültig | | |
| 7 | **Kontrolle vor der Abfahrt** | | |
| | - Domdeckel geschlossen | | |
| | - Geländer vom Laufsteg heruntergeklappt | | |
| | - Ablauf der Domwanne geschlossen | | |
| | - Keine Füllgutreste an der Tankaußenwand | | |
| | - Armaturenkasten geschlossen, Ventile zu | | |
| | - Absperrmaterial vorhanden | | |
| | - Bindemittel vorhanden | | |

# 6.2 Be- und Entladen

Aus der Bescheinigung der besonderen Zulassung erfährt der Fahrer, welche Stoffe er im Tank seines Fahrzeuges befördern darf. Werden nicht in dieser Bescheinigung aufgeführte Stoffe befördert, so besteht die Gefahr, daß es zu Stofffreisetzungen, also einem Undichtwerden des Tanks kommt. Der Tank- und/oder Dichtungswerkstoff können vom Ladegut angegriffen und zerstört werden. Darüber hinaus besteht die Gefahr, daß die in das Tankfahrzeug eingebauten Sicherungselemente für ein nicht zugelassenes Produkt nicht geeignet sind.

**Stoffliche Eignung**

## 6.2.1 Beladevorgang

Je nach Bauart und Gut werden Tankfahrzeuge über den Domdeckel oder von unten über das Bodenventil gefüllt.

**Befüllung**

**- von oben**

Die **Befüllung von oben** geschieht an einer Füllbühne. Vor dem Heranfahren an die Füllbühne sind alle Elektrosysteme des Tankfahrzeugs, die nicht benötigt werden, wie Radio oder Heizung, auszuschalten. Selbstverständlich ist auch beim Be- und Entladen das Rauchen verboten. Wenn der Motor für die Beladung nicht benötigt wird, ist er auszuschalten und der Batterietrennschalter, wenn vorhanden, ist zu betätigen.

**V b F**

Werden an der Füllbühne entzündbare Flüssigkeiten verladen, so sind zusätzlich zur GGVS die Vorschriften der VbF (Verordnung über die Lagerung und Beförderung brennbarer Flüssigkeiten) zu beachten.

**Erdung**

Das Fahrzeug ist so zu erden, daß ein Potentialausgleich zwischen dem Fahrzeug und der Füllbühne hergestellt wird. Damit auch der Fahrer sich nicht elektrostatisch aufladen kann und einen Funken zieht, wenn er mit der Füllbühne oder dem Tankfahrzeug in Berührung kommt, muß er antistatisches (leitendes Schuhwerk) tragen.

**U V V**

Die Unfallverhütungsvorschriften (UVV) schreiben das Tragen eines Schutzhelms vor, wenn unter schwebenden Lasten - hier der Füllarm - gearbeitet wird. Während des gesamten Ladevorganges sind Gummi- oder Kunststoffhandschuhe zu tragen.

Falls an der Füllbühne kein Haltegitter ist, muß das Schutzgitter des Fahrzeuges zur Verringerung einer Absturzgefahr hochgeklappt werden (UVV über hochgelegene Arbeitsplätze).

Das Füllrohr wird durch den Domdeckel in den Tank senkrecht eingeführt und weich auf die Tanksohle aufgesetzt. Dadurch wird eine zusätzliche elektrisch leitende Verbindung geschaffen.

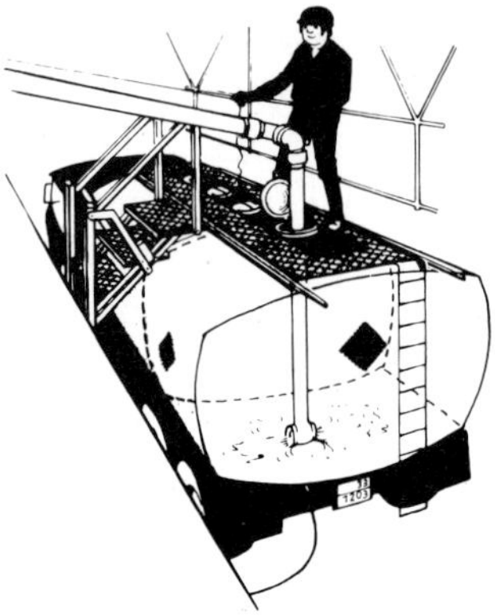

Bild 6.1 Beladung eines Tankfahrzeugs durch den Domdeckel

**Statische Aufladung**

Beim Versprühen von Flüssigkeiten entstehen in der Flüssigkeit statische Aufladungen. Um diese in Grenzen zu halten, muß der Ladevorgang mit gedrosselter Geschwindigkeit begonnen werden, bis der Auslauf des Füllrohrs vollständig mit Flüssigkeit überdeckt ist.

**Füllungsgrad**

Bei der Befüllung ist auf den höchstzulässigen Füllstand zu achten. Er ist (je nach Wärmeausdehnungskoeffizient) von Produkt zu Produkt verschieden. Man kann ihn aus Formeln berechnen, die in der GGVS (Rn. 211 172) zu finden sind. Der Fahrer braucht sich aber mit dieser Rechnung nicht zu beschäftigen. Der höchstzulässige Füllstand wird ihm vom Verlader angeben, oder er ist gut sichtbar an der Verladeanlage ausgehangen.

**Nutzlast**

Aber auch vor Erreichen dieses nach der GGVS maximalen Füllstandes kann das Fahrzeug bereits überladen sein. Die Produkte haben unterschiedliche spezifische Gewichte, sind also unterschiedlich schwer. Der Fahrer muß also darauf achten, daß die zulässigen Achslasten und die Nutzlast des Fahrzeuges nicht überschritten werden.

Die Nutzlast des Fahrzeuges ergibt sich aus der Differenz

| |
|---|
| Nutzlast = zulässiges Gesamtgewicht - Leergewicht |

Diese Werte können im Fahrzeugschein nachgelesen werden.

Der Verlader ist verpflichtet, dem Fahrer zu sagen, wieviel Kubikmeter (Liter) er bei der angegebenen Nutzlast laden kann. Die Kubikmeterzahl (Liter) kann der Fahrer während des Ladevorganges am Zähler der Füllbühne ablesen.

**Gewicht**

**Volumen**

Nach der Beladung ist der Domdeckel wieder zu schließen. Bei Gewitter ist die Befüllung zu unterbrechen, der Domdeckel muß geschlossen werden.

**Untenbefüllung**

Bei der **Untenbefüllung** wird das Produkt durch das geöffnete Bodenventil in den Tank gepumpt. Hier ist eine ständige Kontrolle des Füllstandes besonders wichtig, wenn der Tank noch Restmengen enthalten hat. Bei diesen Anlagen wird die gewünschte Füllmenge eingegeben und die Anlage stoppt nach Erreichen der Füllmenge automatisch.

Während der Fahrt müssen die Domdeckel, auch die der leeren, ungereinigten Tanks geschlossen sein. An der äußeren Tankwandung dürfen keine Füllgutreste haften, die Abläufe der Domwanne müssen geschlossen sein. Dies ist vor Fahrtantritt zu kontrollieren.

**Silofahrzeug**

Die Verladung von Stäuben und Granulaten in Silofahrzeuge erfolgt mittels eines Trägermediums. Je nach Eigenschaft des Gefahrgutes muß dieses Medium unterschiedliche Eigenschaften haben. Bei einigen Stoffen kann Druckluft benutzt werden. Dies ist besonders günstig, da bei der Entladung über eine Druckreduzierung die Druckluftanlage des Fahrzeugs benutzt werden kann.

**Druckbeladung**

Bei brennbaren oder selbstentzündlichen Stäuben muß ein Medium verwendet werden, das "inert" ist. Hier wird meistens Kohlendioxid ($CO_2$) verwendet. Bei einigen Stoffen muß sogar während der Beförderung gewährleitet werden, daß sie nicht mit Sauerstoff in Berührung kommen. Dies erreicht man, indem man das Silo des Fahrzeugs nach der Befüllung mit dem Stoff unter einen geringen Überdruck $CO_2$ (meist = 0,2 bar) setzt. Um diesen während der Beförderung auch bei geringen Undichtigkeiten zu erhalten, sind diese Fahrzeuge zusätzlich mit $CO_2$-Flaschen und Druckminderern ausgerüstet.

## 6.2.2 Entladevorgang

**Absperrung**

Der Entladevorgang ist mit dem Warenempfänger abzustimmen. Am Entladeort muß als erstes die Entladestelle derart gesichert werden, daß niemand gefährdet wird, und z.B. kein Passant über den ausgelegten Schlauch oder in einen Tankschacht fallen kann.

Muß entladen werden, wenn das Fahrzeug im öffentlichen Verkehrsraum steht, so muß der Fahrer auch für eine ausreichende Sicherung des fließenden Verkehrs sorgen. Eine Ortssicherung geschieht am einfachsten und besten mit Leitkegeln, den sog. Lübecker Hüten.

**Kontrollen**

Vor dem Entladen muß der Fahrer sich davon überzeugen, daß die bestellte Menge auch in den zu befüllenden Tank paßt. Hier sollte sich niemand auf die Angaben des Bestellers verlassen, da der Fahrer zur Rechenschaft gezogen wird, wenn ein Empfängertank überfüllt wird.

**Überwachung**

Der eigentliche Entladevorgang muß ständig vom Fahrpersonal beobachtet werden. Dabei ist besonders auf die Dichtigkeit der Verbindungselemente zum Empfängertank, eine ausreichende Entlüftung und die Einhaltung der Füllmengen (keine Überfüllung) zu achten.

**Entlüftung**

**Gaspendeln**

Wird ein Tank gefüllt, so wird das über der Flüssigkeit stehende Gas durch den ansteigenden Flüssigkeitsspiegel über das Entlüftungsrohr ins Freie gedrückt. Das kann in vielen Fällen gefährlich sein, wenn es sich hierbei z.B. um giftige Gase oder leicht entzündbare Dämpfe handelt. In solchen Fällen ist das Gaspendeln vorgeschrieben.

**Geschlossenes System**

Beim Gaspendeln wird das aus dem Lagertank gedrückte Gas über eine Rücklaufleitung in den Fahrzeugtank geleitet. Da bei der Anwendung dieser Methode keine gefährlichen Gase ins Freie gelangen können, bezeichnet man den Ladevorgang auch als "Abfüllen im geschlossenen System".

Das Gaspendelverfahren kann sowohl beim Beladen von Empfängertanks durch ein Tankfahrzeug als auch bei der Befüllung des Tankfahrzeuges an der Füllbühne angewandt werden, wenn die entsprechenden Einrichtungen vorhanden sind. Es muß angewandt werden, wenn ein Hinweis am Empfängertank das Gaspendeln vorschreibt.

**Silofahrzeug**

**Druckentbeladung**

Das Entladen von Fahrzeugen mit Stäuben und Granulaten in Silofahrzeuge erfolgt wie die Beladung mit dem gleichen Trägermedium. In der Regel wird das Trägermedium vom Empfänger an der Entladestelle bereitgestellt. Der Fahrer muß dann auf die Einhaltung der zulässigen Drücke achten, damit das Silo des Fahrzeuges nicht beschädigt wird. Oft wird das Silo zusätzlich noch über eine Hydraulikanlage senkrecht gestellt. Dabei muß besonders die Standsicherheit des Fahrzeuges beachtet werden.

## 6.3 Nicht belegt

## 6.4 Fahrverhalten von Fahrzeugen

Die Unfallstatistik zeigt, daß der Anteil der Alleinunfälle bei Gefahrgutfahrzeugen höher liegt, als im übrigen Güterverkehr. Als Alleinunfall wird dabei der Unfall bezeichnet, in den kein weiterer Verkehrsteilnehmer als der Verunfallte selbst erkennbar verwickelt ist. Da Gefahrgutfahrzeuge häufiger als andere flüssige oder staubförmige Stoffe transportieren, liegt der Schluß nahe, daß das besondere Verhalten einer solcher Ladung vom Fahrer oft nicht genügend berücksichtigt wird.

**Unfall-statistik**

Um auf die physikalischen Zusammenhänge eingehen zu können, müssen einige Grundbegriffe erläutert werden:

Der Schwerpunkt ist der gewichtsmäßige Mittelpunkt des Fahrzeuges. Im Schwerpunkt kann man sich die gesamte Fahrzeugmasse vereinigt vorstellen. Er ist gleichzeitig der Angriffspunkt für alle Kräfte, die auf ein Fahrzeug einwirken. Dies sind die Gewichtskraft, die Beschleunigungs- und die Fliehkräfte.

**Schwerpunkt**

Die Kraft ist eine physikalische Größe zur Beschreibung einer Wechselwirkung zwischen zwei Körpern - in unserem Fall - dem beladenen Fahrzeug und der Straße. Sie kann eine Änderung des Bewegungszustandes oder eine Verformung bewirken. Beim Fahren eines Fahrzeuges erreicht man durch die zielgerichtete Kraftwirkung eine gewünschte Änderung des Bewegungszustandes (Anfahren, Beschleunigen, Kurvenfahrt, Bremsen, usw.).

**Kräfte**

Jemand will mit einem Boot über einen Fluß rudern, der eine starke Strömung hat. Obwohl das Gegenufer angesteuert wird, landet das Boot ein Stück weiter stromabwärts am Ufer, weil es abgetrieben worden ist.

**- Darstellung**

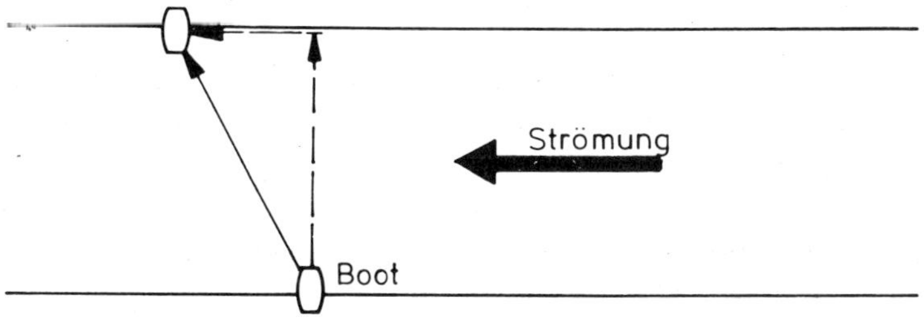


Bild 6.2 Wirkung von Kräften

Der tatsächlich zurückgelegte Weg ergibt sich aus beiden Einzelwegen. Diesen tatsächlichen Wert bezeichnet man als Resultierende, weil er das Resultat aus den beiden Einzelwegen ist.

In Bildern werden die Kräfte als Pfeile dargestellt

**Kippbedingungen**

Die Kanten, um die ein Körper kippen kann, nennt man Kippkanten. Meistens sind es die Außenkanten der Aufstandsfläche. Aus der nachstehenden Skizze können wichtige physikalische Zusammenhänge abgeleitet werden.

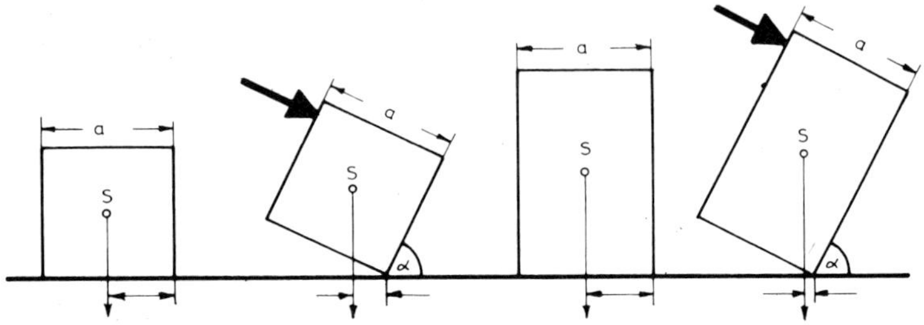


Bild 6.3 Kippbedingungen

1. Je näher der Schwerpunkt zur Kippkante liegt oder kommt, desto größer wird die Kippgefahr.
2. Verlagert sich der Schwerpunkt über die Kippkante hinaus, kippt der Körper um.
3. Je höher der Schwerpunkt liegt, um so höher ist auch die Kippgefahr.

**Drehmomente**

Als Drehmoment in der Physik ist eine Kraft bezeichnet, die über einen Hebelarm wirkt.

Bezogen auf ein Fahrzeug bei Kurvenfahrt entstehen zwei Kräfte, die je ein Drehmoment in Bezug auf die Kippkante erzeugen.

1. Die Gewichtskraft $F_G$ multipliziert mit der Schwerpunkthöhe h verursacht das Standmoment $M_S$
2. Die Fliehkraft $F_K$ multipliziert mit der halben Spurbreite verursacht das Kippmoment $M_K$

Es treten also zwei Drehmomente auf, die in entgegengesetzter Richtung wirken. Das eine Drehmoment bewirkt das "Stehen" des Fahrzeugs, weil diese Drehbewegung durch die Räder auf der der Kippkante abgewandten Seite und der Fahrbahn behindert wird. Das andere Drehmoment hingegen bewirkt das "Umkippen" des Fahrzeuges.

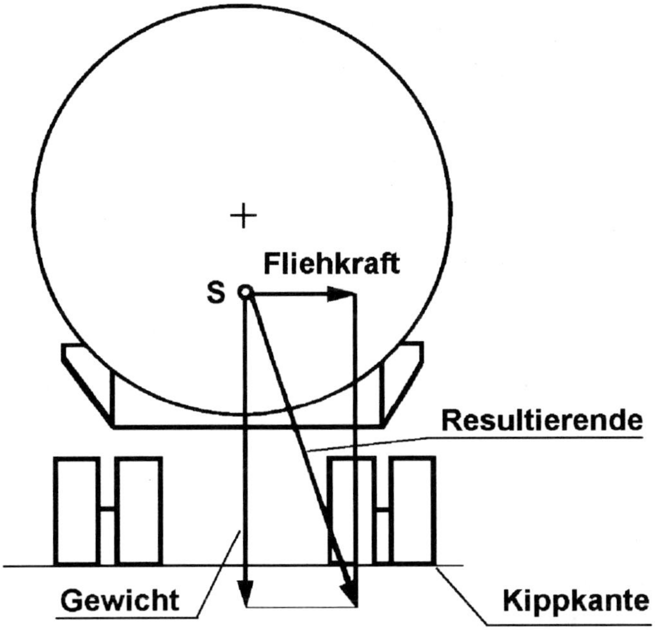


Bild 6.4 Kräfte bei Kurvenfahrt

Beim Vergleich beider Drehmomente können drei Fälle auftreten:

**Fahrverhalten**

**1. Normalfall (gewünscht)**

$M_S > M_k$ bedeutet sichere Kurvenfahrt des Fahrzeuges. **- Stabil**

**2. Gleichgewicht (unerwünscht)**

$M_S = M_k$ bedeutet unsichere Kurvenfahrt, da auf der der Kippkante abgewandten Seite keine Kräfte auf die Fahrbahn übertragen werden. **- Labil**

**3. Unfall (unerwüscht)**

$Ms < Mk$ bedeutet das Umkippen des Fahrzeuges. **- Instabil**

Beim Auftreten von Fall 3 geht die Resultierende aus Gewichtskraft und Fliehkraft über die Kippkante hinaus, wie bei den Kippbedingungen bereits festgestellt wurde.

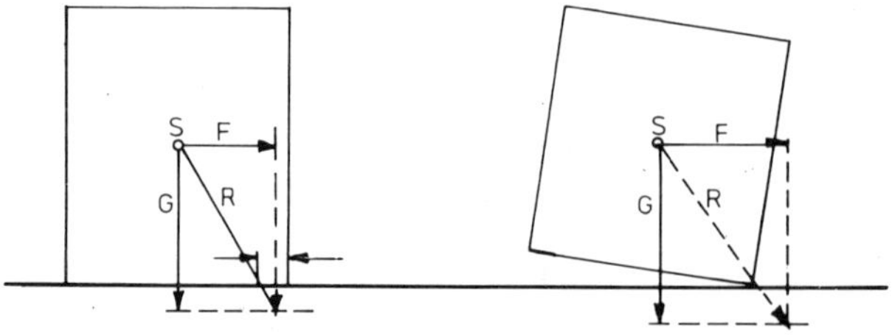


Geringe Fliehkraft,
Fahrzeug bleibt stehen
Fahrzeug kippt um.

große Fliehkraft,
Resultierende geht über
die Kippkante.

Bild 6.5 Kippkriterien

**Kippkante**

**- LKW**

Die Bedeutung der Kippkanten darf unter keinen Umständen unterschätzt werden, und ihren Verlauf sollte man sich ständig vergegenwärtigen: die rechte Kippkante eines LKW verläuft durch die Reifenaufstandsflächen der rechten Räder.

**- Anhänger**

Beim Anhänger verändern sich die Kippkanten je nach Einschlag des Drehschemels. Die Kippkante des Anhängers nähert sich mit abnehmendem Kurvenradius immer mehr dem Schwerpunkt. Und das bei einem Fahrzeug, das durch die fehlende tiefliegende Antriebsmaschine ohnedies einen höheren Schwerpunkt hat, als das Zugfahrzeug.

**- Sattelzug**

Beim Sattelzug sind die Verhältnisse noch komplizierter: Ein Tanksattelzug ist ein Kraftfahrzeug, das aus zwei Einzelfahrzeugen zusammengesetzt ist. Aus diesem Grund setzt sich die Kippkante des Tanksattelzuges aus der Kombination der beiden Kippkanten von der Zugmaschine und dem Auflieger zusammen.

**- Knickwinkel**

Diese Kippkante verändert sich aber mit dem Knickwinkel zwischen den beiden Fahrzeugen, d.h. sie ist vom Kurvenradius abhängig. Daraus ergibt sich ein schwer kalkulierbares Kippverhalten. Hinzu kommt, daß es wegen der Länge des Aufliegers bei falscher Be- und Entladung der einzelnen Kammern zu starken Schwerpunktverlagerungen in Längsrichtung kommt, die sich negativ auf das Fahrverhalten auswirken können.

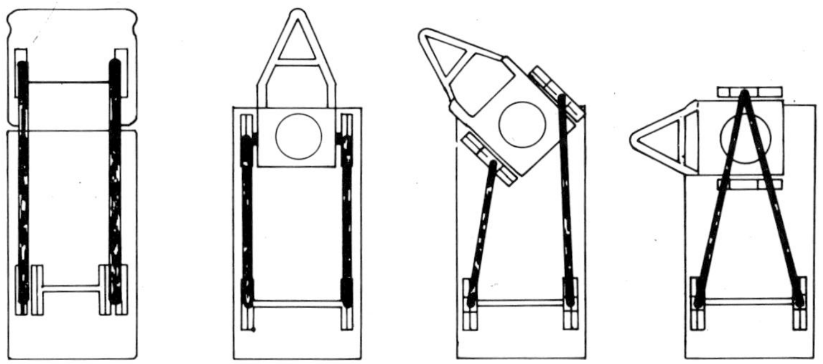

Bild 6.6 Kippkanten für LKW und Anhänger

**Schwallwirkung**

Beim Transport von Flüssigkeiten bewirkt die Schwallwirkung (Schwappen der Flüssigkeit) noch eine zusätzliche ständige Schwerpunktverlagerung in Längs- und Querrichtung.

Die Schwallwirkung ist bei nur teilweise beladenen Kammern besonders stark. Bei einem Füllungsgrad von etwa 50% ist die Schwallwirkung am stärksten. In der Längsrichtung wird der Schwall durch Schwallwände gehemmt. Trotzdem sollte der Fahrer nach einer Bremsung bis zum Stillstand den Fuß noch längere Zeit auf der Bremse behalten, bis die Schwingung abgeklungen ist.

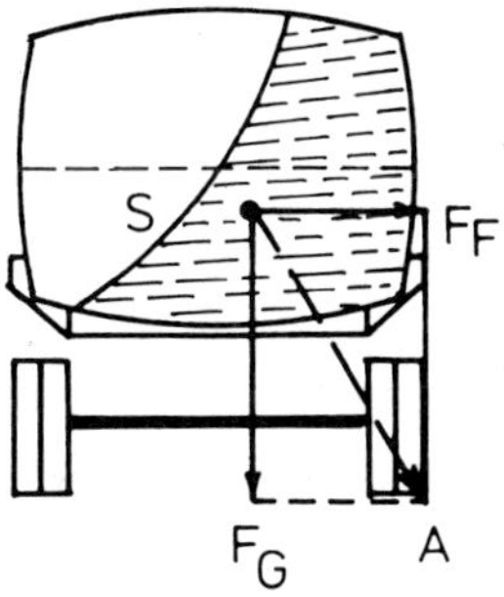


Bild 6.7 Schwall in einem Tank

**Tanks ohne Schwallwände**

Ein besonders kritisches Fahrverhalten ergibt sich, wenn keine Schwallwände vorhanden sind. Aus diesem Grunde schreibt die GGVS für Tanks mit Kammern über 7500 Liter ohne Schwallwände auch vor, daß sie entweder zu mindestens 80% gefüllt oder praktisch leer sein müssen.

**Schwerpunktverlagerung**

Beim Durchfahren von Kurven tritt Querschwall auf. Er verursacht eine seitliche Verschiebung des Schwerpunktes in Richtung der Kippkante. Damit wird der Hebelarm, der mit der Gewichtskraft das Standmoment bewirkt verkürzt, während die Schwerpunkthöhe, die mit der Fliehkraft das Kippmoment verursacht, unverändert bleibt.

Das Kippverhalten wird so begünstigt. Darauf sollte sich jeder Tankwagenfahrer einstellen.

**Einfluß der Ladungsverteilung auf das Fahrverhalten**

**Ladungsverteilung**

Für die Festlegung der Reihenfolge beim Entladen der einzelnen Kammern eines Tankfahrzeuges sind die physikalischen Vorgänge am Fahrzeug beim Blockieren der Räder sowie das Kurvenverhalten von Interesse.

Es gelten folgende physikalische Gesetzmäßigkeiten:

a) Blockierte Vorderräder lassen ein Fahrzeug unlenkbar geradeaus rutschen (stabiles Fahrverhalten).

b) Blockierte Hinterräder versetzen das Fahrzeug in eine Drehbewegung (Schleudern, instabiles Fahrverhalten).

c) Blockieren alle Räder, bewegt sich das Fahrzeug in seiner vorherigen Richtung weiter, es kann sich jedoch und seine durch den Schwerpunkt gehende Hochachse drehen.

d) Ein Fahrzeug mit weit vorn liegendem Schwerpunkt neigt in der Kurve zum Untersteuern, d.h. es fährt einen größeren Kurvenradius, als es dem tatsächlichen Lenkradeinschlag entspricht.

e) Liegt ein Schwerpunkt weit hinten, neigt das Fahrzeug zum Übersteuern, d.h. es möchte in der Kurve hinten zur Kurvenaußenseite ausbrechen.

**Schwallminimierung**

Für ein Fahrzeug, das nur teilweise entladen wird, gilt grundsätzlich:

- Die Kammern sollten möglichst ganz entleert werden. Halbvolle Kammern sollte man wegen der Schwallwirkung vermeiden.
- Mit welcher Kammer der Entladevorgang begonnen wird, hängt von der Bauart des einzelnen Fahrzeuges ab.

Man muß folgendes dabei berücksichtigen:

- die Antriebsräder müssen einen gewissen Druck auf die Straße ausüben, z.B. knicken Sattelzüge sonst leicht ein;
- die Schwerpunktverlagerung infolge teilweiser Entleerung des Fahrzeuges sollte so gering wie möglich sein, z.B. kann der Schwerpunkt beim Anhänger sich sonst nach vorne verlagern und der Kippkante bedrohlich nahekommen.

# 7. Pflichten und Verantwortlichkeiten, Sanktionen

Nicht belegt, keine Besonderheiten in diesem Aufbaukurs

# 8. Maßnahmen nach Unfällen und Zwischenfällen

Für die Beförderung von Gefahrgütern in Tanks gelten besondere Vorsichtsmaßnahmen. Da der Tank die Verpackung des Gefahrgutes ist, besteht bei seiner Beschädigung immer die Gefahr, daß große Mengen von Gefahrgut freigesetzt werden. Deshalb ist es besonders wichtig, daß der Fahrzeugführer die entsprechenden Vorsichtsmaßnahmen einhält und weiß, was bei einem Zwischenfall zu tun ist.

Bei jeglichen Unfällen sind dieselben Grundsätze zu beachten, und wir müssen uns diese Grundsätze so einprägen, daß sie auch in Unfallsituationen noch präsent sind und wir danach handeln können.

Die Grundsätze der Unfallbekämpfung sind schon im Grundkurs (Seite 102) beschrieben.

| In Gefahrenfall ist schnelles und sicheres Handeln notwendig. |
|---|

**Informationspflicht**

Der Fahrer, Beifahrer oder die schon anwesende Polizei muß veranlassen oder selbst unternehmen:

**Sofortmaßnahmen**

- die elektrischen Anlagen (Trennschalter) ausschalten und alle Motoren abstellen,
- verhindern, daß andere Fahrzeuge im Gefahrenbereich in Betrieb gesetzt werden (Brand- und Explosionsgefahr),
- allen Anwesenden absolutes Rauchverbot erteilen,
- überflüssige Personen (Schaulustige) fernhalten.

**Verhalten und Maßnahmen nach einem Unfall**

**- bei Leck**

Tritt nach einem Unfall Gefahrgut aus einem Leckgeschlagenen Tank aus, so sollen, wenn möglich die folgenden Punkte (zusätzlich zum Grundkurs) beachtetet werden:

- Wenn möglich, Abdichtung eines Lecks unter Benutzung der Schutzausrüstung.
- Verhindern, daß ausgelaufenes Gefahrgut in die Kanalisation eindringt:
  z.B. Eindämmen mit Sand, Erde oder dergleichen gemäß Unfallmerkblatt.
- Anweisungen aus dem Unfallmerkblatt durchführen.

**Notruf**

**Notruf**

Neben den im Grundkurs beschriebenen Inhalten des Notrufes soll beim Tankfahrzeugunfall die Kennzeichnungsnummer der Warntafel mit angegeben werden. Auch Angaben darüber, ob Gefahrgut in die Kanalisation oder in Gewässer gelangt ist, gehören, wenn diese Informationen schon vorhanden sind, mit in eine Unfallmeldung.

1 ***Welche Aussage über die Prüfbescheinigung (§ 6 GGVS alt) ist richtig?***

- ☐ Im nationalen Verkehr hat sich nichts geändert, sie darf uneingeschränkt weiter verwendet werden.
- ☒ Sie darf, solange sie gültig ist, innerstaatlich weiter verwendet werden, längstens jedoch bis zum 31.12.1995.
- ☐ Sie darf seit dem 1.1.1993 nicht mehr verwendet werden.
- ☐ Sie mußte bis zum 1.1.1993 in eine Bescheinigung der Besonderen Zulassung umgeschrieben werden.

2 ***Wie lange ist eine Bescheinigung der Besonderen Zulassung maximal gültig?***

- ☐ Maximal 3 Jahre.
- ☐ Maximal 5 Jahre.
- ☒ Maximal 1 Jahr.
- ☐ Maximal 2 Jahre.

3 ***Wo kann der Fahrzeugführer nachlesen, welche Kennzeichnungsnummern er auf den Warntafeln zeigen muß?***

- ☒ Im Unfallmerkblatt.
- ☐ In der Prüfbescheinigung oder der besonderen Zulassung des Fahrzeugs.
- ☐ Im Beförderungspapier.
- ☐ In der Fahrwegbestimmung.

4 ***Wo muß das Unfallmerkblatt während der Beförderung mitgeführt werden?***

- ☐ Immer hinter der Wartafel.
- ☒ Im Führerhaus.
- ☐ Beim Ladegut in den dafür vorgesehenen Kunststofftaschen.
- ☐ Im verschlossenen Umschlag mit der Aufschrift "Unfallmerkblätter nur bei Gefahr öffnen".

5 ***Welche besondere Ausrüstung ist <u>nur</u> für Tankfahrzeuge für eine Beförderungs von flüssigen Stoffen mit einem Flammpunkt unter 55 °C vorgeschrieben?***

- ☐ Der Werkzeugkasten mit funkenarmem Werkzeug.
- ☒ Die besonderen Anforderungen an die elektrischen Leitungen.
- ☐ Der Unterlegkeil aus Kunststoff.
- ☐ Der automatische Blockierverhinderer der Bremsanlage.

6 ***Wer ist für die richtige Kennzeichnung des Fahrzeugs mit Warntafeln verantwortlich?***

- ☐ Der Verlader.
- ☒ Der Fahrer.
- ☐ Der Beförderer.
- ☐ Der Fahrzeughalter.

7 ***Wo müssen bei einem kennzeichnungspflichtigen Sattelzug mit Tanks die Warntafeln gezeigt werden?***

- [x] Vorn und hinten an jedem Einzelfahrzeug.
- [x] Vorn und hinten an der Beförderungseinheit.
- [ ] An jedem Tankabteil, seitlich.
- [ ] Am Sattelanhänger, seitlich.

8 ***Wo müssen an Fahrzeugen mit Tanks die Gefahrzettel gezeigt werden?***

- [ ] An jeder Fahrzeugseite.
- [ ] Am Fahrzeug vorn und hinten.
- [x] An den Längsseiten des Fahrzeugs und hinten.
- [ ] An den Längsseiten des Fahrzeugs.

9 ***Von wem bekommt der Fahrer eines leeren, gereinigten und entgasten Tankfahrzeugs nach der Beladung seines Fahrzeugs die Unfallmerkblätter?***

- [ ] Die muß der Fahrer mitführen.
- [ ] Vom Absender des Gutes.
- [ ] Vom Beförderer.
- [x] Vom Verlader.

10 ***Was muß der Fahrzeugführer mit den Unfallmerkblättern tun?***

- [ ] Er muß sie mit dem Beifahrer durchsprechen.
- [ ] Nach dem Lesen muß er sie dem Verlader zurückgeben.
- [ ] Er muß die Unfallmerkblätter in einem verschlossenen Umschlag mit der Aufschrift "Unfallmerkblätter nur bei Gefahr öffnen" im Führerhaus mitführen.
- [x] Er muß den Inhalt vor Fahrtantritt zur Kenntnis nehmen.

11 ***Wo kann der Fahrzeugführer nachlesen, welche Stoffe im Tank seines Fahrzeuges befördert werden dürfen.***

- [ ] In der Fahrwegbestimmung.
- [ ] Im Fahrzeugschein.
- [ ] In der ADR-Bescheinigung.
- [x] In der Besonderen Zulassung.

12 ***Woher erfährt der Fahrer eines Tankfahrzeugs den zulässigen Füllungsgrad bei der Beladung seines Fahrzeugs?***

- [ ] Vom Halter des Fahrzeugs.
- [x] Vom Verlader.
- [ ] Vom Beförderer.
- [ ] Vom Absender.

**13** ***Welche besondere Ausrüstung ist nur für Tankfahrzeuge und nur für eine Beförderung von flüssigen Stoffen mit einem Flammpunkt unter 55 °C, vorgeschrieben?***

- [ ] Der Werkzeugkasten mit funkenarmem Werkzeug.
- [ ] Der Unterlegkeil aus Kunststoff.
- [ ] Der Automatische Blockierverhinderer der Bremsanlage.
- [x] Der Batterietrennschalter.

**14** ***Sie fahren eine Beförderungseinheit aus einem Tankfahrzeug und einem Tankanhänger. Wieviele Bescheinigungen der Besondern Zulassung müssen mitgeführt werden?***

- [ ] Eine für diese Beförderungseinheit.
- [ ] Keine für diese Beförderungseinheit.
- [x] Zwei für diese Beförderungseinheit.
- [ ] Zwei für diese Beförderungseinheit und die Bescheinigung über die Zugabstimmung.

**15** ***Welche der genannten Einrichtungen gehört zum Abgabesystem?***

- [ ] Das Kippventil.
- [ ] Der Domdeckel.
- [ ] Das Drehpeilrohr.
- [x] Der Gasmeßverhüter.

**16** ***Welche der nachstehenden Eigenschaften beziehen sich auf Tanks mit kreisrundem Querschnitt?***

- [ ] Der Fassungsraum ist besonders groß.
- [x] Der Schwerpunkt des Tanks liegt besonders hoch.
- [ ] Die Form ist nur für geringe Drücke geeignet.
- [ ] Die Schwerpunktshöhe ist besonders gering.

**17** ***Wo baut sich beim Befahren einer Linkskurve der Schwall der flüssigen Ladung auf?***

- [x] An der rechten Tankwand.
- [ ] An der linken Tankwand.
- [ ] Ein Schwall tritt nur auf, wenn der Tank nicht in Kammern unterteilt ist.
- [ ] Der Tank muß immer so voll sein, daß kein Schall entsteht.

**18** ***Der Tank eines Tankfahrzeugs faßt 10 000 Liter und ist nicht in Abteile oder durch Schwallwände unterteilt. Mit wieviel Liter muß der Tank mindestens befüllt sein?***

- [ ] Das ist vom Füllgut abhängig.
- [x] Mindestens mit 8 000 Litern.
- [ ] Das kann in der Bescheinigung der Besonderen Zulassung nachgelesen werden.

**19** ***Was versteht man unter einem Mehrproduktenfahrzeug?***

- [x] Ein Tankfahrzeug, dessen Tank für mehrere Produkte zugelassen ist, und das mindestens zwei Abgabesysteme hat.
- [ ] Ein Tankfahrzeug, dessen Tank für mehrere Produkte zugelassen ist, und das mindestens zwei Befüllsysteme hat.
- [ ] Ein Tankfahrzeug, das für zwei Produkte zugelassen ist.
- [ ] Ein Tankfahrzeug, das im Fahrzeugschein vom Sachverständigen als Mehrproduktenfahrzeug beschrieben wurde.

**20** ***Was versteht man beim Befüllen eines Tankfahrzeugs unter einem geschlossenen System?***

- [ ] Der Befüllvorgang findet in einer Halle stand.
- [x] Die Dämpfe aus dem Tankinneren werden nicht ins Freie geleitet, sondern über eine Leitung zurückgeführt.
- [ ] Der Tankanhänger wird über eine Verbindungsleitung zum Zugfahrzeug (Tankwagen) befüllt.
- [ ] Der Befüllvorgang darf nur vorgenommen werden, wenn die fahrzeugseitige Tankentlüftung dicht verschlossen ist.

**21** ***Welche nachstehende Fahrzeugart darf bei innerstaatlichen Beförderungen <u>nicht</u> mit einem Aufsetztank ausgerüstet sein?***

- [x] Ein einachsiger Anhänger.
- [ ] Ein mehrachsiger Anhänger.
- [ ] Ein Sattelanhänger.
- [ ] Ein Trägerfahrzeug für Aufsetztanks.

**22** ***Wer ist für das Mitführen der vorgeschriebenen Ausrüstungsgegenstände verantwortlich?***

- [x] Der Fahrer.
- [ ] Der Beförderer.
- [ ] Der Verlader.
- [ ] Der Fahrzeughalter.

**23** ***Wer muß an Tankcontainern die Gefahrzettel anbringen?***

- [ ] Der Fahrer.
- [ ] Der Beförderer.
- [ ] Der Absender.
- [x] Der Befüller.

**24** ***Wie wird ein Trägerfahrzeug mit einem Tankcontainer mit Warntafeln gekennzeichnet?***

- [x] Vorn und hinten mit orangefarbener Warntafel.
- [ ] Mit der gleichen Warntafel wie der Tankcontainer.

Der Lehrstoff in den Aufbaukursen bezieht sich ausschließlich auf die Besonderheiten, die für diesen Aufbaukurs über das Wissen des Grundkurses und des Zusatzgrundkurses Tanks hinausgehen. Da dieser Teil eine Ergänzung zu den vorgenannten Kursen ist, sind in Analogie zum DIHT-Rahmenlehrplan nicht alle Abschnitte der Gliederung belegt.

# 1. Allgemeine Vorschriften

Nicht belegt, keine Besonderheiten in diesem Aufbaukurs

# 2. Allgemeine Gefahreigenschaften der Stoffe

Nicht belegt, keine Besonderheiten in diesem Aufbaukurs

# 3. Dokumentation und Gefahrinformation

Nicht belegt, keine Besonderheiten in diesem Aufbaukurs

# 4. Bezettelung und Kennzeichnung

Nicht belegt, keine Besonderheiten in diesem Aufbaukurs

# 5. Fahrzeug und Beförderungsarten, Umschließung und Ausrüstung

## 5.1 Nicht belegt

## 5.2 Tanks

**Drucktanks**

Tanks zur Beförderung von verdichteten, verflüssigten oder unter Druck gelösten Gasen sind immer als Drucktanks ausgebildet. Ein charakteristisches Merkmal aller Drucktanks ist ihr kreisrunder

Querschnitt. Meist sind es Einkammertanks, die einem bestimmten am Produkt (Gas) ausgerichteten Druck standhalten müssen. Aus Sicherheitsgründen ist der Prüfdruck dieser Tanks erheblich höher als der Beriebsdruck. Für reines Propangas zum Beispiel liegt der Prüfdruck bei 30 bar.

Bild AK 2.1 Tankfahrzeug für flüssigen Wasserstoff

**Tanks für tiefkalte Gase**

Die Tanks für tiefkalte Gase sind zusätzlich isoliert. Diese Tanks bestehen meist aus zwei voneinander unabhängigen Tanks. Der innere Tanks ist dabei meist aus Edelstahl oder Kupfer und der äußere (sichtbare) aus Stahl. Der Zwischenraum wird mittels einer

**- Isolierung**

Vakuumpumpe von der Luft befreit. In dieses Vakuum wird dann Perlitte eingefüllt, sodaß der innere Tank in einer festen Perlittepackung sitzt, die frei von Luft ist.

Eine andere, aber für Gase weniger gebräuchliche Methode der Isolierung ist die Feststoffisolierung. Hier werden nicht leitende Materialien wie Stein-, Glas-, Mineralwolle, Styropor u.ä. zur Ummantelung des Tanks eingesetzt. Diese Isolierstoffe werden dann zum Schutz vor Witterungseinflüssen mit einer dünnen, meist refektierenden Blechhülle umgeben.

# 5.3 Ausrüstungsgegenstände

## 5.3.1 Tankausrüstung

**Armaturen**

Die Ausrüstung des Tanks mit Armaturen muß den zu befördernden Produkten oder Produktgruppen angepaßt sein. Die für das Tankfahrzeug zugelassenen Stoffe können in der "Bescheinigung der Besonderen Zulassung" nachgelesen werden.

Um sein Fahrzeug sicher Be- und Entladen zu können, muß der Fahrer mit den Armaturen seines Fahrzeugs, und ggf. der Be- oder Entladestation vertraut sein. Auch das Schaltschema der Armaturen und der Leitungsplan des Fahrzeuges gehören dazu. Nur so können

Fehlbedienungen und die sich daraus ergebenden Unfälle oder Zwischenfälle vermieden werden.

**Gaspendeln**

Meistens werden Gastankfahrzeuge im "geschlossenen System" Be- und Entladen. Bei unter Druck verflüssigten Gasen und bei tiefkalten, verflüssigten Gasen ist dies aber nicht unbedingt erforderlich. In den nachstehenden zwei Beispielen sind Schaltskizzen zweier unterschiedlicher Armaturensysteme von Gastankfahrzeugen für flüssige Gase dargestellt.

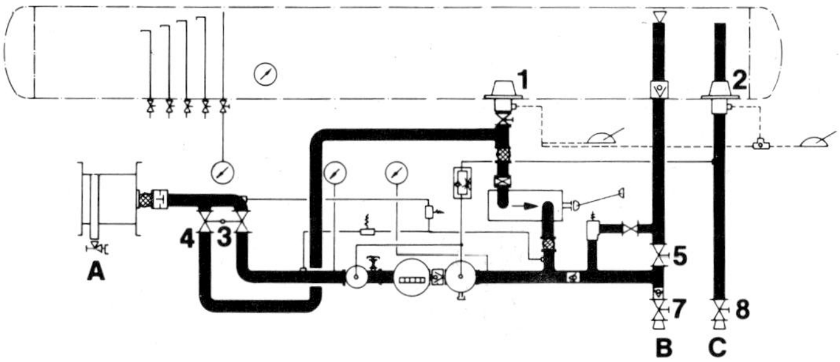


| Schaltvorgang | Hahnstellung | | | | | | | | An-schluß |
|---|---|---|---|---|---|---|---|---|---|
| | 1 | 2 | 3 | 4 | 5 | 6 | 7 | 8 | |
| Abgabe mit Pumpe über Zähler | auf | auf | auf | zu | zu | - | zu | zu | A |
| Notentleerung Fremdbeh. mit Eigenpumpe | zu | auf* | zu | auf | auf | - | zu | auf* | A* |
| Befüllen mit Fremdpumpe | zu | auf* | zu | zu | auf | - | zu | zu | B* |
| Fahrstellung | zu | zu | zu | zu | auf | - | zu | zu | - |

*) Wahlweise mit Gaspendelanschluß C

Bild AK 2.2 Schaltschema Gastankfahrzeug (Firma F. Schwelm)

**Leitungs-schema**

In Bild AK 2.2 ist ein einfaches Schema für ein Flüsssiggastankfahrzeug dargestellt, das für die Abgabe über Zähler im Vollschlauchsystem ausgelegt ist. So ist es für die Befüllung von Flüssiggasbehältern in Haushaltsanlagen üblich .

In Bild AK 2.3 ist eine aufwendigere, aber auch leistungsfähigere Leitungs- und Armaturenanordnung dargestellt. Auch diese ist für Flüssiggastankfahrzeuge ausgelegt. Durch die Ausrüstung mit einem Kompressor können Fremdbehälter restentleert, und das Fahrzeug ohne Fremdpumpe beladen werden. Eine Entladung des Fahrzeugs ist über verschiedene Anschlüsse (A, B oder E) mit oder ohne Zähler möglich.

Die beiden Schemazeichnungen zeigen, wie kompliziert die Armaturenanordnungen aufgebaut sind. Deshalb darf für diese

Beförderungen nur Personal eingesetzt werden, daß über diese Schulung (ADR-Bescheinigung) hinaus besondes auf die Bedienung des Fahrzeugs eingewiesen wurde.

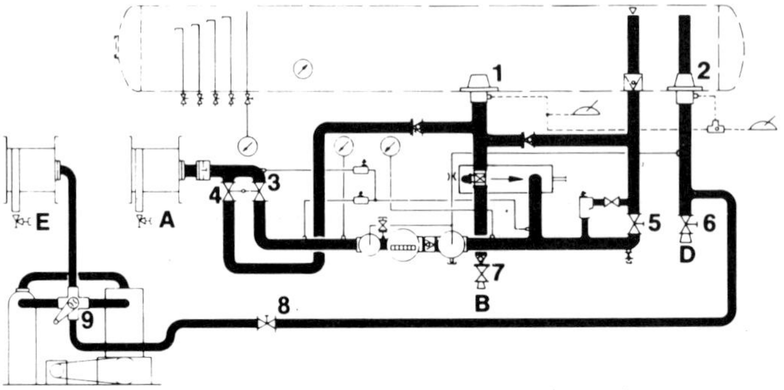


| Schaltvorgang | Hahnstellung 1 | 2 | 3 | 4 | 5 | 6 | 7 | 8 | 9 | Anschluß |
|---|---|---|---|---|---|---|---|---|---|---|
| Abgabe mit Pumpe über Zähler | auf | auf | auf | zu | zu | zu | zu | zu | ↗ | A |
| Befüllen mit Eigenpumpe | zu | auf* | zu | zu | auf | auf | auf | zu | ↗ | B* |
| Befüllen mit Fremdpumpe | zu | auf* | zu | zu | auf | zu | auf | zu | ↗ | B* |
| Notentleerung Fremdbehälter mit Eigenpumpe | zu | auf* | zu | auf | auf | zu | zu | zu | ↗ | A* |
| Entleerung Fremdbehälter (Flüssiggasphase) mit Kompressor. | auf | auf | zu | auf | zu | zu | zu | auf | ↖ | A+E |
| Restentleerung Fremdbehälter. Gasphase mit Kompressor | zu | auf | zu | zu | zu | zu | zu | auf | ↗ | E |
| Fahrstellung | zu | zu | zu | zu | auf | zu | zu | zu | ↗ | - |

*) Wahlweise mit Gaspendelanschluß D
Zwangsschaltung zwischen 3-4-7 (3 kann nur geöffnet werden, wenn 4 und 7 geschlossen sind)

Bild AK 2.3 Schaltschema Gastankfahrzeug (Firma F. Schwelm)

## Kontrolleinrichtungen

**Füllstandskontrolle**

Die Kontrolleinrichtungen, die bei den Gastankfahrzeugen den jeweiligen Beladungszustand anzeigen, sind je nach Produkt, das transportiert wird, sehr unterschiedlich. Aus diesem Grund wird hier beispielhaft für die verschiedenen Möglichkeiten die Füllstandskontrolle von Fahrzeugen, die Flüssiggas (Butan, Propan und deren Gemische) transportieren, beschrieben.

Meist werden bei diesen Gasen Peilrohre verwendet. Dabei dürfen die Fahrzeuge nicht auf unebenem Boden stehen. Man unterscheidet hierbei jedoch:

- Standpeilrohre und
- Drehpeilrohre

## Standpeilrohre

**Peilrohre**

Bei dieser Art von Kontrollinstrument sind, wie in Bild AK 2.4 dargestellt, zwei Rohre nebeneinander im Inneren des Tanks angebracht. Es handelt sich dabei um das

- Normalpeilrohr und das
- Kontrollpeilrohr.

Das Normalpeilrohr ist kürzer als das Kontrollpeilrohr. Die beiden Rohre werden durch die Tankwandung nach außen meist in den Armaturenschrank geführt und können über Handventile geöffnet und geschlossen werden.

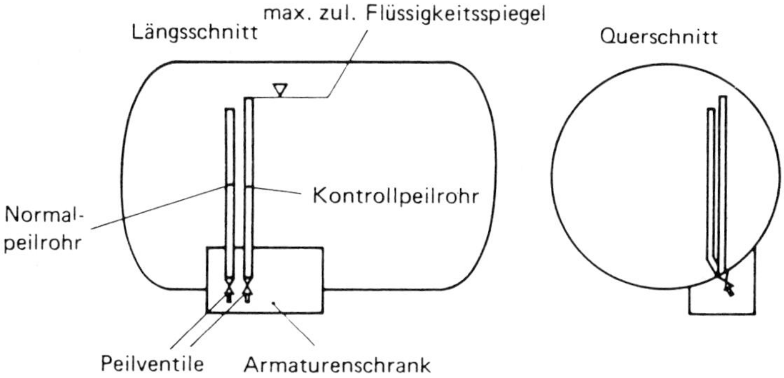


Bild AK 2.4 Funktionsschema Normalpeilrohr

**- Funktion**

Der Fahrzeugtank wird nur soweit befüllt, daß aus dem Normalpeilrohr Gas in flüssiger Phase austritt. Das bedeutet, daß sich der Flüssigkeitsspiegel im Fahrzeug zwischen der Oberkante Normal- und Kontrollpeilrohr befindet. Dabei darf aus dem Kontrollpeilrohr keine flüssige Phase austreten.

Sind die Tanks für Stoffe zugelassen, für die die höchstzulässige Füllgutgrenze unterschiedlich ist, so müssen bei diesem System für jede Füllgutgrenze zwei Peilrohre vorhanden sein.

## Drehpeilrohr

Drehpeilrohre funktionieren produktunabhängig. Es ist nur ein Peilrohr am Fahrzeug erforderlich. Dieses Peilrohr ist von außen verstellbar (drehbar) angebracht und befindet sich oft an der Rückseite des Tankfahrzeuges.

Über eine Skala (Anzeige meist in % Füllungsgrad) kann das Drehpeilrohr auf den zulässigen Füllstand für das jeweilige Produkt eingestellt werden. Ist dies geschehen, kann das Tankfahrzeug solange befüllt werden, bis am Peilrohr eine flüssige Phase austritt.

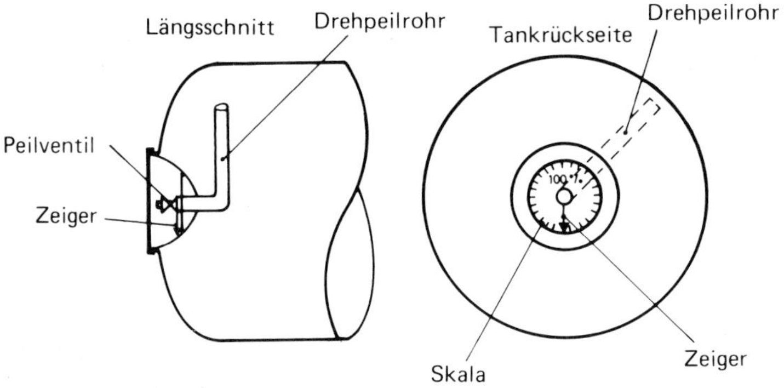


Bild AK 2.5 Funktionsschema Drehpeilrohr

**Kenngröße Druck**

Auch der Druck kann im Tankfahrzeug als Kenngröße für den Füllstand herangezogen werden. Wird zum Beispiel tiefkalter flüssiger Stickstoff in einen leeren Tank gefüllt, der sich auf Umgebungstemperatur befindet, so wird durch das tiefkalte Gas der Innenraum des Tanks abgekühlt und dadurch sinkt der Druck ab. Ist der zulässige Füllstand im Tank erreicht, erfolgt ein Druckanstieg in dem Gaspolster oberhalb des Flüssiggases. Vom Tankhersteller werden die Armaturen so eingestellt, daß dabei der zulässige Füllungsgrad nach GGVS und das zulässige Gesamtgewicht bzw. die zulässigen Achslasten nicht überschritten werden.

## 5.3.2 Fahrzeugausrüstung

**Ausrüstung des Fahrzeugs**

Für Gastransporte in Tanks und Gefäßbatterien gelten grundsätzlich die gleichen Ausrüstungsvorschriften, wie sie schon im Zusatzgrundkurs Tanks auf Seite 132 (Abschnitt 5.3.2) beschrieben sind.

Durch die besonderen Eigenschaften der Gase ist jedoch die Kenntnis einiger Zusammenhänge erforderlich.

**Physikalische Zusammenhänge**

Für Gase gilt der Zusammenhang,

| Druck x Volumen x Temperatur = Konstant |
|---|

Das bedeutet, daß es nicht möglich ist, einen der Faktoren

**- Druck**
**- Volumen**
**- Temperatur**

- Druck,
- Volumen oder
- Temperatur

alleine zu ändern. Wird ein Faktor geändert, so gleichen sich die anderen Faktoren so an, daß wieder ein Gleichgewicht (konstante Summe) entsteht.

Beispiel Luftpumpe

Wird eine Fahrradluftpumpe betätigt, verkleinert sich das Volumen des Gases (der Luft), dabei steigen aber Druck und Temperatur an.

**Vereisen von Armaturen**

Wird das Gas enspannt, also das Volumen vergrößert, so sinken Druck und Temperatur ab. Der Temperaturabfall kann dabei so groß werden, daß die Leitungen und Armaturen des Fahrzeugs vereisen.

**Schutzausrüstung**

**- Gasmaske**

Dies ist der Grund dafür, daß in den Unfallmerkblättern für Gase meist Schutzhandschuhe (isolierend) aus Leder vorgeschrieben werden. Haben die Gase zusätzliche toxische (giftige) Eigenschaften, so gehört zur Schutzausrüstung auch eine Gasmaske mit geeignetem Filter. Die Wirkung der Filter ist immer auf eine bestimmte Gasart begrenzt. Auch die Lebensdauer des Filtereinsatzes ist begrenzt. Dies ist vor Fahrtantritt zu kontrollieren.

**Sicherheitseinrichtungen**

Bei verschiedenen Gasen werden zusätzliche Sicherungseinrichtungen gefordert, damit man im Gefahrenfall den Befüllvorgang schnell unterbrechen kann. Mittels einer Reißleine, die ausgelegt wird, können beispielsweise die Bodenventile schnell und aus größerer Entfernung geschlossen werden. Wird der Fahrzeugmotor direkt oder indirekt über Nebentrieb und Hydraulik zum Be- und Entladen benutzt, so kann eine Schnellabschaltung über ein Zugseil zum Abstellen des Motors vorgeschrieben sein.

# 6. Durchführung der Beförderung

## 6.1 Nicht belegt

## 6.2 Be- und Entladen

**Einweisung des Fahrers**

Das Be- und Entladen von Gastankfahrzeugen ist sehr von der Art des zu befördernden Gases abhängig. Insbesondere die gasspezifischen Zusammenhänge bezüglich des Volumens, des Druckes und der Temperatur erfordern eine gründliche, sorgfältige Einarbeitung auf die jeweiligen Gegebenheiten.

**Tiefkalte Gase**

Bei tiefkalten flüssigen Gasen (Sauerstoff, Stickstoff mit Temperaturen von -193 und -196 °C) ist, wenn mit der Pumpe der Tankfahrzeuges Be- und Entladen wird, eine Vorkühlung der Pumpe und Armaturen notwendig. Erfolgt dies nicht, so verdampfen zunächst größere Mengen des flüssigen tiefkalten Gases und gelangen gasförmig und nicht flüssig in der Fahrzeugtank. Besonders bei kleineren Tankfahrzeugen kann es dann zu einem frühen Druckanstieg kommen (siehe auch Kontrollgröße Druck, Abschnitt 5.3.1). Das bedeutet, daß der Tank des Fahrzeuges nur zur Häfte oder zu Zweidrittel gefüllt wird, und somit eine starke Schwallwirkung und ein ungünstiges Fahrverhalten des Tankfahrzeugs eintritt.

### Übersicht zum Be- und Entladen von Gastankfahrzeugen

**Chekliste**

- Mit der Bedienung dürfen nur geeignete und entsprechend ausgebildetete Pesonen betraut werden.
- Unbefugte sind von der Umfüllanlage fernzuhalten.
- Das Bedienungspersonal muß während des Umfüllvorganges ständig anwesend sein und die Umfüllung überwachen.
- Rauchen, Feuer und offenes Licht sind bei allen Arbeiten während des Be- und Entladens im und um das Fahrzeug herum verboten.
- Die Schutzausrüstung nach Unfallmerkblatt ist während des Umfüllens zu tragen.

- Handbediente Absperrarmaturen müssen zügig geöffnet und geschlossen werden. Sie dürfen nicht mit Werkzeugen (Hebeln oder ähnlichem) schlag- oder ruckartig betätigt werden.
- Beim Druckentlasten des Verbindungsschlauches ist das Gas so ausströmen zu lassen, daß weder Personen noch Gegenstände dem Gasstrom ausgesetzt sind.
- Jegliche Beförderung von Werkzeug im Armaturenraum ist verboten.

# 7. Pflichten und Verantwortlichkeiten, Sanktionen

Nicht belegt, keine Besonderheiten in diesem Aufbaukurs

# 8. Maßnahmen nach Unfällen und Zwischenfällen

Nicht belegt, keine Besonderheiten in diesem Aufbaukurs

*1* ***Woran können Sie erkennen, daß ein Fahrzeug tiefkalte Gase geladen hat?***

☐ An einer 1965 auf der Warntafel.

☐ An einer 23 auf der Warntafel.

☐ An einer 25 auf der Warntafel.

☒ An einer 22 auf der Warntafel.

*2* ***Welchen Querschnitt haben Druckgastanks in der Regel?***

☐ Der Tank hat die Form eines Koffers.

☐ Der Tank hat die Form einer Ellipse.

☐ Der Tank hat die Form eines Kreises.

☐ Es gibt keine bevorzugte Bauweise.

*3* ***Warum muß bei einigen Gasen bei Be- und Entladen eine Reißleine ausgelegt werden?***

☐ Mit ihr kann, wenn der Druck in Fahrzeugtank zu groß wird, das Überdruckventil geöffnet werden.

☐ Mit ihr kann im Gefahrenfall die Fahrzeughupe betätigt werden.

☐ Mit ihr können im Gefahrenfall die Bodenventile geschlossen werden.

☐ Mit ihr kann der Batterietrennschalter betätigt werden.

*4* ***Bei welcher der nachstehenden Gasbeförderungen entsteht im Fahrzeugtank kein Schwall?***

☐ Bei tiefkaltem Sauerstoff.

☐ Bei Wasserstoff.

☐ Bei Flüssiggas.

☐ Bei flüssigem Stickstoff.

*5* ***Welche Aussage über den Druck in Bezug auf den Fahrzeugtank ist richtig?***

☐ Betriebsdruck, der Druck, der nur kurzfristig bei Betrieb erreicht werden darf.

☐ Prüfdruck, der Druck, den der Fahrer nur kurzfristig zur Überprüfung der Tankdichtigkeit auf den Tank gibt.

☐ Bedriebsdruck, der Druck, der während der Beförderung maximal erreicht werden darf.

☐ Prüfdruck, der Druck, für den der Tank berechnet wurde und der während der Beförderung maximal erreicht werden darf.

*6* ***Wie kann bei Tankfahrzeugen mit Flüssiggas der Füllstand kontrolliert werden?***

☐ Durch einen Druckanstieg im Tank.

☒ Durch Peilrohre.

☐ Durch Peilstäbe.

☐ Durch einen Druckabfall im Tank.

Der Lehrstoff in den Aufbaukursen bezieht sich ausschließlich auf die Besonderheiten, die für diesen Aufbaukurs über das Wissen des Grundkurses und des Zusatzgrundkurses Tanktransport hinausgehen. Da dieser Teil eine Ergänzung zu den vorgenannten Kursen ist, sind in Analogie zum DIHT-Rahmenlehrplan nicht alle Abschnitte der Gliederung belegt.

# 1. Allgemeine Vorschriften

Nicht belegt, keine Besonderheiten in diesem Aufbaukurs

# 2. Allgemeine Gefahreigenschaften der Stoffe

Nicht belegt, keine Besonderheiten in diesem Aufbaukurs

# 3. Dokumentation und Gefahrinformation

Nicht belegt, keine Besonderheiten in diesem Aufbaukurs

# 4. Bezettelung und Kennzeichnung

Nicht belegt, keine Besonderheiten in diesem Aufbaukurs

# 5. Fahrzeug- und Beförderungsarten, Umschließung und Ausrüstung

## 5.1 Nicht belegt

## 5.2 Tanks

**Drucklose Tanks**

Tanks zur Beförderung von leichtentzündbaren Flüssigkeiten sind meistens sogenannte drucklose Tanks. Nur selten sind Tankfahrzeuge für Stoffe der Klasse 3 als Drucktanks ausgebildet. Bei der

Bauart druckloser Tanks ist der Tank nicht dafür geeignet und ausgelegt, daß während der Beförderung im Tank ein Druck entsteht.

**Spezifisches Gewicht**

**Tankwerkstoff**

**Wanddickenreduzierung**

Die Stoffe der Klasse 3 sind im Vergleich zu Wasser leichte Stoffe. Sie haben ein geringes spezifische Gewicht. Damit die Nutzlast des Fahrzeuges in vollem Umfang ausgenutzt wird, verwendet man meist Tankformen, die einen großen Fassungsraum haben, wie Koffertanks (siehe auch Seite 126). Als Tankwerkstoff wird sehr oft Aluminium verwendet. Die Vielseitigkeit der Verwendung eines Tanks wird dadurch eingeschränkt. Tanks aus Aluminium sind beispielsweise für die Beförderung von leichtentzündbaren Stoffen, die zusätzlich ätzend sind, nicht geeignet. Drucklose Aluminiumtanks, deren Wandstärke rechnerich optimiert (Wanddickenreduziert) wurde, unterliegen nach § 7a GGVS der Fahrwegbestimmung.

**§ 7 GGVS**

Dies gilt, wenn von den unter die Ziffer 1 - 6 der Klasse 3 fallenden Stoffe mehr als

- 3 000 Liter unter a) oder
- 6 000 Liter unter b)

fallende Stoffe in diesen Tanks befördert werden.

Die Tanks sind meist in mehrere Tankkammern unterteilt und oft auch für mehrere Produkte aus der Klasse 3 (z.B. Diesel, Benzin, Heizöl) zugelassen. Die heute gängige Bauweise für einen Tanksattelanhänger für Mineralöle hat meist sieben Tankabteile, die untereinander nicht verbunden sind.

**Ein- / Mehrproduktenfahrzeug**

Ob es sich um Ein- oder Mehrproduktenfahrzeuge handelt, hängt auch von der Gestaltung der Abgabesysteme ab. Als Einproduktenfahrzeug gilt ein Tankfahrzeug, dessen Tank aus einer oder mehreren Kammern besteht, wenn diese nur über ein Abgabesystem entleert werden können. Ein Mehrproduktenfahrzeug ist immer ein Mehrkammertankfahrzeug, in dem unterschiedliche Produkte voneinander getrennt befördert werden können. Es verfügt mindestens über zwei voneinander unabhängige Abgabesysteme.

# 5.3 Ausrüstungsgegenstände

## 5.3.1 Tankausrüstung

**Armaturen**

Die Ausrüstung des Tanks mit Armaturen muß den zu befördernden Produkten oder der Produktgruppe angepaßt sein. Für welche Produkte ein Tank zugelassen ist, kann in der Bescheinigung der Besonderen Zulassung nachgelesen werden.

Um sein Fahrzeug sicher Be- und Entladen zu können, muß der Fahrer mit dem gesamten Armaturensystem des Fahrzeugs vertraut sein. Durch Fehlbedienungen können Gefahrgüter unbeabsichtigt freigesetzt, und große Schäden verursacht werden.

**Abgabe-armaturen**

Die Hauptteile des Abgabesystems sind:

- Bodenventile,
- mehrere Filter mit Flammendurchschlagsicherung,
- Pumpe, die elektrisch oder vom Fahrzeugmotor über Nebenantrieb betrieben wird,
- Gasmeßverhüter,
- Meßeinrichtung für die Abgabemenge,
- mehrere Rückschlagventile und Mehrwegeventile (auch Schieber genannt).

Die folgenden Beispiele stellen eine Auswahl der verschiedenen möglichen Abgabesysteme da.

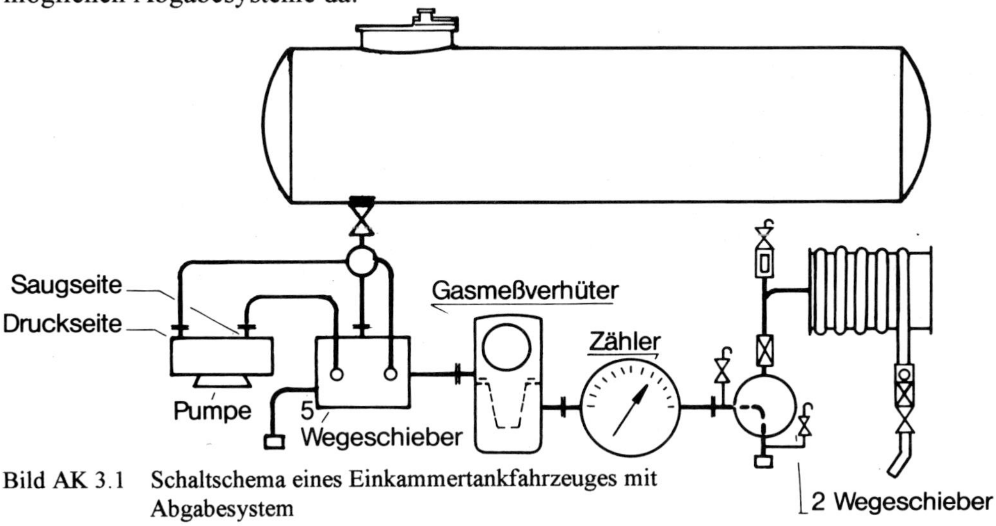


Bild AK 3.1 Schaltschema eines Einkammertankfahrzeuges mit Abgabesystem

Das Fahrzeug mit der im Bild AK 3.1 dargestellten Armaturenanordnung kann je nach Stellung der verschiedenen "Schieber" am Auslauf

- ohne Zähler mit und ohne Pumpe,
- mit Zähler mit und ohne Pumpe,
- mit Zähler und Pumpe über Vollschlauchsystem

entleert werden.

Fünfkammertankfahrzeug als Einproduktenfahrzeug, mit einem Abgabesystem.

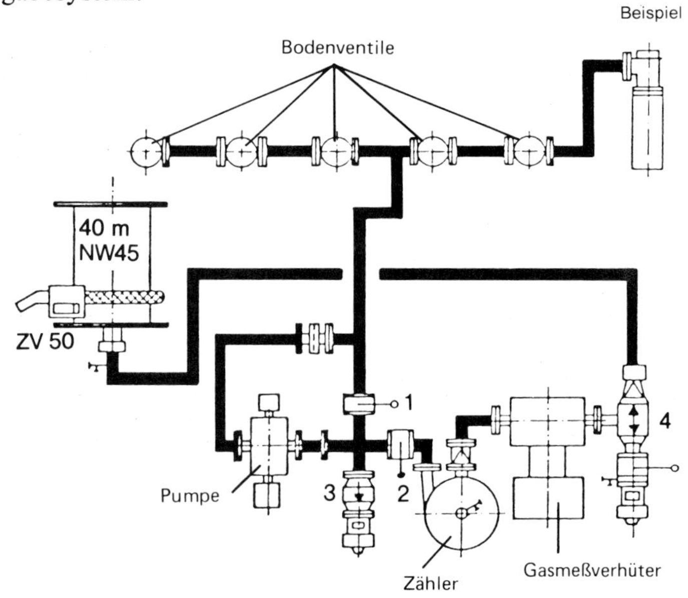


| 1 | 2 | 3 | 4 | Abgabesystem |
|---|---|---|---|---|
| A | Z | ↓ | Z | Freier Auslauf |
| A | A | Z | ↓ | Abgabe ohne Pumpe über Zähler |
| Z | Z | ↓ | Z | Abgabe mit Pumpe ohne Zähler |
| Z | A | Z | ↓ | Abgabe mit Pumpe über Zähler |
| Z | A | Z | ↑ | Abgabe mit Pumpe über Vollschlauch |
| Z | Z | ↑ | Z | Selbstbefüllen mit Pumpe |

Bild AK 3.2 Schaltschema eines Fünfkammertankfahrzeuges mit Abgabesystem

Mit dem in Bild AK 3.2 dargestellten Armaturensystem ist man in der Lage, alternativ mit und ohne Zähler zu entladen. Es ist jedoch ein Armaturensystem eines Einproduktenfahrzeuges.

**Bodenventile**

Bei den moderneren Tankfahrzeugen werden die Bodenventile pneumatisch geöffnet und geschlossen. Bei Fahrzeugen älterer Bauart kan man auch noch hydraulische Systeme finden.

Im nachstehenden Bild AK 3.3 wird ein Abgabesystem dargestellt, daß bei Aufsetztanks kleinerer Baurt weit verbreitet ist. Der Tank kann je nach Stellung der "Schieber" über die Ausläufe I, II oder den Vollschlauch (Zapfhahn) entleert werden.

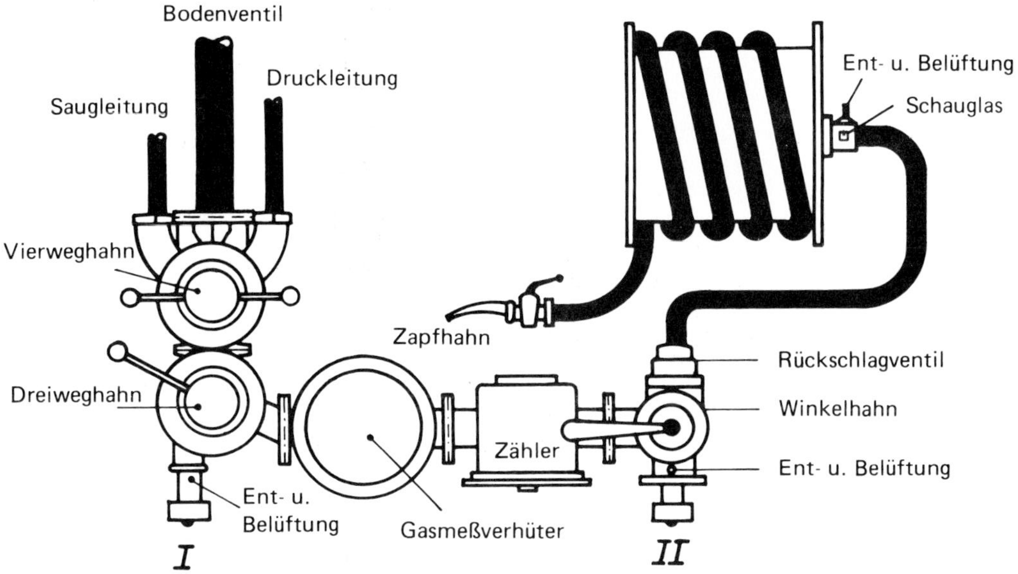


Bild AK 3.3 Schaltschema eines Aufsetztanks

**Domarmaturen**

**Kippventil**

Zu den Armaturen am Dom gehört das Kippventil, das einen ständigen Druckausgleich zwischen dem Tankinneren und der Atmosphäre gewährleistet. Durch einen in das Ventil integrierten Schwimmer wird ein Herausschwappen der Flüssigkeit verhindert (siehe auch Seite 129). Nur mit einwandfrei funktionierendem Kippventil ist gewährleistet, daß sich im Tankinneren kein unzulässiger Druck aufbaut.

Um eine Überfüllung der Empfängertanks zu vermeiden, darf nur Entladen werden, wenn eine funktionierende Überfüllsicherung vorhanden und angeschlossen ist. Die Grenzwertgeber sind im Abschnitt 6.2 beim Entladevorgang beschrieben.

## 5.3.2 Fahrzeugausrüstung

**Ausrüstung der Fahrzeuge**

Für Tankfahrzeuge der Klasse 3 gelten grundsätzlich die gleichen Ausrüstungsvorschriften wie sie schon im Zusatzgrundkurs Tanktransport auf Seite 132 (Abschnitt 5.3.2) beschrieben sind.

Bei Klasse 3-Beförderungen sind grundsätzlich, unabhängig vom Flammpunkt des Gefahrgutes, zwei Feuerlöscher mitzuführen.

**Flammpunkt**

Bei Stoffen mit einem Flammpunkt unter 55 °C müssen die Anforderungen bezüglich der besonderen elektrischen Anlage (siehe Seite 133) erfüllt werden.

Bei Flammpunkten über 55 °C ist des nicht erforderlich.

# 6. Durchführung der Beförderung

## 6.1 Nicht belegt

## 6.2 Be- und Entladen von Fahrzeugen

**Obenbefüllung**

Das Beladen von Klasse 3-Tankfahrzeugen erfolgt meist über den Dom. Dabei wird das Füllrohr soweit in den Tank eingeführt, daß es auf dem Tankboden aufsitzt. Das Füllrohr ist mit einer Metallfeder versehen, die den Tankboden vor Beschädigungen schützt und gleichzeitig eine zusätzliche Erdung darstellt.

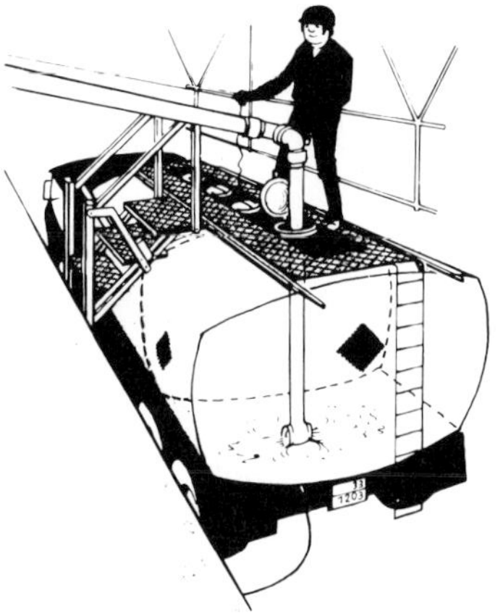

Bild AK 3.4 Befüllen eines Tankfahrzeuges durch den Dom

**Überwachung**

Bei der Entladung des Tankfahrzeuges besteht für den Fahrer eine ständige Überwachungspflicht. Dabei ist besonders auf eine ausreichende Belüftung des Empfängertanks zu achten.

**TRbF**

Bei Abgabe von Benzin, Diesel und leichtem Heizöl in ortsfeste Tanks mit mehr als 1000 l Inhalt darf nach den Vorschriften der TRbF (Technische Regeln für brennbare Flüssigkeiten) nur mit einer Abfüllsicherung gearbeitet werden.

**Abfüllsicherung**

Der Grenzwertgeber verhindert in Verbindung mit der Abfüllsicherung die Überfüllung der Tanks. Erreicht der Flüssigkeitsstand in dem zu befüllenden Tank den Grenzwertgeber, geht ein elektrischer Impuls an den Schaltverstärker, der dann sofort die Befüllung unterbricht.

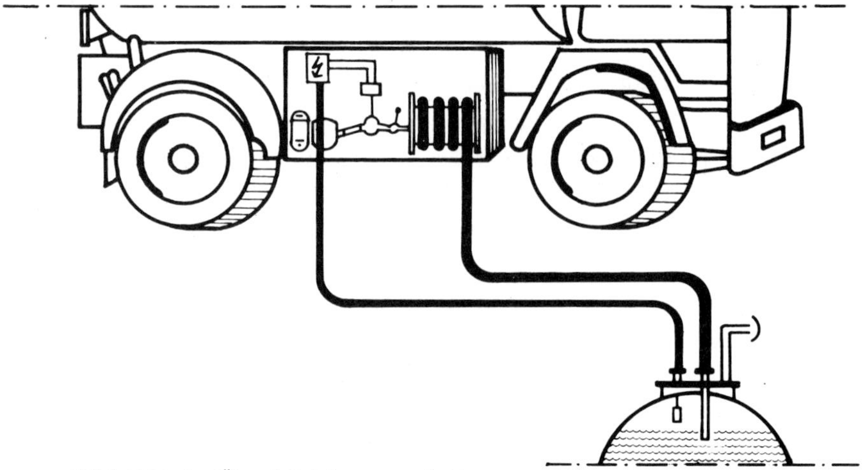

Bild AK 3.5 Überfüllsicherung mit Grenzwertgeber

**Entlüftung**

Wird ein Tank gefüllt, so wird das über der Flüssigkeit stehende Gas durch den ansteigenden Flüssigkeitsspiegel über das Entlüftungsrohr ins Freie gedrückt.

**Gaspendeln**

Das kann in vielen Fällen gefährlich sein, wenn es sich hierbei z.B. um giftige Gase oder leicht entzündbare Dämpfe handelt. In solchen Fällen ist das Gaspendeln vorgeschrieben.

Beim Gaspendeln wird das aus dem Lagertank gedrückte Gas über eine Rücklaufleitung in den Fahrzeugtank geleitet. Da bei der Anwendung dieser Methode keine gefährlichen Gase ins Freie gelangen können, bezeichnet man den Ladevorgang auch als "Abfüllen im geschlossenen System".

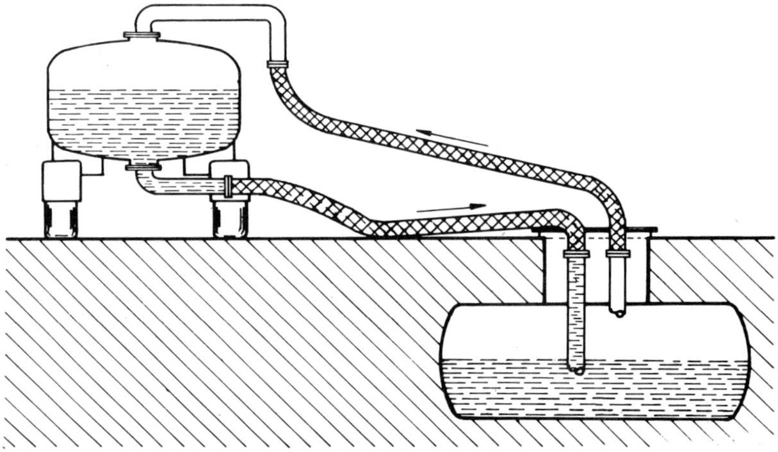

Bild AK 3.6 Schema des Gaspendelns

Die nebenstehende Abbildung zeigt den Vorgang des Gaspendelns:

**Hinweisschild**

Das Gaspendelverfahren kann sowohl beim Beladen von Empfängertanks durch ein Tankfahrzeug als auch bei der Befüllung des Tankfahrzeuges an der Füllbühne angewandt werden, wenn die entsprechenden Einrichtungen vorhanden sind. Es muß angewandt werden, wenn ein Hinweis am Empfängertank das Gaspendeln vorschreibt.

**Fahrverhalten**

Bei Mehrkammerfahrzeugen, insbesondere bei Tanksattelanhängern, ist oft eine Fahrt im teilgefülltem Zustand erforderlich. Dabei ist die Reihenfolge, in der die Tankabteile entleert werden, für die Kippstabilität von größter Bedeutung.

Man muß genügend Anpreßdruck auf die Hinterachse der Sattelzugmaschine bringen. Das spricht dafür, daß die hinteren Tankabteile zuerst entleert werden. Dadurch besteht aber die Gefahr, daß der Schwerpunkt des Sattelanhängers sich nach vorn in Richtung Sattelkupplung verlagert und die Kippgefahr erhöht.

Diese beiden Forderungen lassen sich nicht gemeinsam verwirklichen und man muß je nach Beschaffenheit des Fahrzeugs und nach der Anzahl der Tankabteile entscheiden. Insbesondere aber muß man sich mit der Fahrweise auf einen ungünstigen Teilbeladungszustand einzustellen.

# 7. Pflichten und Verantwortlichkeiten, Sanktionen

Nicht belegt, keine Besonderheiten in diesem Aufbaukurs

# 8. Maßnahmen nach Unfällen und Zwischenfällen

Nicht belegt, keine Besonderheiten in diesem Aufbaukurs

*1* ***Woran können Sie erkennen, daß ein Tank mit sehr leicht entzündbaren Stoffen der Klasse 3 beladen ist?***

- ☐ An einer 1965 auf der Warntafel.
- ☒ An einer 33 auf der Warntafel.
- ☐ An einer 30 auf der Warntafel.
- ☐ An einer 38 auf der Warntafel.

*2* ***Welchen Querschnitt haben Tanks für Klasse 3-Stoffe meistens?***

- ☒ Der Tank hat die Form eines Koffers.
- ☐ Der Tank hat die Form einer Ellipse.
- ☐ Der Tank hat die Form eines Kreises.
- ☐ Es gibt keine bevorzugte Bauweise.

*3* ***Warum muß beim Entladen von Heizöl der Grenzwertgeber benutzt werden?***

- ☐ Damit der Entladevorgang schneller durchgeführt ist.
- ☒ Damit der Empfängertank nicht überfüllt wird.
- ☐ Damit die Strömungsgeschwindigkeit in der Gaspendelleitung nicht zu groß wird.
- ☐ Damit die Füllgeschwindigkeit automatisch der Leistungsfähigkeit des Empfängertanks angepaßt wird.

*4* ***Sie durchfahren eine Rechtskurve. An welcher Tankwand baut sich ein Schwall auf?***

- ☐ An der Stirnseite des Tanks.
- ☐ An der rechten Seite.
- ☒ An der linken Seite.
- ☐ Durch die Schwallwände wird ein Querschwall unterbunden.

*5* ***Welche Aussage über den Druck in Bezug auf den Fahrzeugtank für Klasse 3-Stoffe ist richtig?***

- ☐ Der Betriebsdruck muß bei der Beförderung mindestens 3 bar betragen.
- ☐ Der Prüfdruck muß vor jeder Beladung zur Kontrolle auf den Tank aufgebacht werden.
- ☐ Bei Klasse 3-Tanks sind Betriebsdruck und Prüfdruck gleich groß.
- ☒ Die Tanks werden drucklos betrieben.

*6* ***Wie wird beim Beladen eines Mineralöltankfahrzeuges durch den Dom der Füllstand kontrolliert?***

- ☐ Durch einen Druckanstieg im Tank.
- ☐ Durch Peilrohre.
- ☐ Durch die Manometeranzeige.
- ☒ Durch Beobachtung.

Der Lehrstoff in den Aufbaukursen bezieht sich ausschließlich auf die Besonderheiten,die für diesen Aufbaukurs über das Wissen des Grundkurses und des Zusatzgrundkurses Tanktransport hinausgehen. Da dieser Teil eine Ergänzung zu den vorgenannten Kursen ist, sind in Analogie zum DIHT-Rahmenlehrplan nicht alle Abschnitte der Gliederung belegt.

# 1. Allgemeine Vorschriften

Nicht belegt, keine Besonderheiten in diesem Aufbaukurs

# 2. Allgemeine Gefahreigenschaften der Stoffe

Nicht belegt, keine Besonderheiten in diesem Aufbaukurs

# 3. Dokumentation und Gefahrinformation

Nicht belegt, keine Besonderheiten in diesem Aufbaukurs

# 4. Bezettelung und Kennzeichnung

Nicht belegt, keine Besonderheiten in diesem Aufbaukurs

# 5. Fahrzeug- und Beförderungsarten, Umschließung und Ausrüstung

## 5.1 Nicht belegt

## 5.2 Tanks

**Chemietanks**

Tanks zur Beförderung von Chemiegütern der Gefahrgutklassen 5.1, 6.1 und 8 haben gibt es in den unterschiedlichen Bauformen so, wie sie im Zusatzgrundkurs Tanktransport (siehe Seite 126) beschrieben sind. Die Tankhersteller haben das Bestreben, daß eine Tankbauart für möglichst viele Gefahrgüter zugelassen wird. Deshalb werden die Tanks oft aus Edelstahl gefertigt. Bei Tankfahrzeugen für Säuren findet man oft auch Tanks, die innen mit einer Beschichtung versehen sind. Die Dichtungswerkstoffe müssen auch der Vielzahl der Eigenschaften der Gefahrgüter standhalten. Für welche Gefahrgüter ein Tankfahrzeug zugelassen ist, kann der Fahrzeugführer in der Bescheinigung der Besonderen Zulassung nachlesen.

**- Bauarten**

Da die Bauarten sehr unterschiedlich und produktgruppenspezifisch sind, und die sicherheitstechnischen Anforderungen von Produktgruppe zu Produktgruppe unterschiedlich sein können, muß der Fahrzeugführer die Betriebsanweisung seinens Fahrzeuges strikt einhalten.

Tanks, die für Chemiegüter eingesetzt werden, können drucklose Tanks oder Drucktanks sein.

# 5.3 Ausrüstungsgegenstände

## 5.3.1 Tankausrüstung

**Armaturen**

Die Armaturen- und Sicherheitsausstattung der Tanks sind sehr unterschiedlich. Es ist nicht unüblich, daß beispielsweise Leitungsverbindungen zwischen Tankfahrzeug und Empfängertank speziell aufeinander abgestimmt sind und nur bei einer Anlage passen.

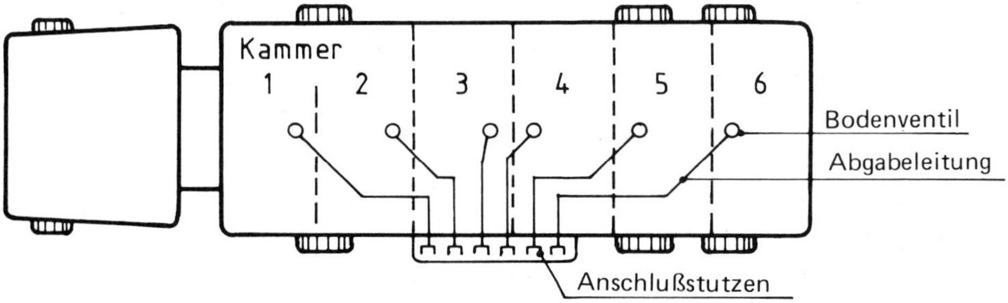


Bild AK 5.1 Mehrproduktentankfahrzeug

**Ein- und Mehrproduktenfahrzeug**

Auch hier unterscheidet man nach

- **Einproduktenfahrzeug**,
  Fahrzeuge, die zwar für mehrere Stoffe zugelassen sind, in denen aber immer nur ein einziges Produkt befördert werden darf, und
- **Mehrprodukenfahrzeuge**,
  Fahrzeuge, die für mehrere Stoffe zugelassen sind, und in denen mehrere Produkte gleichzeitig befördert werden dürfen. Dabei müssen die Be- und Entladesysteme ebenfalls getrennt sein.

Es ist durchaus üblich, das außer den Sicherheitseinrichtungen an den Tankfahrzeugen keine Pumpen oder Meßarmaturen zur Entladung vorhanden sind. Diese sind oft werksseitig an den Anlagen installiert, oder es werden Komplettladungen abgenommen, deren Menge durch Wiegen von und nach der Be- oder Entladung errechnet und nachgewiesen werden. Sind die Fahrzeuge mit eigenen Meßanlagen versehen, so ist ein großer Aufwand armaturenseitig und auch bei der Reinigung der Fahrzeuge und Armaturen erforderlich.

## 5.3.2 Fahrzeugausrüstung

**Ausrüstung der Fahrzeuge**

Für Tankfahrzeuge der Gefahrklassen 5.1, 6.1 und 8 gelten Grundsätzlich die gleichen Ausrüstungsvorschriften, wie sie schon im Zusatzgrundkurs Tanktransport auf Seite 132 (Abschnitt 5.3.2) beschrieben sind.

**Flammpunkt**

Ist das Tankfahrzeug für Gefahrgüter der Klasse 5.1, 6.1 und 8 mit einem Flammpunkt unter 55 °C zugelassen, sind grundsätzlich zwei Feuerlöscher mitzuführen. Beschränkt sich die Zulassung auf Gefahrgüter mit einem Flammpunkt größer 55 °C, so ist nur ein Feuerlöscher erforderlich, und zwar der, der zum Bekämpfen des Fahrzeug- und Motorbrandes geeignet ist.

Gefahrgüter der Klasse 5.1, 6.1 und 8 können auch einen niedrigen Flammpunkt haben. Liegt dieser zwischen 21 und 55 °C, so müssen die Anforderungen bezüglich der besonderen elektrischen Anlage (siehe Seite 133) erfüllt werden. Bei Flammpunkten über 55 °C ist dies nicht erforderlich.

**Schutzausrüstung**

Die Gegenstände der persönlichen Schutzausrüstung sind dem Unfallmerkblatt zu entnehmen.

# 6. Durchführung der Beförderung

## 6.1 Nicht belegt

## 6.2 Be- und Entladen

**Abgabe-armaturen**

Bei Stoffen der Klasse 5.1, 6.1 und 8 erfolgt die Abgabe der Stoffe selten in freiem Gefälle. Meistens werden sie mit Hilfe von Pumpen entladen die anlagenseitig beim Empfänger installiert sind. Der Fahrer muß deshalb, wenn er selbstständig entlädt, vom Empfänger in die Besonderheiten und die Sicherungseinrichtungen der Anlage eingewiesen werden. Meistens wird jedoch im Team von Fahrer und Empfänger oder vom Empfänger alleine entladen.

**Druckent-leerung**

Verschiedene Fahrzeuge werden mittels Druckgas entleert. Dazu wird das Gas in den Tank (der dafür geprüft sein muß) eingeleitet und drückt das Gefahrgut über die untenliegenden Abgabesysteme aus dem Tank heraus. Das Druckgas kann durch einen am Tankfahrzeug installierten Kompressor verdichtet werden, wenn Luft dazu verwendet werden darf. Handelt es sich um besondere Druckgase, so werden diese an der Entladestelle vorgehalten und bereitgestellt. Diese Gase sind so ausgelegt, daß keine gefährlichen Reaktionen oder Brände entstehen können.

**Überwachung**

Während aller Be- und Entladevorgänge hat der Fahrer, bzw. wenn der Fahrer nicht zugegen ist, das Be- oder Entladepersonal die Vorgänge zu überwachen.

# 7. Pflichten und Verantwortlichkeiten, Sanktionen

Nicht belegt, keine Besonderheiten in diesem Aufbaukurs

# 8. Maßnahmen nach Unfällen und Zwischenfällen

Nicht belegt, keine Besonderheiten in diesem Aufbaukurs

1 ***Woran können Sie erkennen, daß ein Tank mit einem ätzenden Stoff der Klasse 8 beladen ist?***

- ☐ An einer 1203 auf der Warntafel.
- ☐ An einer 68 auf der Warntafel.
- ☒ An einer 83 auf der Warntafel.
- ☐ An einer 38 auf der Warntafel.

2 ***Wo befinden sich bei Chemietankfahrzeugen meistens die Pumpen zum Umfüllen des Ladegutes?***

- ☐ Im Tankinneren, damit das Ladegut sie umspült.
- ☒ An der Anlage des Empfängers.
- ☐ Am Tankfahrzeug in einem separaten Pumpenschrank.
- ☐ Meistens wird ohne Pumpe im freien Fall entladen.

3 ***Woran können Sie erkennen, daß ein Tank mit einem giftigen Stoff der Klasse 6.1 beladen ist?***

- ☐ An einer 1088 auf der Warntafel.
- ☐ An ciner 86 auf der Warntafel.
- ☒ An einer 63 auf der Warntafel.
- ☐ An einer 38 auf der Warntafel.

4 ***Sie durchfahren eine Linkskurve. An welcher Tankwand baut sich ein Schwall auf?***

- ☐ An der Stirnseite des Tanks.
- ☒ An der rechten Seite.
- ☐ An der linken Seite.
- ☐ Durch die Schwallwände wird ein Querschwall unterbunden.

5 ***Woran können Sie erkennen, daß ein Tank mit einem entzündend wirkenden Stoff der Klasse 5.1 beladen ist?***

- ☐ An einer 2327 auf der Warntafel.
- ☐ An einer 856 auf der Warntafel.
- ☐ An einer 265 auf der Warntafel.
- ☒ An einer 558 auf der Warntafel.

6 ***Wann ist bei einem Tankfahrzeug, das für Stoffe der Klasse 8 zugelassen ist, nur ein Feuerlöscher erforderlich?***

- ☐ Die Anzahl der Feuerlöscher wird in der Bescheinigung der Besondern Zulassung vorgeschrieben.
- ☐ Es sind immer zwei Feuerlöscher erforderlich.
- ☐ Es sind keine Feuerlöscher erforderlich.
- ☒ Wenn der Flammpunkt des Guter größer 55 °C ist

# Anhang

- Lösungen der Aufgaben
- Auszüge aus der GGVS-Rahmenverordnung
- Kennzeichnungsnummern der Warntafeln, Anhang B.5
- Listengüter, Anhang B.8
- Liste der ADR-Staaten
- Musterfragebogen Erfolgskontrolle
- Auszug aus dem Bußgeldkatalog (RS 002)
- Stichwortverzeichnis

# Lösungen der Aufgaben Grundkurs

**Abschnitt 1:**

| Frage | richtige Antwort |
|---|---|
| 1.1 | 2 |
| 1.2 | 2 |
| 1.3 | 2 |
| 1.4 | 1 |
| 1.5 | 3 |
| 1.6 | 2 |
| 1.7 | 3 |
| 1.8 | 4 |
| 1.9 | 4 |
| 1.10 | 2 |
| 1.11 | 4 |
| 1.12 | 1 |
| 1.13 | 1 |
| 1.14 | 2 |
| 1.15 | 4 |
| 1.16 | 1 |
| 1.17 | 4 |
| 1.18 | 3 |
| 1.19 | 3 |
| 1.20 | 2 |
| 1.21 | 4 |
| 1.22 | 1 |

**Abschnitt 2:**

| Frage | richtige Antwort |
|---|---|
| 2.1 | 4 |
| 2.2 | 4 |
| 2.3 | 2 |
| 2.4 | 1 |
| 2.5 | 3 |
| 2.6 | 2 |
| 2.7 | 1 |
| 2.8 | 3 |
| 2.9 | 4 |
| 2.10 | 1 |
| 2.11 | 3 |
| 2.12 | 2 |
| 2.13 | 2 |
| 2.14 | 2 |
| 2.15 | 1 |
| 2.16 | 3 |
| 2.17 | 2 |
| 2.18 | 2 |
| 2.19 | 4 |
| 2.20 | 2 |
| 2.21 | 4 |
| 2.22 | 3 |
| 2.23 | 4 |
| 2.24 | 4 |
| 2.25 | 2 |

**Abschnitt 3:**

| Frage | richtige Antwort |
|---|---|
| 3.1 | 3 |
| 3.2 | 4 |
| 3.3 | 4 |
| 3.4 | 2 |
| 3.5 | 4 |
| 3.6 | 2 |
| 3.7 | 3 |
| 3.8 | 2 |
| 3.9 | 4 |
| 3.10 | 3 |
| 3.11 | 2 |
| 3.12 | 4 |
| 3.13 | 4 |
| 3.14 | 4 |
| 3.15 | 5 |

**Abschnitt 4:**

| Frage | richtige Antwort |
|---|---|
| 4.1 | 3 |
| 4.2 | 4 |
| 4.3 | 4 |
| 4.4 | 2 |
| 4.5 | 3 |
| 4.6 | 2 |
| 4.7 | 1 |
| 4.8 | 4 |
| 4.9 | 3 |
| 4.10 | 4 |
| 4.11 | 1 |
| 4.12 | 3 |

**Abschnitt 5:**

| Frage | richtige Antwort |
|---|---|
| 5.1 | 4 |
| 5.2 | 4 |
| 5.3 | 4 |
| 5.4 | 3 |
| 5.5 | 3 |
| 5.6 | 2 |
| 5.7 | 4 |
| 5.8 | 1 |
| 5.9 | 4 |
| 5.10 | 2 |
| 5.11 | 2 |
| 5.12 | 3 |
| 5.13 | 2 |
| 5.14 | 4 |

**Abschnitt 6:**

| Frage | richtige Antwort |
|---|---|
| 6.1 | 3 |
| 6.2 | 2 |
| 6.3 | 2 |
| 6.4 | 3 |
| 6.5 | 4 |
| 6.6 | 4 |
| 6.7 | 2 |
| 6.8 | 4 |
| 6.9 | 3 |
| 6.10 | 1 |
| 6.11 | 2 |
| 6.12 | 3 |
| 6.13 | 3 |
| 6.14 | 2 |

**Abschnitt 7:**

| Frage | richtige Antwort |
|---|---|
| 7.1 | 3 |
| 7.2 | 2 |
| 7.3 | 4 |
| 7.4 | 3 |
| 7.5 | 1 |
| 7.6 | 4 |
| 7.7 | 4 |
| 7.8 | 1 |
| 7.9 | 4 |
| 7.10 | 4 |
| 7.11 | 2 |
| 7.12 | 2 |
| 7.13 | 1 |
| 7.14 | 4 |

**Abschnitt 8:**

| Frage | richtige Antwort |
|---|---|
| 8.1 | 4 |
| 8.2 | 4 |
| 8.3 | 2 |
| 8.4 | 2 |
| 8.5 | 2 |
| 8.6 | 1 |
| 8.7 | 3 |
| 8.8 | 3 |

# Lösungen der Aufgaben Zusatzgrundkurs Tanktransport

| Frage | richtige Antwort | Frage | richtige Antwort | Frage | richtige Antwort | Frage | richtige Antwort |
|---|---|---|---|---|---|---|---|
| 1 | 2 | 7 | 2 | 13 | 4 | 19 | 1 |
| 2 | 3 | 8 | 3 | 14 | 3 | 20 | 2 |
| 3 | 1 | 9 | 4 | 15 | 4 | 21 | 1 |
| 4 | 2 | 10 | 4 | 16 | 2 | 22 | 1 |
| 5 | 2 | 11 | 4 | 17 | 1 | 23 | 4 |
| 6 | 2 | 12 | 2 | 18 | 2 | 24 | 1 |

# Lösungen der Aufgaben Aufbaukurse

## Klasse 2

| Frage | richtige Antwort |
|---|---|
| 1 | 4 |
| 2 | 3 |
| 3 | 3 |
| 4 | 2 |
| 5 | 3 |
| 6 | 2 |

## Klasse 3

| Frage | richtige Antwort |
|---|---|
| 1 | 2 |
| 2 | 1 |
| 3 | 2 |
| 4 | 3 |
| 5 | 4 |
| 6 | 4 |

## Klasse 5.1, 6.1 und 8

| Frage | richtige Antwort |
|---|---|
| 1 | 3 |
| 2 | 2 |
| 3 | 3 |
| 4 | 2 |
| 5 | 4 |
| 6 | 4 |

## Gefahrgutverordnung Straße - GGVS (Auszüge)

Vom 22. Juli 1985 (BGBl. I S.1550)
**zuletzt geändert** durch die **4. Straßen-Gefahrgutänderungsverordnung** vom **13. April 1993**
in der Neufassung vom 26. November 1993

### § 1 Grundregel

(1) Diese Verordnung regelt die Beförderung gefährlicher Güter mit Straßenfahrzeugen.

(2) Die innerstaatliche Beförderung gefährlicher Güter unterliegt den Vorschriften, die in den Anlagen A und B zu dieser Verordnung über die ganze Seite sowie links vom mittleren Trennungsstrich abgedruckt sind.

(3) Die grenzüberschreitende Beförderung unterliegt den Regeln des Europäischen Übereinkommens vom 30. September 1957 über die internationale Beförderung gefährlicher Güter auf der Straße (ADR-Übereinkommen) (BGBl. 1969 II S. 1489), deren Übersetzung in deutscher Sprache sich aus den in den Anlagen A und B zu dieser Verordnung über die ganze Seite sowie rechts vom mittleren Trennungsstrich abgedruckten Vorschriften ergibt. Im übrigen gelten die Vorschriften dieser Verordnung für grenzüberschreitende Beförderungen nur, soweit dies ausdrücklich bestimmt ist.

(4) Die Vorschriften der Anlage B Randnummer 10 003 und 10 420 gelten in der für innerstaatliche Beförderungen anzuwendenden Fassung auch für grenzüberschreitende Beförderungen.

### § 2 Begriffsbestimmungen

(1) Im Sinne dieser Verordnung

1. sind gefährliche Güter, die den in der Anlage A Randnummer 2002 Abs. 2 in Verbindung mit Absatz 1 Sätze 3 bis 5 aufgeführten einzelnen Klassen zugehörenden Güter;
2. ist Beförderer, wer das Fahrzeug für die Ortsveränderung des Gutes verwendet;
3. ist Absender, wer mit dem Beförderer einen Beförderungsvertrag abschließt; wird kein Beförderungsvertrag abgeschlossen, so gilt der Beförderer als Absender; Absender im Sinne der Anlage B Randnummer 211 174 Satz 3 ist der Verlader und im Sinne der Anlage B Randnummer 212 174 Satz 3 der Befüller;
4. ist Verlader, wer als unmittelbarer Besitzer das Gut dem Beförderer zur Beförderung übergibt oder selbst befördert;
5. ist Befüller, wer als unmittelbarer Besitzer des gefährlichen Gutes dieses in einem Tankcontainer einbringt oder einbringen läßt.

(2) Absatz 1 gilt auch für grenzüberschreitende Beförderungen.

### § 3 Zulassung zur Beförderung

(1) Gefährliche Güter dürfen auf der Straße nur befördert werden, wenn sie nach der Anlage A Randnummer 2002 Abs. 1 Satz 3 oder 5 zur Beförderung zugelassen und nicht nach der Anlage A Randnummer 2002 Abs.1 Satz 4, Abs. 10, 12 oder 14 von der Beförderung ausgeschlossen sind.

(2) Absatz 1 gilt auch für grenzüberschreitende Beförderungen.

### § 4 Sicherheitspflichten

(1) Die an der Beförderung gefährlicher Güter Beteiligten haben die nach Art und Ausmaß der vorhersehbaren Gefahren erforderlichen Vorkehrungen zu treffen, um Schadensfälle zu verhindern und bei Eintritt eines Schadens dessen Umfang so gering wie möglich zu halten.

(2) Absatz 1 gilt auch für grenzüberschreitende Beförderung.

### § 5 Ausnahmen

(1) Die nach Landesrecht zuständigen Stellen können auf Antrag für Einzelfälle oder allgemein für bestimmte Antragsteller Ausnahmen von dieser Verordnung zulassen.

(2) Ausnahmen dürfen nur zugelassen werden, wenn ...

### § 7 Beförderung der Güter der Listen I und II

(1) Für die Beförderung der in der Anlage B Anhang B.8 Randnummer 280 001 Listen I und II aufgeführten Güter gelten in dem in den Bemerkungen zu Randnummer 280 001 festgelegten Rahmen die Vorschriften der Absätze 2 bis 8.

(2) Gefährliche Güter nach Absatz 1 sind auf Autobahnen zu befördern. Dies gilt nicht, wenn die Benutzung der Autobahn

1. unzumutbar ist, insbesondere wenn die Entfernung bei Benutzung der Autobahn mindestens doppelt so groß ist wie die Entfernung bei der Benutzung anderer geeigneter Straßen oder
2. nach den Vorschriften der Straßenverkehrs-Ordnung oder nach Anhang B.8 Randnummer 280 002 ausgeschlossen oder beschränkt ist.

(3) Der Fahrweg außerhalb der Autobahnen wird von der Straßenverkehrsbehörde für eine einzelne Fahrt oder bei vergleichbaren Sachverhalten für eine begrenzte oder unbegrenzte Zahl von Fahrten innerhalb einer bestimmten Zeit von höchstens drei Jahren schriftlich bestimmt; dies ist auch durch Allgemeinverfügung möglich, die öffentlich bekanntgegeben werden darf. Die Fahrwegbestimmung kann mit Nebenbestimmungen versehen werden. Bei Sperrungen dürfen die ausgewiesenen Umleitungsstrecken ohne Fahrwegbestimmung benutzt werden. Die Fahrwegbestimmung ist vom Beförderer, Absender, Verlader oder Empfänger bei den zuständigen Straßenverkehrsbehörden zu beantragen. Der Beförderer darf die gefährlichen Güter nur befördern, wenn eine Fahrwegbestimmung erteilt ist. Er hat dafür zu sorgen, daß der Bescheid über die Fahrwegbestimmung dem Fahrzeugführer vor Beförderungsbeginn übergeben wird. Der Fahrzeugführer muß die Fahrwegbestimmung beachten. Er muß den Bescheid über die Fahrwegbestimmung während der Beförderung mitführen und zuständigen Personen auf Verlangen zur Prüfung aushändigen.

(4) Güter der Liste I dürfen auf der Straße

1. nicht befördert werden, wenn das gefährliche Gut in einem Gleis- oder Hafenanschluß verladen und entladen werden kann, es sei denn, daß die Entfernung auf dem Schienen- oder Wasserweg mindestens doppelt so groß ist wie die tatsächliche Entfernung auf der Straße,
2. nur zum oder vom nächstgelegenen geeigneten Bahnhof oder Hafen befördert werden, wenn das gefährliche Gut
   a) in Tankcontainern oder Großcontainern verladen werden kann, die gesamte Beförderungsstrecke im Geltungsbereich dieser Verordnung mehr als 200 km beträgt und der Container auf dem größeren Teil dieser Strecke mit der Eisenbahn oder dem Schiff befördert werden kann oder
   b) in Straßenfahrzeuge verladen werden soll und im Huckepackverkehr befördert werden kann, die gesamte Beförderungsstrecke im Geltungsbereich dieser Verordnung mehr als 400 Kilometer beträgt und das Straßenfahrzeug auf dem größeren Teil dieser Strecke mit der Eisenbahn befördert werden kann.

Satz 1 Nr. 2 gilt nicht für die Beförderung von Gasen der Klasse 2, Anlage A Randnummer 2201 Ziffern 7b und 8b.

(5) Bei Beförderungen von Gütern der Liste I auf der Straße, ausgenommen solche nach Absatz 4 Satz 1 Nr. 2, hat der Beförderer durch eine Bescheinigung des Eisenbahn Bundesamtes nachzuweisen, daß ein Gleisanschluß-, Container- oder Huckepackverkehr nach Absatz 4 nicht möglich ist. Im Containerverkehr hat der Beförderer außerdem durch eine Bescheinigung einer Wasser- und

Schiffahrtsdirektion nachzuweisen, daß Containerverkehr auf dem Wasserweg nicht möglich ist. Die Bescheinigung ist vom Beförderer, Absender, Verlader oder Empfänger zu beantragen. Bescheinigungen nach den Sätzen 1 und 2 werden für eine einzelne Fahrt oder bei vergleichbaren Sachverhalten für eine begrenzte oder unbegrenzte Zahl von Fahrten innerhalb einer bestimmten Zeit von höchstens drei Jahren erteilt. Versagt das Eisenbahn Bundesamt oder eine Wasser- und Schiffahrtsdirektion die Ausstellung der Bescheinigung oder entscheiden diese nicht innerhalb einer marktüblichen Zeit über den Antrag, entscheidet auf Antrag die nach dem Landesrecht zuständige Behörde. Die Bescheinigung nach den Sätzen 1 und 2 dürfen bei grenzüberschreitenden Beförderungen auch von der nach Landesrecht zuständigen Behörde erteilt werden.

(6) Bei Beförderungen zum oder vom nächstgelegenen geeigneten Bahnhof oder Hafen (Absatz 4 Satz 1 Nr. 2) muß der Absender im Beförderungspapier die Bezeichnung des Bahnhofs oder Hafens angeben und zusätzlich vermerken "Beförderung nach § 7 Abs. 4 Satz 1 Nr. 2 GGVS". Für Beförderungen im Zusammenhang mit einem Huckepackverkehr (Absatz 4 Satz 1 Nr. 2 Buchstabe b) ist für die Anfuhr auf der Straße durch eine Reservierungsbestätigung der Deutschen Bundesbahn, der Deutschen Reichsbahn oder den von ihnen beauftragten Stellen die Abfuhr auf der Straße durch das Beförderungspapier für den Bahntransport die Teilnahme am Huckepackverkehr glaubhaft zu machen.

(7) Der Beförderer hat dafür zu sorgen, daß die Bescheinigungen nach Absatz 5 oder die Reservierungsbestätigung oder das Beförderungspapier für den Bahntransport nach Absatz 6 Nr. 2 dem Fahrzeugführer vor Beförderungsbeginn übergeben wird. Der Fahrzeugführer muß die Bescheinigung oder Reservierungsbestätigung oder das Beförderungspapier für den Bahntransport während der Beförderung mitführen und zuständigen Personen auf Verlangen zur Prüfung vorlegen.

(8) Die Absätze 1 bis 7 gelten auch für grenzüberschreitende Beförderungen.

### § 7a Entzündbare flüssige Stoffe

(1) Auf entzündbare flüssige Stoffe der Klasse 3, die in der Anlage A Randnummer 2301 Ziffern 1 bis 6 genannt sind und die unter die Buchstaben a) oder b) fallen, sind die Vorschriften des § 7 Abs. 2 bis 7 entsprechend anzuwenden.

(2) § 7 Abs. 2 bis 7 gilt nicht für die Beförderung der in Absatz 1 genannten Stoffe

1. in Versandstücken (einschließlich Großpackmittel),
2. in nicht wanddickenreduzierten zylindrischen Tanks nach Anhang B.1a Randnummer 211 127 Abs. 2 und 3 oder Anhang B.1b Randnummer 212 127 Abs. 2 und 3, die nach einem Berechnungsdruck von mindestens 0,4 MPa (4 bar) (Überdruck) bemessen sind und wenn dies in der Prüfbescheinigung nach Anhang B.3a oder in einer besonderen Bescheinigung des Tankherstellers oder eines Sachverständigen nach § 6 Abs. 1 Nr. 8 bestätigt ist,
3. in Doppelwandtanks nach Anhang B.1a Randnummer 211 127 Abs. 5 Buchstabe b Nr. 2 oder 3 und Anhang B.1b Randnummer 212 127 Abs. 5 oder in Aufsetztanks nach Randnummer 211 127 Abs. 5 letzter Satz oder
4. in anderen als in den Nummern 2 und 3 beschriebenen Tanks in Mengen bis zu 3000 Litern bei Stoffen, die unter den Buchstaben a) fallen, oder bis zu 6000 Litern bei Stoffen, die unter den Buchstaben b fallen, jeweils auf Entfernungen bis zu 100 km.

(3) § 7 Abs. 4 bis 7 gilt ebenfalls nicht für die Beförderung von Kraftstoffen zu Tankstellen, die keinen Gleisanschluß haben.

(4) Die Absätze 1 bis 3 gelten auch für grenzüberschreitende Beförderungen.

## § 8 Sonderrechte

(1) Die Truppen der nichtdeutschen Vertragsstaaten des Zusatzabkommens vom 3. August 1959 zu dem Abkommen zwischen den Parteien des Nordatlantikvertrages über die Rechtsstellung ihrer Truppen hinsichtlich der in der Bundesrepublik Deutschland stationierten ausländischen Truppen, Anlage zum Gesetz zum NATO-Truppenstatut ...

## § 9 Verantwortlichkeiten

**(1) Der Absender hat**

1. den Beförderer und, wenn die gefährlichen Güter über deutsche See-, Binnen- oder Flughäfen eingeführt worden sind, den Verlader, der als erster die gefährlichen Güter zur Beförderung mit Straßenfahrzeugen übergibt oder selbst befördert, auf das gefährliche Gut und dessen Bezeichnung (Kennzeichnungsnummer - soweit vorhanden -, Benennung, Klasse, Ziffer und ggf. Buchstabe der Stoffaufzählung) sowie, wenn es sich um in § 7 Abs. 1 und § 7a Abs. 1 aufgeführte Stoffe handelt, auf die Beachtung der §§ 7 und 7a hinzuweisen;
2. für jede durch diese Verordnung geregelte Beförderung ein Beförderungspapier mitzugeben, das den Vorschriften der Anlage A Randnummer 2002 Abs. 3 Satz 1 und 4 und Abs. 4 entspricht und in dem das gefährliche Gut nach Anlage A Abschnitt 2.B und 2.C der Klasse 1 bis 6.2, 8, und 9 oder den Blättern der Klasse 7 Randnummern 2704, jeweils Nummer 10, bezeichnet ist und das, wenn § 7 Abs. 4 Satz 1 Nr. 2 angewandt wird, den Vermerk nach § 7 Abs. 6 Satz 1 enthält;
3. bei grenzüberschreitenden Beförderungen die Bescheinigung nach Anlage A Randnummer 2002 Abs. 9 zu erstellen;
4. dafür zu sorgen, daß dem Beförderer vor Beförderungsbeginn
   a) wenn eine innerstaatlichen Beförderung auf Grund einer Ausnahmezulassung erfolgt, der Bescheid über die Ausnahmezulassung nach § 5, soweit nicht der Beförderer Inhaber der Ausnahmezulassung ist,
   b) bei grenzüberschreitenden Beförderungen eine Kopie des wesentlichen Textes der gemäß Anlage A Randnummer 2010 oder Anlage B Randnummer 10 602 abgeschlossenen Vereinbarungen,
   c) eine Kopie der Genehmigung nach Anlage A Randnummer 2110 Abs. 5 in Verbindung mit Randnummer 2100 Abs. 3 Satz 3,
   d) eine Kopie der Entscheidung nach Anlage A Randnummer 2561 Abs. 2,
   e) bei Stoffen der Klasse 7 Informationen nach Anlage A Randnummer 2710 Abs. 1 Satz 2

   übergeben werden;
5. bei innerstaatlichen Beförderungen die in einer Ausnahmezulassung nach § 5 Abs. 1 bis 5, einer in § 5 Abs. 6 erwähnten Vereinbarung oder einer Ausnahmeverordnung nach § 6 des Gesetzes über die Beförderung gefährlicher Güter vorgeschriebenen Angaben in das Beförderungspapier einzutragen, soweit die Beförderung auf Grund dieser Vorschriften erfolgt.

**(2) Der Verlader**

1. hat den Fahrzeugführer auf das gefährliche Gut und dessen Bezeichnung (Kennzeichnungsnummer - soweit vorhanden - , Benennung, Klasse, Ziffer und gegebenenfalls Buchstabe der Stoffaufzählung) sowie, wenn es sich um in § 7 Abs. 1 und § 7a Abs. 1 aufgeführte Stoffe handelt, auf die Beachtung der §§ 7 und 7a hinzuweisen;
2. darf gefährliche Güter dem Beförderer nur übergeben, wenn sie nach § 3 befördert werden dürfen;
3. hat bei der Übergabe verpackter gefährlicher Güter oder ungereinigter leerer Verpackungen zur Beförderung zu prüfen, ob die Verpackung beschädigt ist; er darf ein Versandstück, dessen Verpackung beschädigt, insbesondere undicht ist, so daß gefährliches Gut austritt oder austreten kann, zur Beförderung erst übergeben, wenn der Mangel beseitigt worden ist; gleiches gilt für ungereinigte leere Verpackungen;

4. darf ein Versandstück nach Teilentnahme des gefährlichen Gutes zur Beförderung nur übergeben oder selbst befördern, wenn der Verschluß des Versandstückes den Vorschriften der Anlage A Randnummer 2202 Abs. 2 Satz 1, Randnummer 2652 Abs. 1, Randnummer 2704 Blatt 4 Nr. 2 Buchstabe b oder Anhang A.5 Randnummer 3500 Abs. 1 Satz 1 entspricht;
5. darf gefährliche Güter zur Beförderung in loser Schüttung oder in Containern nur übergeben, wenn die Beförderung nach Anlage B Randnummer 10 003 Abs. 1, auch in Verbindung mit § 1 Abs.4, zulässig ist;
6. hat abweichend von Anlage B Randnummer 10 385 Abs. 3 dafür sorgen, daß die in Anlage B Randnummer 10 385 Abs. 1 erwähnten schriftlichen Weisungen in den Besitz des Fahrzeugführers gelangen;
7. hat dafür zu sorgen, daß nach Anlage B Randnummer 10 500 Abs. 10 Fahrzeuge mit festverbundenen Tanks mit den vorgesehenen Gefahrzetteln versehen werden;
8. hat den Fahrzeugführer oder Beifahrer nach Anlage B Randnummer 10 420 Satz 1, auch in Verbindung mit § 1 Abs. 4, einzuweisen;
9. darf gefährliche Güter zur Beförderung in Tanks, ausgenommen Tankcontainer, nur übergeben, wenn der Tank mit diesen gefährlichen Gütern
   a) nach Anlage B Anhang B.1a Randnummer 211 171 Abs. 1 Satz 1,
   b) bei innerstaatlichen Beförderungen auch nach Anlage B Anhang B.1a Randnummer 211 171 Abs. 2

   gefüllt werden darf;
10. hat, wenn er den Tank nicht selbst befüllt, den höchstzulässigen Füllungsgrad oder die höchstzulässige Masse der Füllung je Liter Fassungsraum nach Anlage B Anhang B.1a Randnummer 211 172 Abs. 1 dem Fahrzeugführer anzugeben; wenn der Verlader den Tank selbst befüllt sowie bei Gütern der Anlage B Anhang B.8 Randnummer 280 001 hat der Verlader die Einhaltung des höchstzulässigen Füllungsgrades oder der höchstzulässigen Masse der Füllung je Liter Fassungsraum festzustellen;
11. hat dafür zu sorgen, daß nicht befördert wird, wenn er eine Überschreitung des höchstzulässigen Füllungsgrades oder der höchstzulässigen Masse der Füllung nach Anlage B Anhang B.1a Randnummer 211 172 Abs. 1 feststellt;
12. hat bei grenzüberschreitenden Beförderungen die Dichtheit der Verschlußeinrichtung nach Anlage B Anhang B.1a Randnummer 211 174 Satz 3 zu prüfen.

**(3) Der Beförderer**

1. hat anhand der Begleitpapiere zu prüfen, ob die gefährlichen Güter nach § 3 befördert werden dürfen;
2. darf gefährliche Güter in Tanks nur befördern, wenn die Beförderungsart nach Anlage B Randnummer 10 003 Abs. 1, auch in Verbindung mit § 1 Abs. 4, zulässig ist und bei Tankfahrzeugen das gefährliche Gut in der Bescheinigung der besonderen Zulassung nach Anlage B Anhang B.3 oder bei innerstaatlichen Beförderungen in Aufsetztanks in der Bescheinigung über die Prüfung des Aufsetztanks nach Anlage B Anhang B.1a Randnummer 211 154 aufgeführt ist;
3. darf gefährliche Güter in loser Schüttung oder in Containern nur befördern, wenn diese Beförderungsart nach Anlage B Randnummer 10 003 Abs. 1, auch in Verbindung mit § 1 Abs. 4, zulässig ist;
4. hat dafür zu sorgen, daß
   a) die in Anlage B Randnummer 10 381, ausgenommen die Bescheinigung nach Absatz 2 Buchstabe b, und 11 282 in Verbindung mit Randnummer 10 282 aufgeführten Begleitpapiere sowie bei innerstaatlichen Beförderungen in Aufsetztanks die Bescheinigung über die Prüfung des Aufsetztanks nach Anlage B Anhang B.1a Randnummer 211 154,
   b) die in Anlage B Randnummer 10 260 Buchstabe d, 21 260 und 61 260 Satz 1 vorgeschriebenen Ausrüstungsgegenstände,

c) wenn eine innerstaatliche Beförderung auf Grund einer Ausnahmezulassung erfolgt, der Bescheid über die Ausnahmezulassung nach § 5

dem Fahrzeugführer vor Beförderungsbeginn übergeben werden;

5. hat die Vorschriften über die Fahrzeugarten
   a) nach Anlage B Randnummer 10 204 Abs. 1 Satz 1, Randnummer 11 204, 41 204 oder 52 204,
   b) bei innerstaatlichen Beförderungen auch nach Anlage B Randnummer 10 204 Abs. 1 Satz 2

   zu beachten;
6. hat den Fahrzeugführer nach Anlage B Randnummer 11 311 Abs. 1 Satz 1 in Verbindung mit Randnummer 10 311 durch einen zur Ablösung des Fahrzeugführers befähigten Beifahrer begleiten lassen;
7. hat dafür zu sorgen, daß das beteiligte Personal von den schriftlichen Weisungen nach Anlage B Randnummer 10 385 Abs. 1 Kenntnis nimmt und in der Lage ist, sie wirksam anzuwenden.
8. hat die in Anlage B Randnummer 11 401, 41 401 und 52 401 vorgeschriebenen Mengengrenzen einzuhalten;
9. darf Tanks nur
   a) nach Anlage B Anhang B.1a Randnummer 211 171 Abs. 1 Satz 1
   b) bei innerstaatlichen Beförderungen auch nach Anlage B Anhang B.1a Randnummer 211 171 Abs. 2

   mit gefährlichen Gütern befüllen lassen;
10. hat für die Einhaltung der Vorschriften in Anlage B Anhang B.1a Randnummer 211 270 bis 211 273 über die wechselweise Verwendung von Tanks zu sorgen;
11. hat für die Einhaltung der Vorschriften in Anlage B Anhang B.1a Randnummer 211 371, 211 672 und 211 771 und 211 971 über das Verbot einer anderweitigen Verwendung zu sorgen.

**(4) Der Fahrzeugführer**

1. darf kein Versandstück befördern, dessen Verpackung beschädigt, insbesondere undicht ist, so daß gefährliches Gut austritt oder austreten kann;
2. hat
   a) die in Anlage B Randnummer 10 381 aufgeführten Begleitpapiere sowie bei innerstaatlichen Beförderungen die Bescheinigung über die Prüfung des Aufsetztanks nach Anlage B Anhang B.1a Randnummer 211 154,
   b) die Feuerlöschgeräte nach Anlage B Randnummer 10 240 Abs. 1,
   c) die Ausrüstungsgegenstände nach Anlage B Randnummern 10 260, 21 260 und 61 260 Satz 1,
   d) wenn eine innerstaatliche Beförderung auf Grund einer Ausnahmezulassung erfolgt, den Bescheid über die Ausnahmezulassung nach § 5

   während der Beförderung mitzuführen und zuständigen Personen auf Verlangen zur Prüfung auszuhändigen;
3. hat die Vorschriften der Anlage B Randnummer 10 003 Abs. 3, auch in Verbindung mit § 1 Abs.4, über die Durchführung der Beförderung und die Überwachung beim Parken zu beachten;
4. hat dafür zu sorgen, daß die Vorschriften über das Betreten von Fahrzeugen mit Beleuchtungsgeräten der Anlage B Randnummer 10 353 eingehalten werden;
5. hat für das Anbringen oder Sichtbarmachen sowie für das Verdecken oder Entfernen der nach Anlage B Randnummer 10 500, 11 500 Abs. 1 bis 4 und Randnummer 71 500 vorgeschriebenen Warntafeln, Kennzeichnungsnummern und Gefahrzettel an Fahrzeugen und Aufsetztanks zu sorgen;
6. hat den in der Anlage B Randnummer 51 220 Abs. 4 Satz 1 vorgeschriebenen Behälter mit Wasser mitzuführen;
7. hat beim Halten oder Parken von Beförderungseinheiten mit gefährlichen Gütern die Feststellbremse gemäß Anlage B Randnummer 10 503 anzuziehen;

8. hat beim Halten und Parken bei Nacht oder schlechter Sicht ohne Fahrzeugbeleuchtung die Leuchten gemäß Anlage B Randnummer 10 505 Abs. 1 aufzustellen;
9. hat die nächsten zuständigen Behörden nach Anlage B Randnummer 10 507 Satz 1 zu benachrichtigen oder benachrichtigen zu lassen;
10. hat nach Anlage B Randnummer 10 507 Satz 2 nötigenfalls die in den Weisungen nach Anlage B Randnummer 10 385 Abs. 1 vorgeschriebenen Maßnahmen zu treffen;
11. hat, wenn er den Tank selbst befüllt, den vom Verlader angegebenen höchstzulässigen Füllungsgrad oder die höchstzulässige Masse der Füllung je Liter Fassungsraum nach Anlage B Anhang B.1a Randnummer 211 172 Abs. 1 einzuhalten; er hat einen Füllungsgrad von höchstens 90 % einzuhalten, wenn der Verlader den höchstzulässigen Füllungsgrad für flüssige Stoffe nicht angeben kann;
12. hat bei innerstaatlichen Beförderungen die Dichtheit der Verschlußeinrichtung nach Anlage B Anhang B.1a Randnummer 211 174 Satz 3 zu prüfen.

**(5) Der Halter**

1. hat die Vorschriften der Anlage B Randnummer 10 003 Abs. 2, auch in Verbindung mit § 1 Abs. 4, über Bau und Ausrüstung der Fahrzeuge zu beachten;
2. hat das Fahrzeug mit den nach Anlage B Randnummer 10 500 Abs. 1, 2 und 10, Randnummer 11 500 und 71 500 erforderlichen Warntafeln, Kennzeichnungsnummern und Gefahrzetteln auszurüsten;
3. hat dafür zu sorgen, daß der Tank auch zwischen den Prüfterminen den Bau-, Ausrüstungs- und Kennzeichnungsvorschriften
   a) der Anlage B Anhang B.1a jeweils
      - Abschnitt 2, ausgenommen Bemerkung zu Randnummer 211 120 Satz 1 und Randnummer 211 120 Abs. 2 Satz 2,
      - Abschnitt 3, ausgenommen Randnummer 211 137, 211 138, 211 230 Satz 2 und 3, Randnummer 211 232 Abs. 1 Satz 1 hinsichtlich des Brandes, Randnummer 211 232 Abs. 4 Buchstabe b bis f, Randnummer 211 234 Abs. 1 Satz 2, Randnummer 211 323 Satz 2 und Randnummer 211 332 Satz 3 (hinsichtlich der Verweisung auf Randnummer 211 137 Abs. 1 und 2) und 4, und
      - Abschnitt 6,
   b) für innerstaatliche Beförderungen auch der Anlage B Anhang B.1a Bemerkung zu Randnummer 211 120 Satz 1 und Randnummer 211 120 Abs. 2 Satz 2, Randnummer 211 137, 211 138, 211 230 Satz 2 und 3, Randnummer 211 232 Abs. 4 Buchstabe b bis f, Randnummer 211 323 Satz 2 und Randnummer 211 332 Satz 3 (hinsichtlich der Verweisung auf Randnummer 211 137 Abs. 1 und 2),
   c) für grenzüberschreitende Beförderungen auch der Anlage B Anhang B.1a Randnummer 211 332 Satz 4

   entspricht;
4. hat in den Fällen der Anlage B Anhang B Anhang B.1a Randnummer 211 153 eine außerordentliche Prüfung des Tanks durchführen zu lassen, wenn die Sicherheit des Tanks oder seiner Ausrustung beeinträchtigt ist.

4a. darf nur Tanks verwenden, deren Dicke der Tankwände der Anlage B Anhang B.1a Randnummer 211 170 in Verbindung mit Randnummer 211 127 Abs. 2 bis 4 entspricht.

**(6) Der Auftraggeber des Absenders hat** den Absender auf das gefährliche Gut und dessen Bezeichnung (Kennzeichnungsnummer - soweit vorhanden -, Benennung, Klasse, Ziffer und gegebenenfalls Buchstabe der Stoffaufzählung) sowie, wenn es sich um in § 7 Abs. 1 und § 7a Abs. 1 aufgeführte Stoffe handelt, auf die Beachtung der §§ 7 und 7a schriftlich hinweisen.

**(7) Wer eigenverantwortlich Versandstücke zum Zwecke der Beförderung gefährlicher Güter verpackt oder verpacken läßt**, hat die Vorschriften über
1. die Verpackung nach Anlage A Klassen 1 bis 6.2, 8 und 9, jeweils Abschnitt 2.A.1 und 2 sowie der Klasse 7 Randnummer 2704 Blatt 1 bis 13, jeweils Nr. 2,
2. das Zusammenpacken nach der Anlage A Klassen 1 bis 6.2, 8 und 9, jeweils Abschnitt 2.A.3 sowie der Klasse 7 Randnummer 2704 Blatt 1 bis 13, jeweils Nr. 6,
3. die Kennzeichnung nach der Anlage A Klassen 1 bis 6.2, 8 und 9 jeweils Abschnitt 2.A.4, sowie der Klasse 7 Randnummer 2704 Blatt 1 bis 13, jeweils Nr. 8

zu beachten.

**(8) Der Empfänger hat**
1. vom gereinigten und entgasten Tankcontainer nach Anlage B Randnummer 10 500 Abs. 7 und 12 die Warntafeln und Gefahrzettel zu entfernen oder zu verdecken;
2. von Containern, die keine gefährlichen Güter oder keine Reste davon enthalten, die Gefahrzettel zu entfernen oder zu verdecken.

**(9) Der geschäftsmäßig oder gewerbsmäßig tätige Empfänger hat** den Fahrzeugführer oder Beifahrer nach Anlage B Randnummer 10 420 Satz 2, auch in Verbindung mit § 1 Abs. 4 einzuweisen.

**(10) Der Eigentümer hat**
1. dafür zu sorgen, daß der Tankcontainer auch zwischen den Prüfterminen den Bau-, Ausrüstungs- und Kennzeichnungsvorschriften
   a) der Anlage B Anhang B.1b jeweils
      - Abschnitt 2, ausgenommen Bemerkung zu Randnummer 212 120 Satz 1 und Randnummer 212 221 Satz 2 und 3
      - Abschnitt 3, ausgenommen Randnummer 212 137, 212 138, 212 230 Satz 2 und 3, Randnummer 212 232 Abs. 4 Buchstabe b bis e, Randnummer 212 234 Abs. 1 Satz 2 und Randnummer 212 332 Satz 3 (hinsichtlich der Verweisung auf Randnummer 212 137 Abs. 1), und
      - Abschnitt 6,
   
   b) für innerstaatliche Beförderungen auch der Anlage B Anhang B.1b Bemerkung zu Randnummer 212 120 Satz 1, Randnummer 212 221 Satz 2 und 3, Randnummer 212 137, 212 138, 212 230 Satz 2 und 3, Randnummer 212 232 Abs. 4 Buchstabe b bis e, Randnummer 212 234 Abs. 1 Satz 2 und Randnummer 212 332 Satz 3 (hinsichtlich der Verweisung auf Randnummer 212 137 Abs. 1)

   entspricht;
2. in den Fällen der Anlage B Anhang B.1b Randnummer 212 153 eine außerordentliche Prüfung des Tankcontainers durchführen zu lassen, wenn die Sicherheit des Tanks oder seiner Ausrüstung beeinträchtigt ist.

**(11) Der Hersteller darf** an serienmäßig hergestellten
1. Verpackungen die Kennzeichnung nach Anlage A Anhang A.5 Randnummer 3512 Abs. 1 oder
2. Großpackmitteln die Kennzeichnung nach Anlage A Anhang A.6 Randnummer 3612 Abs. 1

nur anbringen, wenn diese der zugelassenen Bauart entsprechen und die in der Zulassung genannten Bedingungen erfüllt sind.

**(12) Der Betroffene muß** die im Rahmen
1. einer Baumusterzulassung nach Anlage B Anhang B.1a Randnummer 211 140 oder 212 140 oder einer Bescheinigung der besonderen Zulassung nach Anlage B Anhang B.3 oder
2. einer Ausnahmezulassung nach § 5 für innerstaatliche Beförderungen

erteilten vollziehbaren Auflagen beachten.

**(13) Der Befüller**
1. hat an Tankcontainern die nach Anlage B Randnummer 10 500 Abs. 2 vorgeschriebenen Warntafeln anzubringen;
2. hat an Tankcontainern und Gefäßbatterien die nach Anlage B Randnummer 10 500 Abs. 9 vorgeschriebenen Gefahrzettel anzubringen;
3. darf Tankcontainer nur
   a) nach Anlage B Anhang B.1a Randnummer 212 171 Abs. 1 Satz 1
   b) bei innerstaatlichen Beförderungen auch nach Anlage B Anhang B.1a Randnummer 211 171 Abs. 2

mit gefährlichen Gütern befüllen;
4. hat den höchstzulässigen Füllungsgrad oder die höchstzulässige Masse der Füllung je Liter Fassungsraum nach Anlage B Anhang B.1b I. Teil Randnummer 212 172 Abs. 1 oder II. Teil, jeweils Abschnitt 7 der einzelnen Klassen, einzuhalten;
5. hat abweichend von Anlage B Anhang B.1b Randnummer 212 174 Satz 3 die Dichtigkeit der Verschlußeinrichtungen zu prüfen.

**(14) Der Verlader, Beförderer, Fahrzeugführer oder Beifahrer hat** die Vorschriften der Anlage B Randnummer 10 003 Abs. 3 und 4, auch in Verbindung mit § 1 Abs. 4, über Beladen, Zusammenladen und Handhabung zu beachten.

**(15) Der Beförderer, Fahrzeugführer, Beifahrer oder Empfänger hat** die Vorschriften der Anlage B Randnummer 10 003 Abs. 4, auch in Verbindung mit § 1 Abs. 4, über das Entladen zu beachten.

**(16) Der Absender, Verlader, Beförderer, Fahrzeugführer, Beifahrer, Halter oder Empfänger hat**
1. bei innerstaatlichen Beförderungen die Vorschriften der Anlage B Randnummer 10 354 über das Verbot von Feuer und offenem Licht zu beachten;
2. die Vorschriften der Anlage B Randnummer 10 374 über das Rauchverbot und der Anlage B Randnummer 11 354 und über das Verbot von Feuer und offenem Licht zu beachten.

(17) Wer als unmittelbarer Besitzer gefährliche Güter in einen Container lädt oder laden läßt, hat die nach Anlage B Randnummer 10 500 Abs. 8 Satz 1 vorgeschriebenen Gefahrzettel anzubringen.

(18) Der Verlader, Beförderer, Fahrzeugführer, Beifahrer oder Empfänger hat die Vorschriften der Anlage B

a) Randnummern 11 410, 31 410, 41 410, 42 410, 43 410, 51 410, 61 410, 62 410 und 91 410,
b) bei innerstaatlichen Beförderungen auch nach Rn. 81 410,

über Vorsichtsmaßnahmen bei Nahrungs-, Genuß- und Futtermitteln zu beachten.

(19) Soweit in den Absätzen 1 bis 18 nichts anders bestimmt ist, gelten die Vorschriften für innerstaatliche und grenzüberschreitende Beförderungen.

## § 10 Ordnungswidrigkeiten

(1) Ordnungswidrig im Sinne des § 10 Abs. 1 Nr. 1 und Abs. 2 Satz 1 Nr. 1 des Gesetzes über die Beförderung gefährlicher Güter handelt, wer bei innerstaatlichen oder grenzüberschreitenden Beförderungen (§ 9 Abs. 19) vorsätzlich oder fahrlässig

1. entgegen § 7 Abs. 3 Satz 5, auch in Verbindung mit Abs. 8, oder § 7a Abs. 1 in Verbindung mit § 7 Abs. 3 Satz 5, auch in Verbindung mit § 7a Abs. 4, gefährliche Güter ohne Fahrwegbestimmung befördert,
2. entgegen § 7 Abs. 3 Satz 6, auch in Verbindung mit Abs. 8, oder § 7a Abs. 1 in Verbindung mit § 7 Abs. 3 Satz 6, auch in Verbindung mit § 7a Abs. 4, nicht dafür sorgt, daß der Bescheid über die Fahrwegbestimmung oder entgegen § 7 Abs. 7 Satz 1, auch in Verbindung mit Abs. 8, oder § 7a Abs. 1 in Verbindung mit § 7 Abs. 7 Satz 1, auch in Verbindung mit § 7a Abs. 4, nicht

dafür sorgt, daß die Bescheinigung, die Reservierungsbestätigung oder das Beförderungspapier für den Bahntransport dem Fahrzeugführer vor Beförderungsbeginn übergeben wird,

3. entgegen § 7 Abs. 3 Satz 7, auch in Verbindung mit Abs. 8, oder § 7a Abs. 1 in Verbindung mit § 7 Abs. 3 Satz 7, auch in Verbindung mit § 7a Abs. 4, die Fahrwegbestimmung nicht beachtet,
4. entgegen § 7 Abs. 3 Satz 8, auch in Verbindung mit Abs. 8, oder § 7 Abs. 3 Satz 8, auch in Verbindung mit § 7a Abs. 4, den Bescheid über die Fahrwegbestimmung oder entgegen § 7 Abs. 7 Satz 2, auch in Verbindung mit Abs. 8, oder § 7a Abs. 1 in Verbindung mit § 7 Abs. 7 Satz 2, auch in Verbindung § 7a Abs. 4, die Bescheinigung, die Reservierungsbestätigung oder das Beförderungspapier für den Bahntransport nicht mitführt oder nicht aushändigt,
5. entgegen § 9 Abs. 1
   a) Nr. 1 den Beförderer oder Verlader nicht hinweist,
   b) Nr. 2 ein Beförderungspapier mitgibt, das den Vorschriften nicht entspricht, oder ein Beförderungspapier nicht mitgibt oder
   c) Nr. 4 Buchstabe c, d oder e nicht dafür sorgt, daß die Kopien und Informationen rechtzeitig übergeben werden,
6. entgegen § 9 Abs. 2
   a) Nr. 1 den Fahrzeugführer nicht hinweist,
   b) Nr. 2 gefährliche Güter dem Beförderer übergibt,
   c) Nr. 3 nicht prüft, ob eine Verpackung beschädigt ist oder eine ungereinigte leere Verpackung ohne Beseitigung des Mangels übergibt,
   d) Nr. 4 Versandstücke nach Teilentnahme übergibt oder befördert,
   e) Nr. 5 gefährliche Güter zur Beförderung in loser Schüttung oder in Containern übergibt,
   f) Nr. 6 nicht dafür sorgt, daß die schriftlichen Weisungen in den Besitz des Fahrzeugführers gelangen,
   g) Nr. 7 nicht dafür sorgt, das die Fahrzeuge mit Gefahrzetteln versehen werden,
   h) Nr. 8 den Fahrzeugführer oder Beifahrer nicht einweist,
   i) Nr. 9 Buchstabe a gefährliche Güter zur Beförderung in Tanks übergibt
   j) Nr. 10 eine Angabe dem Fahrzeugführer nicht mitteilt oder
   k) Nr. 11 nicht dafür sorgt, daß nicht befördert wird,
7. entgegen § 9 Abs. 3
   a) Nr. 1 nicht prüft,
   b) Nr. 2 gefährliche Güter in Tanks befördert,
   c) Nr. 3 gefährliche Güter in loser Schüttung oder in Containern befördert,
   d) Nr. 4 nicht dafür sorgt, daß die Begleitpapiere nach Anlage B Randnummer 10 381 Abs. 1 Buchstabe a oder Abs. 2 Buchstabe a, c oder d oder Randnummer 11 282 oder die Ausrüstungsgegenstände nach Anlage B Rn. 21 260 und 61 260 Satz 1 dem Fahrzeugführer rechtzeitig übergeben werden,
   e) Nr. 5 Buchstabe a eine Vorschrift über die Fahrzeugarten nicht beachtet,
   f) Nr. 6 den Fahrzeugführer nicht durch einen Beifahrer begleiten läßt,
   g) Nr. 7 nicht dafür sorgt, daß das beteiligte Personal in der Lage ist, die Weisungen wirksam anzuwenden,
   h) Nr. 8 eine Mengengrenze nicht einhält,
   i) Nr. 9 Buchstabe a Tanks mit gefährlichen Gütern befüllen läßt oder
   j) Nr. 10 oder 11 nicht für die Einhaltung der dort angegebenen Vorschriften sorgt
8. entgegen § 9 Abs. 4
   1a) Nr. 1 ein Versandstück befördert,
   b) Nr. 2 ein Begleitpapier nach Anlage B Randnummer 10 381 Abs. 1 Buchstabe a oder Abs. 2, ein Feuerlöschgerät oder einen Ausrüstungsgegenstand nach Anlage B Randnummer 10 260 Buchstaben a bis c, 21 260 und 61 260 nicht mitführt oder aushändigt,
   c) Nr. 3 eine Vorschrift über die Durchführung der Beförderung oder die Überwachung beim Parken nicht beachtet,

d) Nr. 4 nicht für die Einhaltung der Vorschriften über das Betreten von Fahrzeugen mit Beleuchtungsgeräten sorgt,
e) Nr. 5 nicht für das Anbringen, Sichtbarmachen Verdecken oder Entfernen sorgt,
f) Nr. 6 einen Behälter mit Wasser nicht mitführt,
g) Nr. 7 die Feststellbremse nicht anzieht,
h) Nr. 8 eine Leuchte nicht aufstellt,
i) Nr. 9 die Behörden nicht oder nicht rechtzeitig benachrichtigt oder benachrichtigen läßt,
j) Nr. 10 eine vorgeschriebene Maßnahme nicht trifft oder
k) Nr. 11 den höchstzulässigen Füllungsgrad oder die höchstzulässige Füllung je Liter Fassungsraum nicht einhält,

9. entgegen § 9 Abs. 5
   a) Nr. 1 eine Vorschrift über Bau und Ausrüstung der Fahrzeuge nicht beachtet,
   b) Nr. 2 ein Fahrzeug nicht mit Warntafeln, Kennzeichnungsnummern und Gefahrzetteln ausrüstet,
   c) Nr. 3 Buchstabe a nicht dafür sorgt, daß der Tank den Vorschriften entspricht,
   d) Nr. 4 eine außerordentliche Prüfung des Tanks nicht durchführen läßt,
10. entgegen § 9 Abs. 6 den Absender nicht hinweist,
11. entgegen § 9 Abs. 7 eine Vorschrift über die Verpackung, das Zusammenpacken oder die Kennzeichnung nicht beachtet,
12. entgegen § 9 Abs. 8
    a) Nr. 1 Warntafeln und Gefahrzettel nicht entfernt oder verdeckt oder
    b) Nr. 2 einen Gefahrzettel nicht entfernt oder verdeckt,
13. entgegen § 9 Abs. 9 den Fahrzeugführer oder Beifahrer nicht einweist,
14. entgegen § 9 Abs. 10
    a) Nr. 1 Buchstabe a nicht dafür sorgt, daß der Tankcontainer den Vorschriften entspricht oder
    b) Nr. 2 eine außerordentliche Prüfung nicht durchführen läßt,
15. entgegen § 9 Abs. 11 die Kennzeichnung anbringt,
16. entgegen § 9 Abs. 12 Nr. 1 eine vollziehbare Auflagen nicht beachtet,
17. entgegen § 9 Abs. 13
    a) Nr. 1 eine Warntafel nicht anbringt,
    b) Nr. 2 einen Gefahrzettel nicht anbringt,
    c) Nr. 3 Buchstabe a einen Tankcontainer mit gefährlichen Gütern befüllt,
    d) Nr. 4 den höchstzulässigen Füllungsgrad oder die höchstzulässige Masse der Füllung nicht einhält oder
    e) Nr. 5 die Dichtheit nicht prüft,
18. entgegen § 9 Abs. 14 eine Vorschrift über Beladen, Zusammenladen oder Handhabung nicht beachtet,
19. entgegen § 9 Abs. 15 eine Vorschrift über das Entladen nicht beachtet,
20. entgegen § 9 Abs. 16 Nr. 2 eine Vorschrift über das Rauchverbot oder das Verbot von Feuer oder offenem Licht nicht beachtet,
21. entgegen § 9 Abs. 17 einen Gefahrzettel nicht anbringt,
22. entgegen § 9 Abs. 18 Buchstabe a eine Vorschrift über Vorsichtsmaßnahmen nicht beachtet oder
23 entgegen § 11 Abs. 3 Nr. 3 Satz 2 die Bescheinigung nicht mitführt.

(2) Ordnungswidrig im Sinne des § 10 Abs. 1 Nr. 1 des Gesetzes über die Beförderung gefährlicher Güter handelt, wer bei innerstaatlichen Beförderungen vorsätzlich oder fahrlässig

1. entgegen § 9 Abs. 1 Nr. 4 Buchstabe a nicht dafür sorgt, daß der Bescheid rechtzeitig übergeben wird,
2. entgegen § 9 Abs. 1 Nr. 5 eine Angabe in das Beförderungspapier nicht einträgt oder
3. entgegen § 9 Abs. 2 Nr. 9 Buchstabe b gefährliche Güter zur Beförderung in Tanks übergibt,
3a. entgegen § 9 Abs. 3 Nr. 2 gefährliche Güter in Aufsetztanks befördert,

3b) entgegen § 9 Abs. 3 Nr. 4 Buchstabe a nicht dafür sorgt, daß die Bescheinigung nach Randnummer 211 154 rechtzeitig übergeben wird,
4. entgegen § 9 Abs. 3 Nr. 4 Buchstabe c nicht dafür sorgt, daß der Bescheid rechtzeitig übergeben wird,
5. entgegen § 9 Abs. 3 Nr. 5 Buchstabe b eine Vorschrift über die Fahrzeugarten nicht beachtet,
6. entgegen § 9 Abs. 3 Nr. 9 Buchstabe b Tanks mit gefährlichen Gütern befüllen läßt,
6a. entgegen § 9 Abs. 4 Nr. 2 Buchstabe a die Bescheinigung nach Randnummer 211 154 nicht mitführt oder aushändigt,
7. entgegen § 9 Abs. 4 Nr. 2 Buchstabe d den Bescheid nicht mitführt oder aushändigt,
8. entgegen § 9 Abs. 4 Nr. 12 die Dichtheit nicht prüft,
9. entgegen § 9 Abs. 5 Nr. 3 Buchstabe b nicht dafür sorgt, daß der Tankcontainer den Vorschriften entspricht,
10. entgegen § 9 Abs. 10 Nr. 1 Buchstabe b nicht dafür sorgt, daß der Tank den Vorschriften entspricht,
11. entgegen § 9 Abs. 12 Nr. 2 eine vollziehbare Auflage nicht beachtet,
12. entgegen § 9 Abs. 16 Nr. 1 eine Vorschrift über das Verbot von Feuer und offenem Licht nicht beachtet,
13. entgegen § 9 Abs. 13 Nr. 3 Buchstabe b einen Tankcontainer mit gefährlichen Gütern befüllt,
14. entgegen § 9 Abs. 18 Buchstabe b eine Vorschrift über Vorsichtsmaßnahmen nicht beachtet.

(3) Ordnungswidrig im Sinne des § 10 Abs. 1 Nr. 1 des Gesetzes über die Beförderung gefährlicher Güter handelt, wer bei grenzüberschreitenden Beförderungen (§ 9 Abs. 19) vorsätzlich oder fahrlässig

1. entgegen § 9 Abs. 1 Nr. 3 die Bescheinigung nicht erstellt,
2. entgegen § 9 Abs. 2 Nr. 12 die Dichtheit nicht prüft, oder
3. entgegen § 9 Abs. 5 Nr. 3 Buchstabe c nicht dafür sorgt, daß der Tank den Vorschriften entspricht.

### § 11 Übergangsvorschriften

(1) Zu § 7 Abs. 3 und 5 gilt folgende Übergangsvorschrift:
Vor dem 1. Juli 1990 erteilte Erlaubnisse nach § 7 gelten im Rahmen ihrer Gültigkeit als Fahrwegbestimmung nach § 7 Abs. 3 und als Bescheinigungen der Deutschen Bundesbahn und der Wasser- und Schiffahrtsdirektion nach § 7 Abs. 5 Satz 1 und 2.

(2) Zu den Anlagen A und B (Bezeichnung des Gutes) gilt folgende Übergangsvorschrift:
Bis zum 31. Dezember 1994 dürfen bei innerstaatlichen Beförderungen Stoffbenennungen, deren Schreibweise sich wegen der Anwendung der IUPAC-Nomenklatur ändert, in der am 31. Dezember 1992 geltenden Schreibweise verwendet werden.

(3) Zu den nachstehend bezeichneten Bestimmungen der Anlage B gelten folgende Übergangsvorschriften:

1 Randnummer 10 221 (Wirkung der Dauerbremsanlage)
Für innerstaatliche Beförderungen gilt Randnummer 10 221 in der am 31. Dezember 1992 geltenden Fassung der Gefahrgutverordnung Straße für die nach Inkrafttreten dieser Verordnung bis einschließlich 30. Juni 1993 erstmals in der Verkehr kommenden Fahrzeuge.
2. Randnummer 10 282 (Bescheinigung der besonderen Zulassung):
Für innerstaatliche Beförderungen gelten die für Fahrzeuge erteilten Prüfbescheinigungen nach § 6 Abs. 2 und 4 in der am 31. Dezember 1992 geltenden Fassung der Gefahrgutverordnung Straße bis zum Ablauf ihrer Gültigkeit, längstens bis zum 31. Dezember 1995, als Bescheinigung der besonderen Zulassung nach Randnummer 10 282 wenn im Fahrzeugschein der Vermerk nach § 6 Abs. 2 oder 4 in der am 31. Dezember 1992 geltenden Fassung der Gefahrgut-

verordnung Straße enthalten ist. In diesen Fällen ist § 6 Abs. 6 in der am 31. Dezember 1992 geltenden Fassung der Gefahrgutverordnung Straße anzuwenden.

3. Randnummer 10 283 (Bescheinigung der besonderen Zulassung für Beförderungseinheiten von Tankcontainern):
   Für innerstaatliche Beförderungen gilt bis zur nächsten Hauptuntersuchung nach § 29 der Straßenverkehrs-Zulassungs-Ordnung der Fahrzeugschein als Bescheinigung der besonderen Zulassung nach Randnummer 10 283.
4. Randnummer 10 315 Abs. 1 (Tankwagenfahrerschulung)
   Bescheinigungen über die erfolgreiche Teilnahme an der Schulung von Fahrzeugführern nach Randnummer 10 315 Abs. 2 Satz 2 gelten bis zum 31. Dezember 1994 als Bescheinigungen nach Randnummer 10 315 Abs. 1 für die innerstaatliche Beförderung von Tankcontainern mit gefährlichen Gütern der in der Bescheinigung angeführten Klassen, wenn der Gesamtfassungsraum aller Tankcontainer auf einer Beförderungseinheit nicht mehr als 3 000 Liter beträgt.
5. Randnummer 10 315 Abs. 2 (Gültigkeit von Tankwagenführerschulungen):
   Bescheinigungen über die erfolgreiche Teilnahme an der Schulung von Führern von Tankfahrzeugen oder Beförderungseinheiten zur Beförderung von Tanks oder Tankcontainern nach Randnummer 10 315 Abs. 1, die bis zum 30. Juni 1990 ausgestellt wurden, gelten auch als Bescheinigung nach Randnummer 10 315 Abs. 2, wenn durch eine Bescheinigung des Beförderers nachgewiesen wird, daß der Fahrzeugführer in die Bereiche Beladen, Zusammenladen und Entladen von Versandstücken oder Gütern in loser Schüttung eingewiesen ist. Der Fahrzeugführer hat die Bescheinigung nach Satz 1 während der Beförderung mitzuführen.

### § 12 Anwendung anderer Vorschriften

Andere Rechtsvorschriften über die Beförderung gefährlicher Güter auf der Straße bleiben unberührt.

### § 13 Vorschriften zur Anlage A

(1) Anstelle der in Anlage A Randnummer 2002 Abs. 3 Buchstabe a vorgeschriebenen Abkürzungen „ADR" oder „RID" ist die Abkürzung „GGVS" oder, wenn das Gut auf einem Teil der Beförderungsstrecke mit der Eisenbahn befördert wird, die Abkürzung „GGVE" zu verwenden.

(2) Für Beförderungen von Gütern der Klasse 1 dürfen auch Verpackungen ausgenommen Großpackmitteln (IBC) und für die Beförderung von Gütern der Klassen 3, 4.1, 4.2, 4.3, 5.1, 5.2, 6.1, 8 und 9 dürfen auch Verpackungen einschließlich Großpackmitteln (IBC) verwendet werden, die nach einem nach den Vorschriften des Anhangs V oder VI der Gefahrgutverordnung Eisenbahn in der Fassung der Bekanntmachung vom 10. Juni 1991 (BGBl. I S. 1224) oder des § 5 Abs. 1 der Gefahrgutverordnung See vom 24. Juli 1991 (BGBl. I S. 1714) in der jeweils geltenden Fassung geprüften und zugelassenen Baumuster hergestellt und mit der vorgeschriebenen Kennzeichnung versehen sind.

(3) Die auf Grund einer Bauartzulassung der zuständigen Behörde ...

Der Bundesminister für Verkehr

für Tank

# Anhang B.5 Verzeichnis der Stoffe nach Rn. 10 500

Verzeichnis der Stoffe und der Kennzeichnungsnummern

(1) Die Nummer zur Kennzeichnung der Gefahr besteht aus zwei oder drei Ziffern. Die Ziffern weisen im allgemeinen auf folgende Gefahren hin:

2 Entweichen von Gas durch Druck oder durch chemische Reaktion
3 Entzündbarkeit flüssiger Stoffe (Dämpfe) und Gase oder selbsterhitzungsfähiger flüssiger Stoffe
4 Entzündbarkeit fester Stoffe oder selbsterhitzungsfähiger fester Stoff
5 Oxydierende (brandfördernde) Wirkung
6 Giftigkeit
7 Radioaktivität
8 Ätzwirkung
9 Gefahr einer spontanen heftigen Reaktion

Die Verdoppelung einer Ziffer weist auf die Zunahme der entsprechenden Gefahr hin.
Wenn die Gefahr eines Stoffes ausreichend von einer einzigen Ziffer angegeben werden kann, wird dieser Ziffer eine Null angefügt.
Folgende Zifferkombinationen haben jedoch eine besondere Bedeutung: 22, 323, 333, 362, X362, 382, X382, 423, 44, 462, 482, 539 und 90 [siehe Absatz 2)].
Wenn der Nummer zur Kennzeichnung der Gefahr der Buchstabe "X" vorangestellt ist, reagiert der Stoff in gefährlicher Weise mit Wasser.

(2) Die in Absatz (3) aufgeführten Nummern zur Kennzeichnung der Gefahr haben folgende Bedeutung:

20 inertes Gas
22 tiefgekühltes Gas
223 tiefgekühltes brennbares Gas
225 tiefgekühltes oxydierendes (brandförderndes) Gas
23 brennbares Gas
236 brennbares Gas, giftig
239 brennbares Gas, das spontan zu einer heftigen Reaktion führen kann
25 oxydierendes (brandförderndes) Gas
26 giftiges Gas
265 giftiges Gas, oxydierend (brandfördernd)
266 sehr giftiges Gas
268 giftiges Gas, ätzend
286 ätzendes Gas, giftig
30 entzündbare Flüssigkeit (Flammpunkt von 21°C bis 100°C) oder selbsterhitzungsfähiger flüssiger Stoff
X323 entzündbarer flüssiger Stoff, der mit Wasser gefährlich reagiert und entzündbare Gase entwickelt
33 leicht entzündbare Flüssigkeit (Flammpunkt unter 21°C)
333 pyrophorer flüssiger Stoff
X333 pyrophorer flüssiger Stoff, der mit Wasser gefährlich reagiert *)
336 leicht entzündbarer flüssiger Stoff, giftig
338 leicht entzündbarer flüssiger Stoff, ätzend

*) Wasser darf nur mit Genehmigung der zuständigen Behörde verwendet werden.



alle Stoffe mit 3 müssen beim Umladen geerdet werden

X338 leicht entzündbarer flüssiger Stoff, ätzend, der mit Wasser gefährlich reagiert *)
339 leicht entzündbarer flüssiger Stoff, der spontan zu einer heftigen Reaktion führen kann
36 selbserhitzungsfähiger flüssiger Stoff, giftig
362 entzündbarer flüssiger Stoff, giftig, der mit Wasser gefährlich reagiert und entzündbare Gase bildet
X362 entzündbarer flüssiger Stoff, giftig, der mit Wasser gefährlich reagiert und entzündbare Gase bildet *)
38 selbserhitzungsfähiger flüssiger Stoff, ätzend
X382 selbserhitzungsfähiger flüssiger Stoff, ätzend der mit Wasser gefährlich reagiert und entzündbare Gase bildet *)
39 entzündbarer flüssiger Stoff, der spontan zu einer heftigen Reaktion führen kann
40 entzündbarer oder selbserhitzungsfähiger fester Stoff
423 fester Stoff, der mit Wasser reagiert und entzündbare Gase bildet
X423 entzündbarer fester Stoff, der mit Wasser gefährlich reagiert und entzündbare Gase bildet
44 entzündbarer fester Stoff, der sich bei erhöhter Temperatur in geschmolzenem Zustand befindet
446 entzündbarer fester Stoff, giftig, der sich bei erhöhter Temperatur in geschmolzenem Zustand befindet
46 entzündbarer oder selbsterhitzungsfähiger fester Stoff, giftig
50 oxydierender (brandfördernder) Stoff
539 entzündbares organisches Peroxid
55 stark oxydierender (brandfördernder) Stoff
556 stark oxydierender (brandfördernder) Stoff, giftig
558 stark oxydierender (brandfördernder) Stoff, ätzend
559 stark oxydierender (brandfördernder) Stoff, der spontan zu einer heftigen Reaktion führen kann
56 oxydierender (brandfördernder) Stoff, giftig
568 oxydierender (brandfördernder) Stoff, giftig, ätzend
58 oxydierender (brandfördernder) Stoff, ätzend
59 oxydierender (brandfördernder) Stoff, der spontan zu einer heftigen Reaktion führen kann
60 giftiger oder gesundheitsschädlicher Stoff
63 giftiger oder gesundheitsschädlicher Stoff, entzündbar (Flammpunkt von 21°C bis 55°C)
638 giftiger oder gesundheitsschädlicher Stoff, entzündbar (Flammpunkt von 21°C bis 55°C), ätzend
639 giftiger oder gesundheitsschädlicher Stoff, entzündbar (Flammpunkt von 21°C bis 55°C), der spontan zu einer heftigen Reaktion führen kann
66 sehr giftiger Stoff
663 sehr giftiger Stoff, entzündbar (Flammpunkt nicht über 55°C)
68 giftiger oder gesundheitsschädlicher Stoff,ätzend
69 giftiger oder gesundheitsschädlicher Stoff, der spontan zu einer heftigen Reaktion führen kann
70 radioaktiver Stoff
72 radioaktives Gas
723 radioaktives Gas, brennbar
73 radioaktiver flüssiger Stoff, entzündbar (Flammpunkt nicht über 55°C)
74 radioaktiver fester Stoffe, entzündbar
75 radioaktiver Stoff, oxydierend

*) Wasser darf nur mit Genehmigung der zuständigen Behörde verwendet werden.

76 radioaktiver Stoff, giftig
78 radioaktiver Stoff, ätzend
80 ätzender oder schwach ätzender Stoff
X80 ätzender oder schwach ätzender Stoff, der mit Wasser gefährlich reagiert *)
83 ätzender oder schwach ätzender Stoff, entzündbar (Flammpunkt von 21 °C bis 55 °C)
X83 ätzender oder schwach ätzender Stoff, entzündbar (Flammpunkt von 21 °C bis 55 °C), der mit Wasser gefährlich reagiert *)
839 ätzender oder schwach ätzender Stoff, entzündbar (Flammpunkt von 21 °C bis 55 °C), der spontan zu einer heftigen Reaktion führen kann
X839 ätzender oder schwach ätzender Stoff, entzündbar (Flammpunkt von 21 °C bis 55 °C), der spontan zu einer heftigen Reaktion führen kann und mit Wasser gefährlich reagiert *)
85 ätzender oder schwach ätzender Stoff, oxydierend (brandfördernd)
856 ätzender oder schwach ätzender Stoff, oxydierend (brandfördernd) und giftig
86 ätzender oder schwach ätzender Stoff, giftig
88 stark ätzender Stoff
X88 stark ätzender Stoff, der mit Wasser gefährlich reagiert *)
883 stark ätzender Stoff, entzündbar (Flammpunkt von 21 °C bis 55 °C)
885 stark ätzender Stoff, oxydierend (brandfördernd)
886 stark ätzender Stoff, giftig
X886 stark ätzender Stoff, giftig, der mit Wasser gefährlich reagiert *)
89 ätzender oder schwach ätzender Stoff, der spontan zu einer heftigen Reaktion führen kann
90 verschiedene gefährliche Stoffe

(3) Die Kennzeichnungsnummer nach Rn. 10 500 sind in den nachstehenden Verzeichnissen I und II aufgeführt.

Bem. 1: Die Kennzeichnungsnummern für die orangefarbenen Tafeln sind zuerst im Verzeichnis I zu suchen. Wenn für Stoffe der Klassen 3, 6.1 und 8 der Name des zu befördernden Stoffes oder die Sammelbezeichnung, unter die er fällt, im Verzeichnis I nicht aufgeführt ist, so sind die Kennzeichnungsnummern dem Verzeichnis II zu entnehmen.

Bem. 2: Die nach den Rn. 10 130 und 10 500 (8) bis (10) vorgeschriebene Bezettelung geht der vorgeschriebenen Bezettelung in der Spalte e der Verzeichnisse I und II vor.

## Verzeichnis I

Verzeichnis der mit ihrem chemischen Namen bezeichneten Stoffe oder der Sammelbezeichnungen, denen eine besondere "Nummer zur Kennzeichnung des Stoffes" (Spalte d) zugeteilt ist [wegen Lösungen und Gemischen von Stoffen siehe auch Rn. 2002 (8) und (9)].

Dieses Verzeichnis enthält auch Stoffe, die in den Stoffaufzählungen der Klassen nicht aufgezählt sind, aber unter die in Spalte (b) genannten Klassen und Ziffern fallen.

Bem. Für in diesem Verzeichnis nicht aufgeführten Stoffe der Klassen 3, 4.1, 4.2, 4.3, 6.1 und 8, siehe Verzeichnis II. Die Stoffe sind in alphabetischer Reihenfolge aufgeführt.

Das Zeichen „ - " in Spalte e bedeutet: „Keine Bezettelung vorgeschrieben."

| Bezeichnung des Stoffes | Klasse und Ziffer der Stoffaufzählung (a) (d) | Nummer zur Kennzeichnung der Gefahr (obere Hälfte) | Nummer zur Kennzeichnung des Stoffes (untere Hälfte) (b) (e) | Gefahrzettel (c) |
|---|---|---|---|---|
| Abfallnitriersäuregemisch | 8, 3b) | 80 | 1826 | 8 |
| Abfallschwefelsäure | 8, 1b) | 80 | 1832 | 8 |
| Acetal (1,1-Diethoxyethan) | 3, 3b) | 33 | 1088 | 3 |
| Acetaldehyd (Ethanal) | 3, 1a) | 33 | 1089 | 3 |
| Acetaldehydoxim | 3, 31c) | 30 | 2332 | 3 |
| Acetoin (Acetylmethylcarbinol) | 3, 31c) | 30 | 2621 | 3 |
| Aceton | 3, 3b) | 33 | 1090 | 3 |
| Acetoncyanhydrin | 6.1, 11a) | 66 | 1541 | 6.1 |
| Acetonitril (Methylcyanid) | 3, 11b) | 336 | 1648 | 3 + 6.1 |
| Acetylaceton: siehe Pentan-2,4-dion | | | | |
| Acetylbromid | 8, 36b) | 80 | 1716 | 8 |
| Acetylchlorid | 3, 25b) | X338 | 1717 | 3 + 8 |
| Acetylendichlorid: siehe 1,2-Dichlorethylen | | | | |
| Acetylentetrabromid: siehe 1,1,2,2-Tetrabromethan | | | | |
| Acetylentetrachlorid: siehe 1,1,2,2-Tetrachlorethan | | | | |
| Acetyliodid | 8, 36b) | 80 | 1898 | 8 |
| Acetylmethylcarbinol: siehe Acetoin | | | | |
| Acrolein | 3, 17a) | 336 | 1092 | 3 + 6.1 |
| Acrolein dimer | 3, 31c) | 39 | 2607 | 3 |
| Acrylamid | 6.1, 12c) | 60 | 2074 | 6.1 A |
| Acrylamid, Lösungen von | 6.1, 12c) | 60 | 2074 | 6.1 A |
| Acrylnitril (Vinylcyanid) | 3, 11a) | 336 | 1093 | 3 + 6.1 |
| Acrylsäure | 8, 32b) | 89 | 2218 | 8 + 3 |
| Acrylsäureethylester:siehe Ethylacrylat | | | | |
| Acrylsäuremethylester:siehe Methylacrylat | | | | |
| Adiponitril | 6.1, 12c) | 60 | 2205 | 6.1 A |
| Ätzkali: siehe Kaliumhydroxid | | | | |
| Ätznatron: siehe Natriumhydroxid | | | | |
| Aktinolith: siehe Asbest weiß | | | | |
| Aldol (beta-Hydroxybutyraldehyd) | 6.1, 13b) | 60 | 2839 | 6.1 |
| Alkalimetallamalgame | 4.3, 11a) | X423 | 1389 | 4.3 |
| Alkalimetallamide | 4.3, 19b) | 423 | 1390 | 4.3 |
| Alkalimetalldispersionen | 4.3, 11a) | X423 | 1391 | 4.3 |
| Allylacetat | 3, 17b) | 336 | 2333 | 3 + 6.1 |
| Allylethylether | 3, 17b) | 336 | 2335 | 3 + 6.1 |
| Allylalkohol | 6.1, 13a) | 663 | 1098 | 6.1 + 3 |
| Allylamin | 3, 15a) | 336 | 2334 | 3 + 6.1 |
| Allylbromid | 3, 16a) | 336 | 1099 | 3 + 6.1 |
| Allylchlorformiat | 8, 64a) | 88 | 1722 | 8 |

| Bezeichnung des Stoffes (a) | Klasse und Ziffer der Stoffaufzählung (b) | Nummer zur Kennzeichnung der Gefahr (obere Hälfte) (c) | Nummer zur Kennzeichnung des Stoffes (untere-Hälfte) (d) | Gefahrzettel (e) |
|---|---|---|---|---|
| Allylchlorid | 3, 16a) | 336 | 1100 | 3 + 6.1 |
| Allylformiat | 3, 17a) | 336 | 2336 | 3 + 6.1 |
| Allylglycidylether | 3, 31c) | 30 | 2219 | 3 |
| Allylisothiocyanat | 6.1, 20b) | 69 | 1545 | 6.1 + 3 |
| Allyliodid | 3, 25a) | 338 | 1723 | 3 + 8 |
| Allyltrichlorsilan | 8, 37b) | X839 | 1724 | 8 + 3 |
| Aluminiumalkyle | 4.2, 31a) | X333 | 3051 | 4.2 + 4.3 |
| Aluminiumalkylhalogenide | 4.2, 32a) | X333 | 3052 | 4.2 + 4.3 |
| Aluminiumalkylhydride | 4.2, 32a) | X333 | 3076 | 4.2 + 4.3 |
| Aluminiumborhydrid | 4.2, 17a) | X333 | 2870 | 4.2 + 4.3 |
| Aluminiumbromid, wasserfrei ($AlBr_3$) | 8, 22b) | 80 | 1725 | 8 |
| Aluminiumbromid, wässerige Lösungen von | 8, 5c) | 80 | 2580 | 8 |
| Aluminiumcarbid | 4.3, 17b) | 423 | 1394 | 4.3 |
| Aluminiumchlorid, wasserfrei ($AlCl_3$) | 8, 22b) | 80 | 1726 | 8 |
| Aluminiumchlorid, wässerige Lösungen von | 8, 5c) | 80 | 2581 | 8 |
| Aluminiumeisensiliciumpulver: siehe Aluminiumferrosiliciumpulver | | | | |
| Aluminiumferrosiliciumpulver (Aluminiumeisensiliciumpulver) | 4.3, 15b) | 426 | 1395 | 4.3 +6.1 |
| Aluminium-Krätze | 4.3, 13b) | 423 | 3170 | 4.3 |
| | 4.3 13c) | 423 | 3170 | 4.3 |
| Aluminiumnitrat | 5.1, 22c) | 50 | 1438 | 5.1 |
| Aluminiumpulver, nicht überzogen | 4.3, 13b) | 423 | 1396 | 4.3 |
| Aluminiumpulver, überzogen | 4.1, 13b) | 40 | 1309 | 4.1 |
| | 4.1, 13c) | 40 | 1309 | 4.1 |
| Aluminiumresinat | 4.1, 12c) | 40 | 2715 | 4.1 |
| Aluminiumsiliciumpulver, nicht überzogen | 4.3, 13c) | 423 | 1398 | 4.3 |
| Ameisensäure mit mehr als 70 % reiner Säure | 8, 32b) | 80 | 1779 | 8 |
| Ameisensäure mit 50 bis 70 % reiner Säure | 8, 32c) | 80 | 1779 | 8 |
| Ameisensäureethylester: siehe Ethylformiat | | | | |
| Ameisensäuremethylester: siehe Methylformiat | | | | |
| Ameisensäurepropylester: siehe Propylformiat | | | | |
| 2-Amino-5-diethylaminopentan | 6.1, 12c | 60 | 2946 | 6.1 A |
| 2-(2-Aminoethoxyl)-ethanol | 8, 54c) | 80 | 3055 | 8 |
| N-Aminoethylpiperazin | 8, 53c) | 80 | 2815 | 8 |
| Aminophenole | 6.1, 12c) | 60 | 2512 | 6.1 A |

| Bezeichnung des Stoffes (a) | Klasse und Ziffer der Stoffaufzählung (b) | Nummer zur Kennzeichnung der Gefahr (obere Hälfte) (c) | Nummer zur Kennzeichnung des Stoffes (untere-Hälfte) (d) | Gefahrzettel (e) |
|---|---|---|---|---|
| 1-Aminopropan: siehe n-Propylamin | | | | |
| 2-Aminopropan: siehe Isopropylamin | | | | |
| bis-Aminopropylamin (Dipropylentriamin, 3,3'-Imino-bis-propylamin) | 8, 53c) | 80 | 2269 | 8 |
| Ammoniak | 2, 3at) | 268 | 1005 | 6.1 |
| Ammoniak in Wasser gelöst, mit über 40 Masse-% bis höchstens 50 Masse-% Ammoniak ($NH_3$) | 2, 9at) | 268 | 2073 | 6.1 |
| Ammoniak in Wasser gelöst, mit über 35 Masse-% bis höchstens 40 Masse-% Ammoniak ($NH_3$) | 2, 9at) | 268 | 2073 | 6.1 |
| Ammoniak, Lösungen von, mit mindestens 10 % und höchstens 35 % Ammoniak ($NH_3$) | 8, 43c) | 80 | 2672 | 8 |
| Ammoniumbifluorid | 8, 26b) | 80 | 1727 | 8 + 6.1 |
| Ammoniumbifluorid, Lösungen von | 8, 26b) | 80 | 2817 | 8 + 6.1 |
| Ammoniumbisulfat mit 3 % und mehr freier Schwefelsäure ($H_2SO_4$) | 8, 23b) | 80 | 2506 | 8 |
| Ammoniumdichromat | 5.1, 27b) | 50 | 1439 | 5.1 |
| Ammoniumfluorid | 6.1, 65c) | 60 | 2505 | 6.1 A |
| Ammoniumnitrat, flüssig, heiße konzentrierte Lösung | 5.1, 20 | 59 | 2426 | 5.1 |
| Ammoniumnitrat | 5.1, 21c) | 50 | 1942 | 5.1 |
| Ammoniumnitrathaltige Düngemittel, | | | | |
| - Typ A1 | 5.1,21c) | 50 | 2067 | 5.1 |
| - Typ A2 | 5.1, 21c) | 50 | 2068 | 5.1 |
| - Typ A3 | 5.1, 21c) | 50 | 2069 | 5.1 |
| - Typ A4 | 5.1, 21c) | 50 | 2070 | 5.1 |
| Ammoniumpersulfat | 5.1, 18c) | 50 | 1444 | 5.1 |
| Ammoniumpolysulfid, Lösungen von | 8, 45b) | 86 | 2818 | 8 |
| Ammoniumsilicofluorid | 6.1, 66c) | 60 | 2854 | 6.1 A |
| Ammoniumsulfid, Lösungen von | 8, 45b) | 86 | 2683 | 8 |
| Amosit: siehe Asbest braun | | | | |
| Amylacetate | 3, 31c) | 30 | 1104 | 3 |
| n-Amylalkohol | 3, 31c) | 30 | 1105 | 3 |
| sec-Amylalkohol | 3, 31c) | 30 | 1105 | 3 |
| tert-Amylalkohol | 3, 3b) | 33 | 1105 | 3 |
| n-Amylamin | 3, 22b) | 338 | 1106 | 3 + 8 |
| Amylbutyrate | 3, 31c) | 30 | 2620 | 3 |
| Amylchlorid (1-Chlorpentan) | 3, 3b) | 33 | 1107 | 3 |
| Amylmercaptan | 3, 3b) | 33 | 1111 | 3 |
| Amylmethylketon | 3, 31c) | 30 | 1110 | 3 |
| Amylnitrat | 3, 31c) | 30 | 1112 | 3 |
| Amylnitrit | 3, 3b) | 33 | 1113 | 3 |

| Bezeichnung des Stoffes (a) | Klasse und Ziffer der Stoffaufzählung (b) | Nummer zur Kennzeichnung der Gefahr (obere Hälfte) (c) | Nummer zur Kennzeichnung des Stoffes (untere-Hälfte) (d) | Gefahrzettel (e) |
|---|---|---|---|---|
| Amyltrichlorsilan | 8, 37b) | X80 | 1728 | 8 |
| Anilin | 6.1, 11b) | 60 | 1547 | 6.1 |
| Anisidine | 6.1, 12c) | 60 | 2431 | 6.1 A |
| Anisol: siehe Phenylmethylether | | | | |
| Anisoylchlorid | 8, 35b) | 80 | 1729 | 8 |
| Antimonpentachlorid ($SbCl_5$) | 8, 21b) | 80 | 1730 | 8 |
| Antimonpentachlorid, nicht wässerige Lösungen von | 8, 21b) | 80 | 1731 | 8 |
| Antimonpentafluorid | 8, 26b) | 86 | 1732 | 8 + 6.1 |
| Antimontrichlorid ($SbCl_3$) | 8, 22b) | 80 | 1733 | 8 |
| Antophyllit: siehe Asbest weiß | | | | |
| Argon, tiefgekühlt, verflüssigt | 2, 7a) | 22 | 1951 | 2 |
| Arsenbromid | 6.1, 51b) | 60 | 1555 | 6.1 |
| Arsenpentoxid | 6.1, 51b) | 60 | 1559 | 6.1 |
| Arsensäure, fest | 6.1, 51b) | 60 | 1554 | 6.1 |
| Arsensäure, flüssig | 6.1, 51a) | 66 | 1553 | 6.1 |
| Arsentrichlorid | 6.1, 51a) | 66 | 1560 | 6.1 |
| Arsentrioxid | 6.1, 51b) | 60 | 1561 | 6.1 |
| Asbest blau (Krokydolith) | 9, 1b) | 90 | 2212 | 9 |
| Asbest braun (Amosit, Myrosit) | 9, 1b) | 90 | 2212 | 9 |
| Asbest weiß (Chrysotil, Aktinolith, Antophyllit, Tremolit) | 9, 1c) | 90 | 2590 | 9 |
| Barium | 4.3, 11b) | 423 | 1400 | 4.3 |
| Bariumbromat | 5.1, 29b) | 56 | 2719 | 5.1 + 6.1 |
| Bariumcarbonat | 6.1, 60c) | 60 | 1564 | 6.1 A |
| Bariumchlorat | 5.1, 29b) | 56 | 1445 | 5.1 + 6.1 |
| Bariumhypochlorit | 5.1, 29b) | 56 | 2741 | 5.1 + 6.1 |
| Bariumnitrat | 5.1, 29b) | 56 | 1446 | 5.1 + 6.1 |
| Bariumoxid | 6.1, 60c) | 60 | 1884 | 6.1 A |
| Bariumperchlorat | 5.1, 29b) | 56 | 1447 | 5.1 + 6.1 |
| Bariumpermanganat | 5.1, 29b) | 56 | 1448 | 5.1 + 6.1 |
| Bariumperoxid | 5.1, 29b) | 56 | 1449 | 5.1 + 6.1 |
| Benzalchlorid (Benzylidenchlorid) | 6.1, 17b) | 68 | 1886 | 6.1 |
| Benzine: siehe Kohlenwasserstoffe, flüssige | | | | |
| Benzochinon | 6.1, 14b) | 60 | 2587 | 6.1 |
| Benzen | 3, 3b) | 33 | 1114 | 3 |
| Benzensulfonylchlorid | 8, 36c) | 80 | 2225 | 8 |
| Benzonitril | 6.1, 11b) | 60 | 2224 | 6.1 |
| Benzothiol (Thiophenol) | 6.1, 20a) | 663 | 2337 | 6.1 + 3 |
| Benzotrichlorid (Trichlormethylbenzen) | 8, 66b) | 80 | 2226 | 8 |
| Benzotrifluorid | 3, 3b) | 33 | 2338 | 3 |
| Benzoylchlorid | 8, 36b) | 80 | 1736 | 8 |
| Benzylbromid | 6.1, 15b) | 60 | 1737 | 6.1 |

| Bezeichnung des Stoffes (a) | Klasse und Ziffer der Stoffaufzählung (b) | Nummer zur Kennzeichnung der Gefahr (obere Hälfte) (c) | Nummer zur Kennzeichnung des Stoffes (untere Hälfte) (d) | Gefahrzettel (e) |
|---|---|---|---|---|
| Benzylchlorformiat | 8, 64a) | 88 | 1739 | 8 |
| Benzylchlorid | 6.1, 15b) | 68 | 1738 | 6.1 |
| Benzylcyanid (Phenylacetonitril) | 6.1, 12c) | 60 | 2470 | 6.1 A |
| Benzyldimethylamin | 8, 53b) | 83 | 2619 | 8 + 3 |
| Benzylidenchlorid: siehe Benzalchlorid | | | | |
| Benzyliodid | 6.1, 17b) | 60 | 2653 | 6.1 |
| Berylliumnitrat | 5.1, 29b) | 56 | 2464 | 5.1 + 6.1 |
| Bicycloheptadien: siehe 2,5-Norbornadien | | | | |
| 1,2-Bisdimethylaminoethan (Tetramethylethylendiamin | 3, 31c) | 30 | 2372 | 3 |
| Bisulfite, Lösungen anorganischer | 8, 27c) | 80 | 2693 | 8 |
| Blausäurelösungen, wässerige,mit höchstens 20 % reiner Säure (HCN) | 6.1, 2 | 663 | 1613 | 6.1 + 3 |
| Bleiacetat (Bleizucker) | 6.1, 62c) | 60 | 1616 | 6.1 A |
| Bleialkyle mit organischen Halogenverbindungen, Mischungen von | 6.1, 31a) | 66 | 1649 | 6.1 |
| Bleidioxid | 5.1, 29c) | 56 | 1872 | 5.1 + 6.1 |
| Bleinitrat | 5.1, 29b) | 56 | 1469 | 5.1 + 6.1 |
| Bleiperchlorat | 5.1, 29b) | 56 | 1470 | 5.1 + 6.1 |
| Bleiphosphit, zweibasiges | 4.1, 11b) | 40 | 2989 | 4.1 |
| | 4.1, 11c) | 40 | 2989 | 4.1 |
| Bleisulfat mit 3 % und mehr freier Schwefelsäure ($H_2SO_4$) | 8, 23b) | 80 | 1794 | 8 |
| Bleizucker: siehe Bleiacetat | | | | |
| Borate und Chlorate, Mischungen | 5.1, 11b) | 50 | 1458 | 5.1 |
| Borneol | 4.1, 6c) | 40 | 1312 | 4.1 |
| Bortribromid (Tribromboran) ($BBr_3$) | 8, 21a) | X88 | 2692 | 8 |
| Bortrifluoriddimethyletherat | 4.3, 2a) | 382 | 2965 | 4.3 + 3 + 8 |
| Bortrifluorid-Ether-Komplex | 8, 33b) | 83 | 2604 | 8 + 3 |
| Bortrifluorid Dihydrat | 8, 33b) | 80 | 2851 | 8 |
| Bortrifluorid-Essigsäure-Komplex | 8, 33b) | 80 | 1742 | 8 |
| Bortrifluorid-Propionsäure-Komplex | 8, 33b) | 80 | 1743 | 8 |
| Brom | 8, 24 | 886 | 1744 | 8 + 6.1 |
| Bromaceton | 6.1, 16b) | 60 | 1569 | 6.1 |
| omega-Bromacetophenon (Phenacylbromid) | 6.1, 17b) | 60 | 2645 | 6.1 |
| Bromacetylbromid | 8, 36b) | X80 | 2513 | 8 |
| 2-Bromethylethylether | 3, 3b) | 33 | 2340 | 3 |
| Brombenzen | 3, 31c) | 30 | 2514 | 3 |
| alpha-Brombenzylcyanid | 6.1, 17a) | 66 | 1694 | 6.1 |
| 1-Brombutan: siehe Butylbromid | | | | |
| 2-Brombutan | 3, 3b) | 33 | 2339 | 3 |
| Bromchlordifluormethan (R 12B1) | 2, 3a) | 20 | 1974 | 2 |
| Bromchlormethan | 6.1, 15c) | 60 | 1887 | 6.1 A |
| 1-Brom-3-chlorpropan | 6.1, 15c) | 60 | 2688 | 6.1 A |

| Bezeichnung des Stoffes (a) | Klasse und Ziffer der Stoffaufzählung (b) | Nummer zur Kennzeichnung der Gefahr (obere Hälfte) (c) | Nummer zur Kennzeichnung des Stoffes (untere-Hälfte) (d) | Gefahrzettel (e) |
|---|---|---|---|---|
| Bromessigsäure | 8, 31b) | 80 | 1938 | 8 |
| Bromessigsäuremethylester: siehe Methylbromacetat | | | | |
| 1-Brom-3-methylbutan | 3, 31c) | 30 | 2341 | 3 |
| Brommethylpropane | 3, 3b) | 33 | 2342 | 3 |
| Bromoform: siehe Tribrommethan | | | | |
| Brompentafluorid | 5.1, 5 | 568 | 1745 | 5.1+ 6.1+ 8 |
| 2-Brompentan | 3, 3b) | 33 | 2343 | 3 |
| 2-Brompropan | 3, 3b) | 33 | 2344 | 3 |
| 3-Brompropyn | 3, 3b) | 33 | 2345 | 3 |
| Bromtrifluorid | 5.1, 5 | 568 | 1746 | 5.1+ 6.1+ 8 |
| Bromtrifluormethan (R 13B1) | 2, 5a) | 20 | 1009 | 2 |
| Bromwasserstoff | 2, 3at) | 286 | 1048 | 8 + 6.1 |
| Bromwasserstofflösungen | 8, 5b) | 80 | 1788 | 8 |
| Butadiene | 2, 3c) | 239 | 1010 | 3 |
| Butan, Gasgemisch: siehe Gemische von Kohlenwasserstoffen (verflüssigtes Gas) (Gemisch A, A0). | | | | |
| Butan, technisch rein | 2, 3b) | 23 | 1011 | 3 |
| Butandion (Diacetyl) | 3, 3b) | 33 | 2346 | 3 |
| Butanol: siehe n-Butylalkohol | | | | |
| n-Butan-2-ol: siehe sec-Butylalkohol | | | | |
| tert-Butanol: siehe tert-Butylalkohol | | | | |
| Butanon: siehe Methylethylketon | | | | |
| But-1-en | 2, 3b) | 23 | 1012 | 3 |
| cis-But-2-en | 2, 3b) | 23 | 1012 | 3 |
| trans-But-2-en | 2, 3b) | 23 | 1012 | 3 |
| But-2-in (Dimethylacetylen, Crotonylen) | 3, 1a) | 339 | 1144 | 3 |
| Butoxy (Methoxybutylacetat) | 3, 31c) | 30 | 2708 | 3 |
| n-Buttersäure | 8, 32c) | 80 | 2820 | 8 |
| Buttersäureethylester: siehe Ethylbutyrat | | | | |
| Buttersäureanhydrid | 8, 32c) | 80 | 2739 | 8 |
| Buttersäurechlorid: siehe Butyrylchlorid | | | | |
| n-Buttersäuremethylester: siehe Methylbutyrat | | | | |
| Buttersäurenitril: siehe Butyronitril | | | | |
| n-Butylacetat | 3, 31c) | 30 | 1123 | 3 |
| sec-Butylacetat | 3, 3b) | 33 | 1123 | 3 |
| n-Butylacrylat | 3, 31c) | 39 | 2348 | 3 |
| n-Butylalkohol (Butanol) | 3, 31c) | 30 | 1120 | 3 |
| sec-Butylalkohol (n-Butan-2-ol) | 3, 31c) | 30 | 1120 | 3 |
| tert-Butylalkohol (tert-Butanol) | 3, 3b) | 33 | 1120 | 3 |
| n-Butylamin | 3, 22b) | 338 | 1125 | 3 + 8 |
| N-Butylaniline | 6.1, 12b) | 60 | 2738 | 6.1 |

| Bezeichnung des Stoffes (a) | Klasse und Ziffer der Stoffaufzählung (b) | Nummer zur Kennzeichnung der Gefahr (obere Hälfte) (c) | Nummer zur Kennzeichnung des Stoffes (untere Hälfte) (d) | Gefahrzettel (e) |
|---|---|---|---|---|
| Butylbenzene | 3, 31c) | 30 | 2709 | 3 |
| n-Butylbromid (1-Brombutan) | 3, 3b) | 33 | 1126 | 3 |
| n-Butylchlorformiat | 6.1, 16b) | 638 | 2743 | 6.1+ 3+ 8 |
| Butylchloride | 3, 3b) | 33 | 1127 | 3 |
| tert-Butylcyclohexylchlorformiat | 6.1, 17c) | 68 | 2747 | 6.1 A+ 8 |
| Butylen: siehe Buten | | | | |
| 1,2-Butylenoxid | 3, 3b) | 339 | 3022 | 3 |
| n-Butylether: siehe n-Dibutylether | | | | |
| n-Butylformiat | 3, 3b) | 33 | 1128 | 3 |
| N,n-Butylimidazol | 6.1, 12b) | 60 | 2690 | 6.1 |
| n-Butylisocyanat | 3, 14b) | 336 | 2485 | 3 + 6.1 |
| tert-Butylisocyanat | 3, 14a) | 336 | 2484 | 3 + 6.1 |
| Butylmercaptan | 3, 3b) | 33 | 2347 | 3 |
| n-Butylmethacrylat | 3, 31c) | 39 | 2227 | 3 |
| Butylmethylether | 3, 3b) | 33 | 2350 | 3 |
| Butylnitrite | 3, 3b) | 33 | 2351 | 3 |
| Butylphenole, in geschmolzenem Zustand | 6.1, 14c) | 60 | 2229 | 6.1 A |
| Butylphenole, flüssig | 6.1, 14c) | 60 | 2228 | 6.1 A |
| Butylpropionat | 3, 31c) | 30 | 1914 | 3 |
| Butyltoluene | 3, 32c) | 30 | 2667 | - |
| Butyltrichlorsilan | 8, 37b) | X83 | 1747 | 8 + 3 |
| Butylvinylether | 3, 3b) | 339 | 2352 | 3 |
| Butyraldehyd | 3, 3b) | 33 | 1129 | 3 |
| Butyraldoxim | 3, 32c) | 30 | 2840 | - |
| Butyronitril (Buttersäurenitril) | 3, 11b) | 336 | 2411 | 3 + 6.1 |
| Butyrylchlorid (Buttersäurechlorid) | 3, 25b) | 338 | 2353 | 3 + 8 |
| | | | | |
| Caesium | 4.3, 11a) | X423 | 1407 | 4.3 |
| Caesiumhydroxid | 8, 41b) | 80 | 2682 | 8 |
| Caesiumhydroxid, wässerige Lösungen von | 8, 42b) | 80 | 2681 | 8 |
| Caesiumnitrat | 5.1, 22c) | 50 | 1451 | 5.1 |
| Calcium | 4.3, 11b) | 423 | 1401 | 4.3 |
| Calciumarsenat | 6.1, 51b) | 60 | 1573 | 6.1 |
| Calciumcarbid | 4.3, 17b) | 423 | 1402 | 4.3 |
| Calciumchlorat | 5.1, 11b) | 50 | 1452 | 5.1 |
| Calciumchlorat, wässerige Lösungen von. | 5.1, 11b) | 50 | 2429 | 5.1 |
| Calciumchlorit | 5.1, 14b) | 50 | 1453 | 5.1 |
| Calciumcyanamid | 4.3, 19c) | 423 | 1403 | 4.3 |
| Calciumdithionit (Calciumhydrosulfit) | 4.2, 13b) | 40 | 1923 | 4.2 |
| Calciumhypochlorit, Mischungen, trocken | 5.1, 15c) | 50 | 2208 | 5.1 |
| Calciumhypochlorit | | | | |
| - trocken | 5.1, 15b) | 50 | 1748 | 5.1 |
| - Mischungen | 5.1, 15b) | 50 | 1748 | 5.1 |

| Bezeichnung des Stoffes (a) | Klasse und Ziffer der Stoffaufzählung (b) | Nummer zur Kennzeichnung der Gefahr (obere Hälfte) (c) | Nummer zur Kennzeichnung des Stoffes (untere-Hälfte) (d) | Gefahrzettel (e) |
|---|---|---|---|---|
| Calciumhypochlorit | | | | |
| - hydratisiert | 5.1, 15b) | 50 | 2880 | 5.1 |
| - hydratisierte Mischungen | 5.1, 15b) | 50 | 2880 | 5.1 |
| Calciummangansilicium | 4.3, 12c) | 423 | 2844 | 4.3 |
| Calciumnitrat | 5.1, 22c) | 50 | 1454 | 5.1 |
| Calciumperchlorat | 5.1, 13b) | 50 | 1455 | 5.1 |
| Calciumpermanganat | 5.1, 17b) | 50 | 1456 | 5.1 |
| Calciumperoxid | 5.1, 25b) | 50 | 1457 | 5.1 |
| Calciumresinat | 4.1, 12c) | 40 | 1313 | 4.1 |
| Calciumresinat, geschmolzen und erstarrt | 4.1, 12c) | 40 | 1314 | 4.1 |
| Calciumsilicid | 4.3, 12b) | 423 | 1405 | 4.3 |
| Campher | 4.1, 6c) | 40 | 2717 | 4.1 |
| Capronsäure | 8, 32c) | 80 | 2829 | 8 |
| Cerium | 4.3, 13b) | 423 | 3078 | 4.3 |
| Chinolin | 6.1, 12c) | 60 | 2656 | 6.1 A |
| Chlor | 2, 3at) | 266 | 1017 | 6.1 + 8 |
| Chloracetaldehyd | 6.1, 16b) | 60 | 2232 | 6.1 |
| Chloraceton | 6.1, 16b) | 60 | 1695 | 6.1 |
| omega-Chloracetophenon (Phenacylchlorid) | 6.1, 17b) | 60 | 1697 | 6.1 |
| Chloracetylchlorid | 8, 36b) | X80 | 1752 | 8 |
| Chloral: siehe Trichloracetaldehyd | | | | |
| Chlorameisensäureallylester: siehe Allylchlorformiat | | | | |
| Chlorameisensäurebenzylester: siehe Benzylchlorformiat | | | | |
| Chlorameisensäure-tert-butylcyclohexylester: siehe tert-Butylcyclohexylchlorformiat | | | | |
| Chlorameisensäureethylester: siehe Ethylchlorformiat | | | | |
| Chlorameisensäure-2-ethylhexylester: siehe 2-Ethylhexylchlorformiat | | | | |
| Chlorameisensäuremethylester: siehe Methylchlorformiat | | | | |
| Chlorameisensäurephenylester: siehe Phenylchlorformiat | | | | |
| Chloranisidine | 6.1, 17c) | 60 | 2233 | 6.1 A |
| Chlorate und Magnesiumchlorid, Mischungen | 5.1, 11b) | 50 | 1459 | 5.1 |
| Chlorbenzen (Phenylchlorid) | 3, 31c) | 30 | 1134 | 3 |
| Chlorbenzotrifluoride | 3, 31c) | 30 | 2234 | 3 |
| Chlorbenzylchloride | 6.1, 17c) | 60 | 2235 | 6.1 A |
| Chlorbleichlauge: siehe Hypochloritlösungen | | | | |

| Bezeichnung des Stoffes (a) | Klasse und Ziffer der Stoffaufzählung (b) | Nummer zur Kennzeichnung der Gefahr (obere Hälfte) (c) | Nummer zur Kennzeichnung des Stoffes (untere-Hälfte) (d) | Gefahrzettel (e) |
|---|---|---|---|---|
| Chlorcresole | 6.1, 14b) | 60 | 2669 | 6.1 |
| 1-Chlor-1,1-difluorethan (R 142b) | 2, 3b) | 23 | 2517 | 3 |
| Chlordifluormethan (R 22) | 2, 3a) | 20 | 1018 | 2 |
| Chlordinitrobenzen | 6.1, 12b) | 60 | 1577 | 6.1 |
| Chloressigsäure (Monochloressigsäure), fest | 8, 31b) | 80 | 1751 | 8 |
| Chloressigsäure (Monochloressigsäure), in geschmolzenem Zustand | 8, 31b) | 80 | 1750 | 8 |
| Chloressigsäure (Monochloressigsäure), Lösungen von | 8, 32b) | 80 | 1750 | 8 |
| Chloressigsäureethylester: siehe Ethylchloracetat | | | | |
| Chloressigsäuremethylester: siehe Methylchloracetat | | | | |
| Chloressigsäure, Mischungen von | 8, 32b) | 80 | 1750 | 8 |
| 2-Chlorethanol: siehe Ethylenchlorhydrin | | | | |
| Chlorkohlenoxid (Phosgen) | 2, 3at) | 266 | 1076 | 6.1 + 8 |
| Chlormethoxymethan: siehe Methylchlormethylether | | | | |
| Chlormethylchlorformiat | 6.1, 16b) | 638 | 2745 | 6.1+ 3+ 8 |
| Chlormethylethylether | 3, 16b) | 336 | 2354 | 3 + 6.1 |
| 3-Chlor-4-methylphenylisocyanat | 6.1, 19b) | 60 | 2236 | 6.1 |
| Chlornitroaniline | 6.1, 17c) | 60 | 2237 | 6.1 A |
| Chlornitrobenzene | 6.1, 12b) | 60 | 1578 | 6.1 |
| Chlornitrotoluene | 6.1, 17c) | 60 | 2433 | 6.1 A |
| Chloroform | 6.1, 15b) | 60 | 1888 | 6.1 |
| Chloropren | 3, 16a) | 336 | 1991 | 3 + 6.1 |
| Chlorpentafluorethan (R 115) | 2, 3a) | 20 | 1020 | 2 |
| 1-Chlorpentan: siehe Amylchlorid | | | | |
| 2-Chlorphenol | 6.1, 16c) | 68 | 2021 | 6.1 A |
| 3-Chlorphenol | 6.1, 17c) | 60 | 2020 | 6.1 A |
| 4-Chlorphenol | 6.1, 17c) | 60 | 2020 | 6.1 A |
| Chlorphenyltrichlorsilan | 8, 37b) | X80 | 1753 | 8 |
| Chlorpikrin | 6.1, 16a) | 66 | 1580 | 6.1 |
| 1-Chlorpropan (Propylchlorid) | 3, 2b) | 33 | 1278 | 3 |
| 2-Chlorpropan (Isopropylchlorid) | 3, 2b) | 33 | 2356 | 3 |
| 3-Chlorpropan-1,2-diol: siehe Glycerol-alpha-monochlorhydrin | | | | |
| 3-Chlorpropan-1-ol | 6.1, 16c) | 60 | 2849 | 6.1 A |
| 1-Chlorpropan-2-ol | 6.1, 16b) | 63 | 2611 | 6.1 + 3 |
| 2-Chlorpropen | 3, 1a) | 33 | 2456 | 3 |
| 2-Chlorpropionsäure | 8, 32c) | 80 | 2511 | 8 |
| 2-Chlorpyridin | 6.1, 11b) | 60 | 2822 | 6.1 |
| Chlorsäure, wässerige Lösungen | 5.1, 4b) | 50 | 2626 | 5.1 |
| Chlorschwefel: siehe Schwefelchlorid | | | | |

| Bezeichnung des Stoffes (a) | Klasse und Ziffer der Stoffaufzählung (b) | Nummer zur Kennzeichnung der Gefahr (obere Hälfte) (c) | Nummer zur Kennzeichnung des Stoffes (untere-Hälfte) (d) | Gefahrzettel (e) |
|---|---|---|---|---|
| Chlorsulfonsäure [$SO_2(OH)Cl$] | 8, 21a) | 88 | 1754 | 8 |
| 1-Chlor-1,2,2,2-tetrafluorethan (R 124) | 2, 3a) | 20 | 1021 | 2 |
| Chlortoluene | 3, 31c) | 30 | 2238 | 3 |
| Chlortoluidine | 6.1, 17c) | 60 | 2239 | 6.1 A |
| 1-Chlor-2,2,2-trifluorethan (R 133a) | 2, 3a) | 20 | 1983 | 2 |
| Chlortrifluorethylen (R 1113) | 2, 3ct) | 236 | 1082 | 3 + 6.1 |
| Chlortrifluormethan (R 13) | 2, 5a) | 20 | 1022 | 2 |
| Chlorwasserstoff | 2, 5at) | 286 | 1050 | 8 + 6.1 |
| Chlorwasserstofflösungen: siehe Salzsäure | | | | |
| Chromiumfluorid | 8, 26b) | 80 | 1756 | 8 + 6.1 |
| Chromiumfluorid, Lösungen von | 8, 26b) | 80 | 1757 | 8 + 6.1 |
| Chromiumoxychlorid: siehe Chromylchlorid | | | | |
| Chromiumsäure, Lösungen von | 8, 11b) | 80 | 1755 | 8 |
| Chromiumschwefelsäure | 8, 1a) | 88 | 2240 | 8 |
| Chromnitrat | 5.1, 22c) | 50 | 2720 | 5.1 |
| Chromtrioxid, wasserfrei | 5.1, 31b) | 58 | 1463 | 5.1 + 8 |
| Chromylchlorid (Chromiumoxychlorid) ($CrO_2$ $CI_2$) | 8, 21a) | 88 | 1758 | 8 |
| Chrysotil: siehe Asbest weiß | | | | |
| Cresole | 6.1, 14b) | 60 | 2076 | 6.1 |
| Cresylsäure | 6.1, 14b) | 60 | 2022 | 6.1 |
| Crononaldehyd | 3, 3b) | 33 | 1143 | 3 |
| Crononylen: siehe But-2-in | | | | |
| Cumen (Isopropylbenzen) | 3, 31c) | 30 | 1918 | 3 |
| Cyanurchlorid | 8, 27c) | 80 | 2670 | 8 |
| Cyclobutylchlorformiat | 6.1, 16b) | 638 | 2744 | 6.1+ 3+ 8 |
| 1,5,9-Cyclododecatrien | 6.1, 24c) | 60 | 2518 | 6.1 A |
| Cycloheptan | 3, 3b) | 33 | 2241 | 3 |
| Cycloheptatrien | 3, 20b) | 336 | 2603 | 3 + 6.1 |
| Cyclohepten | 3, 3b) | 33 | 2242 | 3 |
| Cyclohexan | 3, 3b) | 33 | 1145 | 3 |
| Cyclohexanon | 3, 31c) | 30 | 1915 | 3 |
| Cyclohexen | 3, 3b) | 33 | 2256 | 3 |
| Cyclohexenyltrichlorsilan | 8, 37b) | X80 | 1762 | 8 |
| Cyclohexylacetat | 3, 32c) | 30 | 2243 | - |
| Cyclohexylamin | 8, 53b) | 83 | 2357 | 8 + 3 |
| Cyclohexylisocyanat | 6.1, 18b) | 63 | 2488 | 6.1 + 3 |
| Cyclohexylmercaptan | 3, 31c) | 30 | 3054 | 3 |
| Cyclohexyltrichlorsilan | 8, 37b) | X80 | 1763 | 8 |
| Cyclooctadien | 3, 31c) | 30 | 2520 | 3 |
| Cyclooctadienphosphine: siehe 9-Phosphabicyclononane | | | | |
| Cyclooctatetraen | 3, 31c) | 30 | 2358 | 3 |
| Cyclopentan | 3, 3b) | 33 | 1146 | 3 |
| Cyclopentanol | 3, 31c) | 30 | 2244 | 3 |

| Bezeichnung des Stoffes (a) | Klasse und Ziffer der Stoffaufzählung (b) | Nummer zur Kennzeichnung der Gefahr (obere Hälfte) (c) | Nummer zur Kennzeichnung des Stoffes (untere-Hälfte) (d) | Gefahrzettel (e) |
|---|---|---|---|---|
| Cyclopentanon | 3, 31c) | 30 | 2245 | 3 |
| Cyclopenten | 3, 2b) | 33 | 2246 | 3 |
| Cyclopropan | 2, 3b) | 23 | 1027 | 3 |
| Cymene (Methylisopropylbenzene) | 3, 31c) | 30 | 2046 | 3 |
| Decaboran | 4.1, 16b) | 46 | 1868 | 4.1 + 6.1 |
| Decahydronaphtalen (Decalin) | 3, 32c) | 30 | 1147 | - |
| n-Decan | 3, 31c) | 30 | 2247 | 3 |
| Diacetonalkohol, chemisch rein | 3, 31c) | 30 | 1148 | 3 |
| Diacetonalkohol, technisch (Diaceton, technisch) | 3, 3b) | 33 | 1148 | 3 |
| Diacetyl: siehe Butandion | | | | |
| Diallylether | 3, 17b) | 336 | 2360 | 3 + 6.1 |
| Diallylamin | 3, 22b) | 338 | 2359 | 3 + 8 |
| Diaminodiphenylmethan, in geschmolzenem Zustand | 6.1, 12c) | 60 | 2651 | 6.1 A |
| n-Diamylamin | 6.1, 12c) | 60 | 2841 | 6.1 A |
| Dibenzyldichlorsilan | 8, 37b) | X80 | 2434 | 8 |
| 1,2-Dibromethan (Ethylendibromid) | 6.1, 15b) | 60 | 1605 | 6.1 |
| Dibrombenzene | 3, 32c) | 30 | 2711 | - |
| 1,2-Dibrombutan-3-on | 6.1, 16b) | 60 | 2648 | 6.1 |
| 1,2-Dibrom-3-chlorpropan | 6.1, 15c) | 60 | 2872 | 6.1 A |
| Dibrommethan: siehe Methylenbromid | | | | |
| n-Dibutylamin | 8, 53b) | 83 | 2248 | 8 + 3 |
| Dibutylethanolamin | 6.1, 12c) | 60 | 2873 | 6.1 A |
| n-Dibutylether (n-Butylether) | 3, 31c) | 30 | 1149 | 3 |
| symm. Dichloraceton | 6.1, 16b) | 63 | 2649 | 6.1 + 3 |
| Dichloracetylchlorid | 8, 36b) | X80 | 1765 | 8 |
| Dichloraniline | 6.1, 12b) | 60 | 1590 | 6.1 |
| 1,2-Dichlorbenzen | 6.1, 15c) | 60 | 1591 | 6.1 A |
| Dichlordifluormethan (R 12) | 2, 3a) | 20 | 1028 | 2 |
| Dichlordifluormethan und Ethylenoxid, Gemische mit höchstens 12 Masse-% Ethylenoxid | 2, 4at | 26 | 3070 | 6.1 |
| Dichlordiphenylsilan (Diphenyldichlorsilan) | 8, 37b) | X80 | 1769 | 8 |
| Dichloressigsäure | 8, 32b) | 80 | 1764 | 8 |
| Dichloressigsäuremethylester: siehe Methyldichloracetat | | | | |
| 1,1-Dichlorethan (Ethylidenchlorid) | 3, 3b) | 33 | 2362 | 3 |
| 1,2-Dichlorethan (Ethylendichlorid) | 3, 16b) | 336 | 1184 | 3 + 6.1 |
| 2,2'-Dichlorethylether | 6.1, 16b) | 63 | 1916 | 6.1 + 3 |
| 1,1-Dichlorethylen: siehe Vinylidenchlorid | | | | |
| 1,2-Dichlorethylen (Acetylendichlorid) | 3, 3b) | 33 | 1150 | 3 |
| Dichlorfluormethan (R 21) | 2, 3a) | 20 | 1029 | 2 |

| Bezeichnung des Stoffes (a) | Klasse und Ziffer der Stoffaufzählung (b) | Nummer zur Kennzeichnung der Gefahr (obere Hälfte) (c) | Nummer zur Kennzeichnung des Stoffes (untere Hälfte) (d) | Gefahrzettel (e) |
|---|---|---|---|---|
| alpha-Dichlorhydrin (1,3-Dichlorpropan-2-ol) | 6.1, 16b) | 60 | 2750 | 6.1 |
| Dichlorisocyanursäure, trocken | 5.1, 26b) | 50 | 2465 | 5.1 |
| Dichlorisocyanursäuresalze | 5.1, 26b) | 50 | 2465 | 5.1 |
| Dichlorisopropylether | 6.1, 16b) | 60 | 2490 | 6.1 |
| Dichlormethan: siehe Methylenchlorid | | | | |
| 1,1-Dichlor-1-nitroethan | 6.1, 16b) | 60 | 2650 | 6.1 |
| Dichlorpentane | 3, 31c) | 30 | 1152 | 3 |
| Dichlorphenole | 6.1, 17c) | 60 | 2021 | 6.1 A |
| 3,4-Dichlorphenylisocyanat | 6.1, 19b) | 60 | 2250 | 6.1 |
| Dichlorphenyltrichlorsilan | 8, 37b) | X80 | 1766 | 8 |
| 1,3-Dichlorpropan-2-ol: siehe alpha-Dichlorhydrin | | | | |
| 1,3-Dichlorpropen | 3, 31c) | 30 | 2047 | 3 |
| 1,2-Dichlor-1,1,2,2-tetrafluorethan (R 114) | 2, 3a) | 20 | 1958 | - |
| Dicyclohexylamin | 8, 53c) | 80 | 2565 | 8 |
| Dicyclopentadien | 3, 31c) | 30 | 2048 | 3 |
| Didymiumnitrat | 5.1, 22c) | 50 | 1465 | 5.1 |
| Dieselöle: siehe Kohlenwasserstoffe, flüssige | | | | |
| 1,1-Diethoxyethan: siehe Acetal | | | | |
| 1,2-Diethoxyethan: siehe Ethylenglycoldiethylether | | | | |
| Diethoxymethan | 3, 3b) | 33 | 2373 | 3 |
| 3,3-Diethoxypropen | 3, 3b) | 33 | 2374 | 3 |
| Diethylamin | 3, 22b) | 338 | 1154 | 3 + 8 |
| Diethylaminoethanol (N,N-Diethylethanolamin | 3, 32c) | 30 | 2686 | - |
| Diethylaminopropylamin | 8, 53c) | 80 | 2684 | 8 |
| N,N-Diethylanilin | 6.1, 12c) | 60 | 2432 | 6.1 A |
| Diethylbenzene | 3, 32c) | 30 | 2049 | - |
| Diethylcarbonat (Ethylcarbonat) | 3, 31c) | 30 | 2366 | 3 |
| Diethyldichlorsilan | 8, 37b) | X83 | 1767 | 8 + 3 |
| Diethylendiamin (Piperazin) | 8, 52c) | 80 | 2579 | 8 |
| 1,4-Diethylendioxid: siehe Dioxan | | | | |
| Diethylentriamin | 8, 53b) | 80 | 2079 | 8 |
| N,N-Diethylethanolamin: siehe Diethylaminoethanol | | | | |
| N,N-Diethylethylendiamin | 8, 53b) | 83 | 2685 | 8 + 3 |
| Diethylketon | 3, 3b) | 33 | 1156 | 3 |
| Diethylschwefel: siehe Diethylsulfid | | | | |
| Diethylsulfat | 6.1, 14b) | 60 | 1594 | 6.1 |
| Diethylsulfid (Diethylschwefel) | 3, 18b) | 336 | 2375 | 3 + 6.1 |

| Bezeichnung des Stoffes<br>(a) | Klasse und Ziffer der Stoffaufzählung<br>(b) | Nummer zur Kennzeichnung der Gefahr (obere Hälfte)<br>(c) | Nummer zur Kennzeichnung des Stoffes (untere-Hälfte)<br>(d) | Gefahrzettel<br>(e) |
|---|---|---|---|---|
| Diethylthiophosphorylchlorid | 8, 36b) | 80 | 2751 | 8 |
| Diethylzink | 4.2, 31a) | X333 | 1366 | 4.2 + 4.3 |
| 1,1-Difluorethan (R 152a) | 2, 3b) | 23 | 1030 | 3 |
| 1,1-Difluorethylen (Vinylidenfluorid) | 2, 5c) | 239 | 1959 | 3 |
| Difluorphosphorsäure, wasserfrei | 8, 10b) | 80 | 1768 | 8 |
| 2,3-Dihydropyran | 3, 3b) | 33 | 2376 | 3 |
| Diisobutylamin | 3, 31c) | 30 | 2361 | 3 |
| Diisobutylene | 3, 3b) | 33 | 2050 | 3 |
| Diisobutylketon | 3, 31c) | 30 | 1157 | 3 |
| Diisooctylphosphat | 8, 38c) | 80 | 1902 | 8 |
| Diisopropylamin | 3, 22b) | 338 | 1158 | 3 + 8 |
| Diisopropylether | 3, 3b) | 33 | 1159 | 3 |
| Diketen | 3, 31c) | 39 | 2521 | 3 |
| 1,1-Dimethoxyethan | 3, 3b) | 33 | 2377 | 3 |
| 1,2-Dimethoxyethan | 3, 3b) | 33 | 2252 | 3 |
| Dimethoxymethan (Methylal) | 3, 2b) | 33 | 1234 | 3 |
| Dimethylacetylen: siehe But-2-in | | | | |
| Dimethylethanolamin (Dimethylaminoethanol) | 3, 31c) | 30 | 2051 | 3 |
| Dimethylether | 2, 3b) | 23 | 1033 | 3 |
| Dimethylamin, wasserfrei | 2, 3bt) | 236 | 1032 | 3 + 6.1 |
| Dimethylamin, wässerige Lösungen von | | | | |
| - mit einem Siedepunkt von höchstens 35 °C | 3, 22a) | 338 | 1160 | 3 + 8 |
| - mit einem Siedepunkt über 35 °C | 3, 22b) | 338 | 1160 | 3 + 8 |
| Dimethylaminoacetonitril | 6.1, 11b) | 63 | 2378 | 6.1 + 3 |
| Dimethylaminoethanol: siehe Dimethylethanolamin | | | | |
| Dimethylaminoethylmethacrylat | 6.1, 11b) | 69 | 2522 | 6.1 |
| N,N-Dimethylanilin | 6.1, 11b) | 60 | 2253 | 6.1 |
| Dimethylbenzene: siehe Xylene | | | | |
| 2,3-Dimethylbutan | 3, 3b) | 33 | 2457 | 3 |
| 1,3-Dimethylbutylamin | 3, 3b) | 33 | 2379 | 3 |
| N,N-Dimethylcarbamoylchlorid | 8, 36b) | 80 | 2262 | 8 |
| Dimethylcarbonat | 3, 3b) | 33 | 1161 | 3 |
| Dimethylcyclohexane | 3, 3b) | 33 | 2263 | 3 |
| N,N-Dimethylcyclohexylamin | 8, 53b) | 83 | 2264 | 8 + 3 |
| Dimethyldichlorsilan | 3, 21a) | X338 | 1162 | 3 + 8 |
| Dimethyldiethoxysilan | 3, 3b) | 33 | 2380 | 3 |

| Bezeichnung des Stoffes (a) | Klasse und Ziffer der Stoffaufzählung (b) | Nummer zur Kennzeichnung der Gefahr (obere Hälfte) (c) | Nummer zur Kennzeichnung des Stoffes (untere Hälfte) (d) | Gefahrzettel (e) |
|---|---|---|---|---|
| Dimethyldioxane | | | | |
| - mit einem Flammpunkt unter 21 °C | 3, 3b) | 33 | 2707 | 3 |
| - mit einem Flammpunkt von 21 °C bis 55 °C | 3, 31c) | 30 | 2707 | 3 |
| mit einem Flammpunkt über 55 °C | 3, 32c) | 30 | 2707 | - |
| Dimethyldisulfid | 3, 3b) | 33 | 2381 | 3 |
| N,N-Dimethylformamid | 3, 32c) | 30 | 2265 | - |
| 1,1-Dimethylhydrazin | 3, 23a) | 338 | 1163 | 3 + 8 |
| 1,2-Dimethylhydrazin | 3, 15a) | 336 | 2382 | 3 + 6.1 |
| Dimethylpropylamin | 3, 22b) | 338 | 2266 | 3 + 8 |
| Dimethylsulfat | 6.1, 13a) | 66 | 1595 | 6.1 |
| Dimethylsulfid | 3, 2b) | 33 | 1164 | 3 |
| Dimethylthiophosphorylchlorid | 8, 36c) | 80 | 2267 | 8 |
| Dimethylzink | 4.2, 31a) | X333 | 1370 | 4.2 + 4.3 |
| Dinitroaniline | 6.1, 12b) | 60 | 1596 | 6.1 |
| Dinitrobenzene | 6.1, 12b) | 60 | 1597 | 6.1 |
| Dinitro-ortho-cresol | 6.1, 75b) | 60 | 1598 | 6.1 |
| Dinitrotoluene | 6.1, 12b) | 60 | 2038 | 6.1 |
| Dinitrotoluene, geschmolzen | 6.1, 12b) | 60 | 1600 | 6.1 |
| Dioxan (1,4-Diethylendioxid) | 3, 3b) | 33 | 1165 | 3 |
| Dioxolan | 3, 3b) | 33 | 1166 | 3 |
| Dipenten | 3, 31c) | 30 | 2052 | 3 |
| Diphenyldichlorsilan: siehe Dichlordiphenylsilan | | | | |
| Diphenylmagnesium | 4.2, 31a) | X333 | 2005 | 4.2 + 4.3 |
| Diphenylmethan-4,4'-diisocyanat | 6.1, 19c) | 60 | 2489 | 6.1 A |
| Diphenylmethylbromid | 8, 65b) | 80 | 1770 | 8 |
| Dipropylamin | 3, 22b) | 338 | 2383 | 3 + 8 |
| Dipropylentriamin: siehe bis-Aminopropylamin | | | | |
| Dipropylether | 3, 3b) | 33 | 2384 | 3 |
| Dipropylketon | 3, 31c) | 30 | 2710 | 3 |
| Distickstoffoxid ($N_2O$) | 2, 5a) | 25 | 1070 | 2 + 05 |
| Distickstoffoxid ($N_2O$), tiefgekühlt, verflüssigt | 2, 7a) | 225 | 2201 | 2 + 05 |
| Divinylether | 3, 2b) | 339 | 1167 | 3 |
| DNOC: siehe Dinitro-ortho-cresol | | | | |
| Dodecyltrichlorsilan | 8, 37b) | X80 | 1771 | 8 |
| Druckfarben | | | | |
| - mit einem Flammpunkt unter 21 °C | 3, 5 | 33 | 1210 | 3 |
| - mit einem Flammpunkt von 21 °C bis 55 °C | 3, 31c*) | 30 | 1210 | 3 |
| - mit einem Flammpunkt über 55 °C | 3, 32c*) | 30 | 1210 | - |

| Bezeichnung des Stoffes (a) | Klasse und Ziffer der Stoffaufzählung (b) | Nummer zur Kennzeichnung der Gefahr (obere Hälfte) (c) | Nummer zur Kennzeichnung des Stoffes (untere- Hälfte) (d) | Gefahrzettel (e) |
|---|---|---|---|---|
| Eisencerium | 4.1, 13b) | 40 | 1323 | 4.1 |
| Eisen-(III)-nitrat | 5.1, 22c) | 50 | 1466 | 5.1 |
| Eisenoxid, gebraucht | 4.2, 16c) | 40 | 1376 | 4.2 |
| Eisenoxidschwamm, gebraucht | 4.2, 16c) | 40 | 1376 | 4.2 |
| Eisenpentacarbonyl | 6.1, 3 | 663 | 1994 | 6.1 + 3 |
| Eisentrichlorid, wasserfrei ($FeCl_3$) | 8, 22c) | 80 | 1773 | 8 |
| Eisentrichlorid, wässerige Lösungen von | 8, 5c) | 80 | 2582 | 8 |
| Eisessig: siehe Essigsäure | | | | |
| Epibromhydrin | 6.1, 16a) | 66 | 2558 | 6.1 |
| Epichlorhydrin | 6.1, 16b) | 63 | 2023 | 6.1 + 3 |
| 1,2-Epoxy-3-ethoxypropan | 3, 31c) | 30 | 2752 | 3 |
| Erdalkalimetallamalgame | 4.3, 11a) | X423 | 1392 | 4.3 |
| Erdalkalimetalldispersionen | 4.3, 11a) | X423 | 1391 | 4.3 |
| Erdgas-Gasolin: siehe Kohlenwasserstoffe, flüssige | | | | |
| Erdgas (Naturgas), tiefgekühlt, verflüssigt | 2, 8b) | 223 | 1972 | 3 |
| Essigsäure (Eisessig) und ihre wässerigen Lösungen mit mehr als 80 % reiner Säure | 8, 32b) | 83 | 2789 | 8 + 3 |
| Essigsäure mit 50 bis 80 % reiner Säure | 8, 32c) | 80 | 2790 | 8 |
| Essigsäureamylester: siehe Amylacetate | | | | |
| Essigsäureanhydrid | 8, 32b) | 83 | 1715 | 8 + 3 |
| Essigsäure-n-butylester: siehe n-Butylacetat | | | | |
| Ethan | 2, 5b) | 23 | 1035 | 3 |
| Ethan, tiefgekühlt, verflüssigt | 2, 7b) | 223 | 1961 | 3 |
| Ethanal: siehe Acetaldehyd | | | | |
| Ethanol: siehe Ethanol | | | | |
| Ethanolamin und seine Lösungen | 8, 54c) | 80 | 2491 | 8 |
| Ethylacetat | 3, 3b) | 33 | 1173 | 3 |
| Ethylacrylat | 3, 3b) | 339 | 1917 | 3 |
| Ethylether | 3, 2a) | 33 | 1155 | 3 |
| Ethylalkohol (Ethanol) und seine wässerigen Lösungen mit mehr als 70 % Alkohol | 3, 3b) | 33 | 1170 | 3 |
| Ethylalkohol (Ethanol), wässerige Lösungen von, mit einer Konzentration über 24 % bis höchstens 70 % | 3, 31c) | 30 | 1170 | 3 |
| Ethylamin, wasserfrei | 2, 3bt) | 236 | 1036 | 3 + 6.1 |
| Ethylamin, wässerige Lösungen von | | | | |
| - mit einem Siedepunkt von höchstens 35 °C | 3 22a) | 338 | 2270 | 3 + 8 |
| - mit einem Siedepunkt über 35 °C | 3, 22b) | 338 | 2270 | 3 + 8 |
| Ethylamylketon | 3, 31c) | 30 | 2271 | 3 |
| 2-Ethylanilin | 6.1, 12c) | 60 | 2273 | 6.1 A |
| N-Ethylanilin | 6.1, 12c) | 60 | 2272 | 6.1 A |

| Bezeichnung des Stoffes (a) | Klasse und Ziffer der Stoffaufzählung (b) | Nummer zur Kennzeichnung der Gefahr (obere Hälfte) (c) | Nummer zur Kennzeichnung des Stoffes (untere Hälfte) (d) | Gefahrzettel (e) |
|---|---|---|---|---|
| Ethylbenzen, technisch | 3, 3b) | 33 | 1175 | 3 |
| N-Ethyl-N-benzylanilin | 6.1, 12c) | 60 | 2274 | 6.1 A |
| N-Ethylbenzyltoluidine | 6.1, 12c) | 60 | 2753 | 6.1 A |
| Ethylbromacetat | 6.1, 16b) | 63 | 1603 | 6.1 + 3 |
| Ethylbromid | 6.1, 15b) | 60 | 1891 | 6.1 |
| 2-Ethylbutanol | 3, 32c) | 30 | 2275 | - |
| 2-Ethylbutylacetat | 3, 31c) | 30 | 1177 | 3 |
| Ethylbutylether | 3, 3b) | 33 | 1179 | 3 |
| 2-Ethylbutyraldehyd | 3, 3b) | 33 | 1178 | 3 |
| Ethylbutyrat | 3, 31c) | 30 | 1180 | 3 |
| Ethylcarbonat: siehe Diethylcarbonat | | | | |
| Ethylchloracetat | 6.1, 16b) | 63 | 1181 | 6.1 + 3 |
| Ethylchlorformiat | 3, 16a) | 336 | 1182 | 3 + 6.1 |
| Ethylchlorid | 2, 3bt) | 236 | 1037 | 3 + 6.1 |
| Ethyl-2-chlorpropionat | 3, 31c) | 30 | 2935 | 3 |
| Ethylchlorthioformiat | 8, 64b) | 80 | 2826 | 8 |
| Ethylcrotonat | 3, 3b) | 33 | 1862 | 3 |
| Ethylcyanoacetat | 6.1, 12c) | 60 | 2666 | 6.1 A |
| Ethyldichlorarsin | 6.1, 34c) | 66 | 1892 | 6.1 |
| Ethyldichlorsilan | 4.3, 1a) | X338 | 1183 | 4.3 + 3 + 8 |
| Ethylen | 2, 5b) | 23 | 1962 | 3 |
| Ethylen, tiefgekühlt, verflüssigt | 2, 7b) | 223 | 1038 | 3 |
| Ethylen in Gemisch mit Acetylen und Propylen, tiefgekühlt, verflüssigt | 2, 8b) | 223 | 3138 | 3 |
| Ethylenchlorhydrin (2-Chlorethanol) | 6.1, 16b) | 60 | 1135 | 6.1 |
| Ethylendiamin | 8, 53b) | 83 | 1604 | 8 + 3 |
| Ethylendibromid: siehe 1,2-Dibromethan | | | | |
| Ethylendichlorid: siehe Dichlorethan | | | | |
| Ethylenglycoldiethylether (1,2-Diethoxy-ethan) | 3, 31c) | 30 | 1153 | 3 |
| Ethylenglycolmonoethyletheracetat: siehe Ethylglycolacetat | | | | |
| Ethylenglycolmonobutylether | 6.1, 13c) | 60 | 2369 | 6.1 A |
| Ethylenglycolmonomethyletheracetat: siehe Methylglycolacetat | | | | |
| Ethylenimin | 3, 12 | 336 | 1185 | 3 + 6.1 |
| Ethylenoxid mit höchstens 10 Masse-% Kohlendioxid | 2, 4ct) | 236 | 1041 | 3 + 6.1 |
| Ethylenoxid mit mehr als 10 Masse-% aber höchstens 50 Masse-% Kohlendioxid | 2, 6ct) | 236 | 1041 | 3 + 6.1 |
| Ethylenoxid mit Kohlendioxid: siehe Kohlendioxid mit Ethylenoxid | | | | |
| Ethylenoxid mit Stickstoff | 2, 4ct) | 236 | 1040 | 3 + 6.1 |

| Bezeichnung des Stoffes (a) | Klasse und Ziffer der Stoffaufzählung (b) | Nummer zur Kennzeichnung der Gefahr (obere Hälfte) (c) | Nummer zur Kennzeichnung des Stoffes (untere-Hälfte) (d) | Gefahrzettel (e) |
|---|---|---|---|---|
| Ethylenoxid und Propylenoxid, Gemische mit nicht mehr als 30 % Ethylenoxid | 3, 17a) | 336 | 2983 | 3 + 6.1 |
| Ethylfluid | 6.1, 31a) | 66 | 1649 | 6.1 |
| Ethylformiat | 3, 3b) | 33 | 1190 | 3 |
| Ethylglycol (Glycolmonoethylether) | 3, 31c) | 30 | 1171 | 3 |
| Ethylglycolacetat (Ethylenglycol-monoethyletheracetat) | 3, 31c) | 30 | 1172 | 3 |
| 2-Ethylhexanal | 3, 31c) | 30 | 1191 | 3 |
| 2-Ethylhexylamin | 8, 53c) | 83 | 2276 | 8 + 3 |
| 2-Ethylhexylchlorformiat | 6.1, 16b) | 68 | 2748 | 6.1 + 8 |
| Ethylidenchlorid: siehe 1,1-Dichlorethan | | | | |
| Ethylisobutyrat | 3, 3b) | 33 | 2385 | 3 |
| Ethyllactat | 3, 31c) | 30 | 1192 | 3 |
| Ethylmercaptan | 3, 18b) | 336 | 2363 | 3 + 6.1 |
| Ethylmethacrylat | 3, 3b) | 339 | 2277 | 3 |
| Ethylorthoformiat (Triethylorthoformiat) | 3, 31c) | 30 | 2524 | 3 |
| Ethyloxalat | 6.1, 13c) | 60 | 2525 | 6.1 A |
| Ethylphenyldichlorsilan | 8, 37b) | X80 | 2435 | 8 |
| 1-Ethylpiperidin | 3, 3b) | 33 | 2386 | 3 |
| Ethylpropionat | 3, 3b) | 33 | 1195 | 3 |
| Ethylpropylether | 3, 3b) | 33 | 2615 | 3 |
| Ethylschwefelsäure | 8, 34b) | 80 | 2571 | 8 |
| Ethylsiliciumdichlorid: siehe Ethyldichlorsilan | | | | |
| Ethylsilikat | 3, 31c) | 30 | 1292 | 3 |
| Ethyltoluidine | 6.1, 12b) | 60 | 2754 | 6.1 |
| Ethyltrichlorsilan | 3, 21a) | X338 | 1196 | 3 + 8 |
| Extrakte, Geschmacksstoffe | | | | |
| - mit einem Flammpunkt unter 21 °C | 3, 3b) | 33 | 1197 | 3 |
| - mit einem Flammpunkt von 21 °C bis 55 °C | 3, 31c) | 30 | 1197 | 3 |
| - mit einem Flammpunkt über 55 °C | 3, 32c) | 30 | 1197 | - |
| Extrakte, aromatische | | | | |
| - mit einem Flammpunkt unter 21 °C | 3, 3b) | 33 | 1169 | 3 |
| - mit einem Flammpunkt von 21 °C bis 55 °C | 3, 31c) | 30 | 1169 | 3 |
| - mit einem Flammpunkt über 55 °C | 3, 32c) | 30 | 1169 | - |
| Farbstoffe | | | | |
| - mit einem Flammpunkt unter 21 °C | 3, 5 | 33 | 1263 | 3 |
| - mit einem Flammpunkt von 21 °C bis 55 °C | 3, 31c*) | 30 | 1263 | 3 |
| - mit einem Flammpunkt über 55 °C | 3, 32c*) | 30 | 1263 | - |

*) siehe jedoch die Bemerkung unter Abschnitt D der Rn. 2301

| Bezeichnung des Stoffes (a) | Klasse und Ziffer der Stoffaufzählung (b) | Nummer zur Kennzeichnung der Gefahr (obere Hälfte) (c) | Nummer zur Kennzeichnung des Stoffes (untere-Hälfte) (d) | Gefahrzettel (e) |
|---|---|---|---|---|
| Farbstoffe und Zwischenprodukte | | | | |
| - anorganisch, ätzend | 8, 46b) | 80 | 2801 | 8 |
| - anorganisch, schwach ätzend | 8, 46c) | 80 | 2801 | 8 |
| - organisch, ätzend | 8, 55b) | 80 | 2801 | 8 |
| - organisch, schwach ätzend | 8, 55c) | 80 | 2801 | 8 |
| Ferrosilicium | 4.3, 15c) | 462 | 1408 | 4.3 + 6.1 |
| Fluoraniline | 6.1, 11c) | 60 | 2941 | 6.1 A |
| Fluorbenzen | 3, 3b) | 33 | 2387 | 3 |
| Fluorborsäure, wässerige Lösungen von, mit höchstens 78 % reiner Säure ($HBF_4$) | 8, 8b) | 80 | 1775 | 8 |
| Fluorphosphorsäure, wasserfrei | 8, 10b) | 80 | 1776 | 8 |
| Fluorsulfonsäure | 8, 10a) | 88 | 1777 | 8 |
| Fluortoluene | | | | |
| - mit einem Flammpunkt unter 21 °C | 3, 3b) | 33 | 2388 | 3 |
| - mit einem Flammpunkt von 21 °C bis 55°C | 3, 31c) | 30 | 2388 | - |
| Fluorwasserstoff, wasserfrei | 8, 6 | 886 | 1052 | 8 + 6.1 |
| Flußsäure, wässerige Lösungen von, mit mehr als 85 % Fluorwasserstoff | 8, 6 | 886 | 1790 | 8 + 6.1 |
| Flußsäure, wässerige Lösungen von, mit mehr als 60 % aber höchstens 85 % Fluorwasserstoff | 8, 7a) | 886 | 1790 | 8 + 6.1 |
| Flußsäure, wässerige Lösungen von, mit höchstens 60 % Fluorwasserstoff | 8, 7b) | 886 | 1790 | 8 + 6.1 |
| Formaldehyd, wässerige Lösungen von, (z.B. Formalin) mit mindestens 5 % Formaldehyd, auch mit höchstens 35 % Methanol | | | | |
| - mit einem Flammpunkt von 21 °C bis 55 °C (die Grenzwerte inbegriffen) | 8, 63c) | 83 | 1198 | 8 + 3 |
| - mit einem Flammpunkt über 55 °C | 8, 63c) | 80 | 2209 | 8 |
| Fumarylchlorid | 8, 36b) | 80 | 1780 | 8 |
| Furan | 3, 1a) | 33 | 2389 | 3 |
| Furfural (Furfuraldehyd) | 3, 32c) | 30 | 1199 | - |
| Furfurylalkohol | 6.1, 13c) | 60 | 2874 | 6.1 A |
| Furfurylamin | 3, 31c) | 30 | 2526 | 3 |
| Fuselöl | | | | |
| - mit einem Flammpunkt unter 21 °C | 3, 3b) | 33 | 1201 | 3 |
| - mit einem Flammpunkt von 21 °C bis 55 °C | 3, 31c) | 30 | 1201 | 3 |
| - mit einem Flammpunkt über 55 °C | 3, 32c) | 30 | 1201 | - |

| Bezeichnung des Stoffes (a) | Klasse und Ziffer der Stoffaufzählung (b) | Nummer zur Kennzeichnung der Gefahr (obere Hälfte) (c) | Nummer zur Kennzeichnung des Stoffes (untere Hälfte) (d) | Gefahrzettel (e) |
|---|---|---|---|---|
| Gasöle: siehe Kohlenwasserstoffe, flüssige | | | | |
| Gemisch R 500 | 2, 4a) | 20 | 2602 | 2 |
| Gemisch R 502 | 2, 4a) | 20 | 1973 | 2 |
| Gemisch R 503 | 2, 6a) | 20 | 2599 | 2 |
| Gemische F 1,F 2 und F 3 | 2, 4a) | 20 | 1078 | 2 |
| Gemische von Ätznatron und Ätzkalk: siehe Natronkalk | | | | |
| Gemische von Buta-1,3-dien und Kohlenwasserstoffen | 2, 4c) | 239 | 1010 | 3 |
| Gemische von Kohlenwasserstoffen (verflüssigte Gase) (Gemische von A, A 0, A 1, B und C | 2, 4b) | 23 | 1965 | 3 |
| Gemische von Methylacetylen und Propadien mit Kohlenwasserstoffen (Gemische P 1 und P 2) | 2, 4c) | 239 | 1060 | 3 |
| Gemische von Methylbromid und Chlorpikrin (verflüssigtes Gas) | 2, 4at) | 26 | 1581 | 6.1 |
| Gemische von Methylchlorid und Chlorpikrin (verflüssigtes Gas) | 2, 4bt) | 236 | 1582 | 3 + 6.1 |
| Gemische von Methylchlorid und Methylenchlorid (verflüssigtes Gas) | 2, 4bt) | 236 | 1912 | 3 + 6.1 |
| Glycerol-alpha-monochlorhydrin (3-Chlorpropan-1,2-diol) | 6.1, 17c) | 60 | 2689 | 6.1 A |
| Glycidylaldehyd | 6.1, 13b) | 63 | 2622 | 6.1 + 3 |
| Glykolmonoethylether: siehe Ethylglykol | | | | |
| Guanidinnitrat | 5.1, 22c) | 50 | 1467 | 5.1 |
| Gummilösung | | | | |
| - mit einem Flammpunkt unter 21 °C | 3, 3b) | 33 | 1287 | 3 |
| - mit einem Flammpunkt von 21 °C bis 55 °C | 3, 31c) | 30 | 1287 | 3 |
| - mit einem Flammpunkt über 55 °C | 3, 32c) | 30 | 1287 | - |
| Hafniumpulver, angefeuchtet | 4.1, 13b) | 40 | 1326 | 4.1 |
| Hafniumpulver, trocken | 4.2, 12b) | 40 | 2545 | 4.2 |
| | 4.2, 12c) | 40 | 2545 | 4.2 |
| Harnstoffwasserstoffperoxid | 5.1, 31c) | 58 | 1511 | 5.1 + 8 |

| Bezeichnung des Stoffes (a) | Klasse und Ziffer der Stoffaufzählung (b) | Nummer zur Kennzeichnung der Gefahr (obere Hälfte) (c) | Nummer zur Kennzeichnung des Stoffes (untere Hälfte) (d) | Gefahrzettel (e) |
|---|---|---|---|---|
| Harze, gelöst in entzündbaren flüssigen Stoffen | | | | |
| - mit einem Flammpunkt unter 21 °C | 3, 5 | 33 | 1866 | 3 |
| - mit einem Flammpunkt von 21 °C bis 55 °C | 3, 31c)*) | 30 | 1866 | 3 |
| - mit einem Flammpunkt über 55 °C | 3, 32c)*) | 30 | 1866 | - |
| Harzöl | 3, 31c) | 30 | 1286 | 3 |
| Heizöl: siehe Kohlenwasserstoffe, flüssige | | | | |
| Helium, tiefgekühlt, verflüssigt | 2, 7a) | 22 | 1963 | 2 |
| n-Heptaldehyd | 3, 31c) | 30 | 3056 | 3 |
| Heptane | 3, 3b) | 33 | 1206 | 3 |
| Heptene | 3, 3b) | 33 | 2278 | 3 |
| Hexachloraceton | 6.1, 17c) | 60 | 2661 | 6.1 A |
| Hexachlorbenzen | 6.1, 17c) | 60 | 2729 | 6.1 A |
| Hexachlorbutadien | 6.1, 17c) | 60 | 2279 | 6.1 A |
| Hexachlorcyclopentadien | 6.1, 17a) | 66 | 2646 | 6.1 |
| Hexadecyltrichlorsilan | 8, 37b) | X80 | 1781 | 8 |
| Hexadiene | 3, 3b) | 33 | 2458 | 3 |
| Hexafluoracetonhydrat | 6.1, 17b) | 60 | 2552 | 6.1 |
| Hexafluorethan (R 116) | 2, 5a) | 20 | 2193 | 2 |
| Hexafluorphosphorsäure | 8, 10b) | 80 | 1782 | 8 |
| Hexafluorpropen (R 1216) | 2, 3at) | 26 | 1858 | 6.1 |
| Hexaldehyd | 3, 31c) | 30 | 1207 | 3 |
| Hexamethylendiamin | 8, 52c) | 80 | 2280 | 8 |
| Hexamethylendiamin, Lösungen von | 8, 53b) | 80 | 1783 | 8 |
| Hexamethylendiisocyanat | 6.1, 19b) | 60 | 2281 | 6.1 |
| Hexamethylenimin | 3, 22b) | 338 | 2493 | 3 + 8 |
| Hexamin | 4.1, 6c) | 40 | 1328 | 4.1 |
| Hexane | 3, 3b) | 33 | 1208 | 3 |
| Hexannole | | | | |
| - mit einem Flammpunkt von 21 °C bis 55 °C | 3, 31c) | 30 | 2282 | 3 |
| - mit einem Flammpunkt über 55 °C | 3, 32c) | 30 | 2282 | - |
| Hexansäure: siehe Capronsäure | | | | |
| Hex-1-en | 3, 3b) | 33 | 2370 | 3 |
| Hexyltrichlorsilan | 8, 37b) | X80 | 1784 | 8 |
| Holzschutzmittel | | | | |
| - mit einem Flammpunkt unter 21 °C | 3, 3b) | 33 | 1306 | 3 |
| - mit einem Flammpunkt von 21 °C bis 55°C | 3, 31c) | 30 | 1306 | 3 |
| - mit einem Flammpunkt über 55 °C | 3, 32c) | 30 | 1306 | - |
| Hydrazin, wässerige Lösungen von, mit höchstens 64 % Hydrazin ($N_2H_4$) | 8, 44b) | 86 | 2030 | 8 + 6.1 |

| Bezeichnung des Stoffes (a) | Klasse und Ziffer der Stoffaufzählung (b) | Nummer zur Kennzeichnung der Gefahr (obere Hälfte) (c) | Nummer zur Kennzeichnung des Stoffes (untere Hälfte) (d) | Gefahrzettel (e) |
|---|---|---|---|---|
| Hydrochinon | 6.1, 14c) | 80 | 2662 | 6.1 A |
| beta-Hydroxybutyraldehyd: siehe Aldol | | | | |
| Hydroxylaminsulfat | 8, 27c) | 80 | 2865 | 8 |
| Hypochloritlösungen (Chlorbleichlaugen) mit 16 % oder mehr aktivem Chlor | 8, 61b) | 85 | 1791 | 8 |
| Hypochloritlösungen (Chlorbleichlaugen) mit mehr als 5 % aber weniger als 16 % aktivem Chlor | 8, 61c) | 85 | 1791 | 8 |
| 3,3'-Imino-bis-propylamin: siehe bis-Aminopropylamin | | | | |
| 2-Iodbutan | 3, 3b) | 33 | 2390 | 3 |
| Iodmethylpropane | 3, 3b) | 33 | 2391 | 3 |
| Iodmonochlorid | 8, 21b) | 80 | 1792 | 8 |
| Iodpentafluorid | 5.1, 5 | 568 | 2495 | 5.1+ 6.1+ 8 |
| Iodpropane | 3, 31c) | 30 | 2392 | 3 |
| Iodwasserstofflösungen | 8, 5b) | 80 | 1787 | 8 |
| Isoamylformiat | 3, 31c) | 30 | 1109 | 3 |
| Isobutan | 2, 3b) | 23 | 1969 | 3 |
| Isobutanol: siehe Isobutylalkohol | | | | |
| Isobuten | 2, 3b) | 23 | 1055 | 3 |
| Isobuttersäure | 8, 32c) | 80 | 2529 | 8 |
| Isobuttersäureanhydrid | 8, 32c) | 80 | 2530 | 8 |
| Isobuttersäurenitril: siehe Isobutyronitril | | | | |
| Isobutylacetat | 3, 3b) | 33 | 1213 | 3 |
| Isobutylacrylat | 3, 31c) | 39 | 2527 | 3 |
| Isobutylalkohol (Isobutanol) | 3, 31c) | 30 | 1212 | 3 |
| Isobutylamin | 3, 22b) | 338 | 1214 | 3 + 8 |
| Isobutylentrimer: siehe Triisobutylen | | | | |
| Isobutylformiat | 3, 3b) | 33 | 2393 | 3 |
| Isobutylisobutyrat | 3, 31c) | 30 | 2528 | 3 |
| Isobutylisocyanat | 3, 14b) | 336 | 2486 | 3 + 6.1 |
| Isobutylmethacrylat | 3, 31c) | 39 | 2283 | 3 |
| Isobutylpropionat | 3, 31c) | 30 | 2394 | 3 |
| Isobutylvinylether | 3, 3b) | 339 | 1304 | 3 |
| Isobutyraldehyd | 3, 3b) | 33 | 2045 | 3 |
| Isobutyronitril (Isobuttersäurenitril) | 3, 11b) | 336 | 2284 | 3 + 6.1 |
| Isobutyrylchlorid | 3, 25b) | 338 | 2395 | 3 + 8 |
| Isocyanatobenzotrifluoride | 6.1, 18b) | 60 | 2285 | 6.1 |
| 3-Isocyanatomethyl-3,5,5-trimethylcyclohexylisocyanat: siehe Isophorondiisocyanat | | | | |
| Isododecan (Pentamethylheptan) | 3, 31c) | 30 | 2286 | 3 |

| Bezeichnung des Stoffes (a) | Klasse und Ziffer der Stoffaufzählung (b) | Nummer zur Kennzeichnung der Gefahr (obere Hälfte) (c) | Nummer zur Kennzeichnung des Stoffes (untere-Hälfte) (d) | Gefahrzettel (e) |
|---|---|---|---|---|
| Isoocten | 3, 3b) | 33 | 1216 | 3 |
| Isopentan | 3, 1a) | 33 | 1265 | 3 |
| Isophorondiamin | 8, 53c) | 80 | 2289 | 8 |
| Isophorondiisocyanat (3-Isocyanatomethyl -3,5,5-trimethylcyclohexylisocyanat) | 6.1, 19c) | 60 | 2290 | 6.1 A |
| Isopren | 3, 2a) | 339 | 1218 | 3 |
| Isopropenylacetat | 3, 3b) | 33 | 2403 | 3 |
| Isopropylacetat | 3, 3b) | 33 | 1220 | 3 |
| Isopropylalkohol: siehe Propan-2-ol | | | | |
| Isopropylamin (2-Aminopropan) | 3, 22a) | 338 | 1221 | 3 + 8 |
| Isopropylbenzen: siehe Cumen | | | | |
| Isopropylbutyrat | 3, 31c) | 30 | 2405 | 3 |
| Isopropylchloracetat | 3, 32c) | 30 | 2947 | - |
| Isopropylchlorid: siehe 2-Chlorpropan | | | | |
| Isopropyl-2-chlorpropionat | 3, 31c) | 30 | 2934 | 3 |
| Isopropylethylen: siehe 3-Methylbut-1-en | | | | |
| Isopropylisobutyrat | 3, 3b) | 33 | 2406 | 3 |
| Isopropylisocyanat | 3, 14a) | 336 | 2483 | 3 + 6.1 |
| Isopropylnitrat | 3, 3b) | 33 | 1222 | 3 |
| Isopropylpropionat | 3, 3b) | 33 | 2409 | 3 |
| | | | | |
| Kalilaugen: siehe Kaliumhydroxid, Lösungen von | | | | |
| Kalium | 4.3, 1a) | X423 | 2257 | 4.3 |
| Kaliumarsenat | 6.1, 51b) | 60 | 1677 | 6.1 |
| Kaliumarsenit | 6.1, 51b) | 60 | 1678 | 6.1 |
| Kaliumbifluorid | 8, 26b) | 80 | 1811 | 8 + 6.1 |
| Kaliumbisulfat mit 3 % und mehr freier Schwefelsäure ($H_2SO_4$) | 8, 23b) | 80 | 2509 | 8 |
| Kaliumbromat | 5.1, 16b) | 50 | 1484 | 5.1 |
| Kaliumchlorat | 5.1, 11b) | 50 | 1485 | 5.1 |
| Kaliumchlorat, wässerige Lösungen | 5.1, 11b) | 50 | 2427 | 5.1 |
| Kaliumcyanid, Lösungen von | 6.1, 41a) | 66 | 1680 | 6.1 |
| Kaliumdithionit (Kaliumhydrosulfit) | 4.2, 13b) | 40 | 1929 | 4.2 |
| Kaluimfluorid. | 6.1, 65c) | 60 | 1812 | 6.1 A |
| Kaliumhydroxid (Ätzkali) | 8, 41b) | 80 | 1813 | 8 |
| Kaliumhydroxid, Lösungen von (Kalilaugen) | 8, 42b) | 80 | 1814 | 8 |
| Kaliummetallegierungen | 4.3, 11a) | X423 | 1420 | 4.3 |
| Kalium-Natrium-Legierungen | 4.3, 11a) | X423 | 1422 | 4.3 |
| Kaliumnitrat | 5.1, 22c) | 50 | 1486 | 5.1 |
| Kaliumnitrat und Natriumnitrit, Mischungen | 5.1, 24b) | 50 | 1487 | 5.1 |
| Kaliumnitrit | 5.1, 23b) | 50 | 1488 | 5.1 |
| Kaliumoxid | 8, 41b) | 80 | 2033 | 8 |

| Bezeichnung des Stoffes<br><br>(a) | Klasse und Ziffer der Stoffaufzählung<br>(b) | Nummer zur Kennzeichnung der Gefahr (obere Hälfte)<br>(c) | Nummer zur Kennzeichnung des Stoffes (untere-Hälfte)<br>(d) | Gefahrzettel<br><br>(e) |
|---|---|---|---|---|
| Kaliumperchlorat | 5.1, 13b) | 50 | 1489 | 5.1 |
| Kaliumpermanganat | 5.1, 17b) | 50 | 1490 | 5.1 |
| Kaliumpersulfat | 5.1, 18c) | 50 | 1492 | 5.1 |
| Kaliumsulfid mit weniger als 30 % Kristallwasser | 4.2, 13b) | 40 | 1382 | 4.2 |
| Kaliumsulfid mit mindestens 30 % Kristallwasser | 8, 45b) | 80 | 1847 | 8 |
| Kaliumsulfid, wasserfrei | 4.2 13b) | 40 | 1382 | 4.2 |
| Kaliumsulfid, wässerige Lösungen von | 8, 45c) | 80 | 1847 | 8 |
| Kampferöl | 3, 31c) | 30 | 1130 | 3 |
| Kautschuk, Abfälle oder Reste | 4.1, 1b) | 40 | 1345 | 4.1 |
| Kautschuk, Lösungen von: siehe Gummilösung | | | | |
| Kerosin: siehe Kohlenwasserstoffe, flüssige | | | | |
| Kiefernöl | 3, 32c) | 30 | 1272 | - |
| Kieselfluorwasserstoffsäure: siehe Silicofluorwasserstoffsäure | | | | |
| Klebstoffe | | | | |
| - mit einem Flammpunkt unter 21 °C | 3, 5 | 33 | 1133 | 3 |
| - mit einem Flammpunkt von 21 °C bis 55 °C | 3, 31c)*) | 30 | 1133 | 3 |
| - mit einem Flammpunkt über 55 °C | 3, 32c)*) | 30 | 1133 | - |
| Kobaltnaphthenatpulver | 4.1, 12c) | 40 | 2001 | 4.1 |
| Kobaltresinat | 4.1, 12c) | 40 | 1318 | 4.1 |
| Kohle | 4.2,1b) | 40 | 1361 | 4.2 |
| | 4.2, 1c) | 40 | 1361 | 4.2 |
| Kohle, aktiviert | 4.2, 1c) | 40 | 1362 | 4.2 |
| Kohlendioxid | 2, 5a) | 20 | 1013 | 2 |
| Kohlendioxid, tiefgekühlt, verflüssigt | 2, 7a) | 22 | 2187 | 2 |
| Kohlendioxid mit höchstens 6 Masse-% Ethylenoxid | 2, 6c) | 239 | 1952 | 3 |
| Kohlendioxid mit mehr als 6 Masse-% bis höchstens 35 Masse-% Ethylenoxid | 2, 6c) | 239 | 1041 | 3 |
| Kohlendioxid mit 1 Masse-% bis 10 Masse-% Sauerstoff | 2, 6a) | 20 | 1014 | - |
| Kohlenwasserstoffe, flüssige, rein oder als Mischung, soweit in diesem Anhang nicht anderweitig genannt | | | | |
| - mit einem Flammpunkt unter 21 °C | 3, 1 bis 3 | 33 | 1203 | 3 |
| - mit einem Flammpunkt von 21 °C bis 55 °C | 3, 31c) | 30 | 1223 | 3 |
| - mit einem Flammpunkt über 55 °C | 3, 32c) | 30 | 1202 | - |

| Bezeichnung des Stoffes (a) | Klasse und Ziffer der Stoffaufzählung (b) | Nummer zur Kennzeichnung der Gefahr (obere Hälfte) (c) | Nummer zur Kennzeichnung des Stoffes (untere-Hälfte) (d) | Gefahrzettel (e) |
|---|---|---|---|---|
| Kollodium-, Semikollodium- und andere Nitrozelluloselösungen mit mehr als 20% aber höchstens 55% Nitrozellulose | | | | |
| - mit einem Flammpunkt unter 21 °C und einem Siedepunkt von höchstens 35 °C | 3, 4a) | 33 | 2059 | 3 |
| - mit einem Flammpunkt unter 21 °C und einem Siedepunkt über 35 °C | 3, 4b) | 33 | 2059 | 3 |
| - mit einem Flammpunkt von 21 °C bis 55 °C | 3, 33c) | 30 | 2059 | 3 |
| - mit einem Flammpunkt über 55 °C | 3,.34c) | 30 | 2059 | - |
| Kollodium-, Semikollodium- und andere Nitrozelluloselösungen mit höchstens 20% Nitrozellulose | | | | |
| - mit einem Flammpunkt unter 21 °C | 3, 5) | 33 | 1263 | 3 |
| - mit einem Flammpunkt von 21 °C bis 55 °C | 3, 33c)*) | 30 | 1263 | 3 |
| - mit einem Flammpunkt über 55 °C | 3, 34c)*) | 30 | 1263 | - |
| Krokydolith: siehe Asbest blau | | | | |
| Krypton, tiefgekühlt, verflüssigt | 2, 7a) | 22 | 1970 | |
| ........ | 2Kupferchlorat5.1, 11b) | | 50 | 2721 5.1 |
| Kupferethylendiamin, Lösungen von | 8, 53b) | 86 | 1761 | 8 |
| Lacke und Lackfarben | | | | |
| - mit einem Flammpunkt unter 21 °C | 3, 5 | 33 | 1263 | 3 |
| - mit einem Flammpunkt von 21 °C bis 55 °C | 3, 31c)*) | 30 | 1263 | 3 |
| - mit einem Flammpunkt über 55 °C | 3, 32c)*) | 30 | 1263 | - |
| Lithium | 4.3, 11a) | X423 | 1415 | 4.3 |
| Lithiumalkyle | 4.2, 31a) | X333 | 2445 | 4.2 + 4.3 |
| Lithiumferrosilicid | 4.3, 12b) | 423 | 2830 | 4.3 |
| Lithiumhydrid, geschmolzen und erstarrt | 4.3, 16b) | 423 | 2805 | 4.3 |
| Lithiumhydroxid | 8, 41b) | 80 | 2680 | 8 |
| Lithiumhydroxid, Lösungen von | 8, 42b) | 80 | 2679 | 8 |
| Lithiumhypochlorit, trocken | 5.1, 15b) | 50 | 1471 | 5.1 |
| Lithiumhypochlorit, Mischungen, trocken | 5.1, 15b) | 50 | 1471 | 5.1 |
| Lithiumnitrat | 5.1, 22c) | 50 | 2722 | 5.1 |
| Lithiumperoxid | 5.1, 25b) | 50 | 1472 | 5.1 |
| Lithiumsilicium | 4.3, 12b) | 423 | 1417 | 4.3 |
| LPG: siehe Gemische von Kohlenwasserstoffen (verflüssigtes Gas) (Gemische A, A0, A1, B und C). | | | | |
| Luft, tiefgekühlt, verfüssigt | 2, 8a) | 225 | 1003 | 2 + 05 |

| Bezeichnung des Stoffes (a) | Klasse und Ziffer der Stoffaufzählung (b) | Nummer zur Kennzeichnung der Gefahr (obere Hälfte) (c) | Nummer zur Kennzeichnung des Stoffes (untere-Hälfte) (d) | Gefahrzettel (e) |
|---|---|---|---|---|
| Magnesium | 4.1, 13c) | 40 | 1869 | 4.1 |
| Magnesiumalkyle | 4.2, 31a) | X333 | 3053 | 4.2 + 4.3 |
| Magnesiumarsenat | 6.1, 51b) | 60 | 1622 | 6.1 |
| Magnesiumbromat | 5.1, 16b) | 50 | 1473 | 5.1 |
| Magnesiumchlorat | 5.1, 11b) | 50 | 2723 | 5.1 |
| Magnesiumdiamid | 4.2, 16b) | 40 | 2004 | 4.2 |
| Magnesiumgranulate, überzogen | 4.3, 11c) | 423 | 2950 | 4.3 |
| Magnesiumlegierungen | 4.1, 13c) | 40 | 1869 | 4.1 |
| Magnesiumlegierungspulver | 4.3, 14b) | 423 | 1418 | 4.3 + 4.2 |
| Magnesiumnitrat | 5.1, 22c) | 50 | 1474 | 5.1 |
| Magnesiumperchlorat | 5.1, 13b) | 50 | 1475 | 5.1 |
| Magnesiumperoxid | 5.1, 25b) | 50 | 1476 | 5.1 |
| Magnesiumpulver | 4.3, 14b) | 423 | 1418 | 4.3 + 4.2 |
| Magnesiumsilicid | 4.3, 12b) | 423 | 2624 | 4.3 |
| Maleinsäureanhydrid | 8, 31c) | 80 | 2215 | 8 |
| Malonsäuredinitril | 6.1, 12b) | 60 | 2647 | 6.1 |
| Maneb (Mangan-ethylen-1,2-bisdithio-carbamat) | 4.2, 16c) | 40 | 2210 | 4.2 + 4.3 |
| Maneb, stabilisiert | 4.3, 20c) | 423 | 2968 | 4.3 |
| Manebzubereitungen | 4.2, 16c) | 40 | 2210 | 4.2 + 4.3 |
| Manebzubereitungen, stabilisiert | 4.3, 20c) | 423 | 2968 | 4.3 |
| Mangan-ethylen-1,2-bisdithiocarbamat siehe: Maneb | | | | |
| Mangannitrat | 5.1, 22c) | 50 | 2724 | 5.1 |
| Manganresinat | 4.1, 12c) | 40 | 1330 | 4.1 |
| Mercaptoethanol (Thioglykol) | 6.1, 20b) | 60 | 2966 | 6.1 |
| Mesitylen (1,3,5-Trimethylbenzen) | 3, 31c) | 30 | 2325 | 3 |
| Mesityloxid | 3, 31c) | 30 | 1229 | 3 |
| Metaldehyd | 4.1, 6c) | 40 | 1332 | 4.1 |
| Metallkatalysator, trocken | 4.2, 12b) | 40 | 2881 | 4.2 |
| ................ | 4.2, 12c) | 40 | 2881 | 4.2 |
| Metallkatalysator, angefeuchtet | 4.2, 12b) | 40 | 1378 | 4.2 |
| Methacrylaldehyd | 3, 17b) | 336 | 2396 | 3 + 6.1 |
| Methacrylsäure | 8, 32c) | 89 | 2531 | 8 |
| Methallylalkohol | 3, 31c) | 30 | 2614 | 3 |
| Methan, tiefgekühlt, verflüssigt | 2, 7b) | 223 | 1972 | 3 |
| Methanol: siehe Methylalkohol | | | | |
| Methoxybutylacetat: siehe Butoxyl | | | | |
| Methoxyethanol | 3, 31c) | 30 | 1188 | 3 |
| Methoxymethylisocyanat | 3, 14a) | 336 | 2605 | 3 + 6.1 |
| 4-Methoxy-4-methylpentan-2-on | 3, 31c) | 30 | 2293 | 3 |
| Methylacetat | 3, 3b) | 33 | 1231 | 3 |
| Methylacrylat | 3, 3b) | 339 | 1919 | 3 |
| Methylal: siehe Dimethoxymethan | | | | |

| Bezeichnung des Stoffes (a) | Klasse und Ziffer der Stoffaufzählung (b) | Nummer zur Kennzeichnung der Gefahr (obere Hälfte) (c) | Nummer zur Kennzeichnung des Stoffes (untere-Hälfte) (d) | Gefahrzettel (e) |
|---|---|---|---|---|
| Methylalkohol (Methanol) | 3, 17b) | 336 | 1230 | 3 + 6.1 |
| Methylallylchlorid | 3, 3b) | 33 | 2554 | 3 |
| Methylamin, wasserfrei | 2, 3bt) | 236 | 1061 | 3 + 6.1 |
| Methylamin, wässerige Lösungen von | | | | |
| - mit einem Siedepunkt von höchstens 35 °C | 3, 22a) | 338 | 1235 | 3 + 8 |
| - mit einem Siedepunkt über 35 °C | 3, 22b) | 338 | 1235 | 3 + 8 |
| Methylamylacetat | 3, 31c) | 30 | 1233 | 3 |
| Methylamylalkohol (Methylisobutylcarbinol) | 3, 31c) | 30 | 2053 | 3 |
| N-Methylanilin | 6.1, 11c) | 60 | 2294 | 6.1 A |
| Methylbenzoat | 6.1, 13c) | 60 | 2938 | 6.1 A |
| alpha-Methylbenzylalkohol | 6.1, 14c) | 60 | 2937 | 6.1 A |
| Methylbromacetat | 6.1, 16b) | 63 | 2643 | 6.1 + 3 |
| Methylbromid | 2, 3at) | 26 | 1062 | 6.1 |
| 3-Methylbutan-2-on | 3, 3b) | 33 | 2397 | 3 |
| 2-Methylbut-1-en | 3, 1a) | 33 | 2459 | 3 |
| 3-Methylbut-1-en (Isopropylethylen) | 3, 1a) | 33 | 2561 | 3 |
| 2-Methylbut-2-en | 3, 2b) | 33 | 2460 | 3 |
| N-Methylbutylamin | 3, 22b) | 338 | 2945 | 3 + 8 |
| Methyl-tert-butylether | 3, 3b) | 33 | 2398 | 3 |
| Methylbutyrat | 3, 3b) | 33 | 1237 | 3 |
| Methylchloracetat | 6.1, 16b) | 63 | 2295 | 6.1 + 3 |
| Methylchlorformiat | 3, 16a) | 336 | 1238 | 3 + 6.1 |
| Methylchlorid | 2, 3bt) | 236 | 1063 | 3 + 6.1 |
| Methylchlormethylether (Chlormethoxymethan) | 3, 16b) | 336 | 1239 | 3 + 6.1 |
| Methyl-2-chlorpropionat | 3, 31c) | 30 | 2933 | 3 |
| Methylcyanid: siehe Acetonitril | | | | |
| Methylcyclohexan | 3, 3b) | 33 | 2296 | 3 |
| Methylcyclohexanole | | | | |
| - mit einem Flammpunkt von 21 °C bis 55 °C | 3, 31c) | 30 | 2617 | 3 |
| - mit einem Flammpunkt über 55 °C | 3, 32c) | 30 | 2617 | - |
| Methylcyclohexanon | 3, 31c) | 30 | 2297 | 3 |
| Methylcyclopentan | 3, 3b) | 33 | 2298 | 3 |
| Methyldichloracetat | 6.1, 16c) | 60 | 2299 | 6.1 A |
| Methyldichlorsilan | 4.3, 1a) | X338 | 1242 | 4.3 + 3 + 8 |
| Methylenbromid (Dibrommethan) | 6.1, 15c) | 60 | 2664 | 6.1 A |
| Methylenchlorid (Dichlormethan) | 6.1, 15c) | 60 | 1593 | 6.1 A |
| Methylethylketon (Butanon) | 3, 3b) | 33 | 1193 | 3 |
| 2-Methyl-5-ethylpyridin | 6.1, 11c) | 60 | 2300 | 6.1 A |
| Methylformiat | 3, 1a) | 33 | 1243 | 3 |
| Methylfuran | 3, 3b) | 33 | 2301 | 3 |

| Bezeichnung des Stoffes (a) | Klasse und Ziffer der Stoffaufzählung (b) | Nummer zur Kennzeichnung der Gefahr (obere Hälfte) (c) | Nummer zur Kennzeichnung des Stoffes (untere-Hälfte) (d) | Gefahrzettel (e) |
|---|---|---|---|---|
| Methylglycolacetat (Ethylenglycolmonomethyletheracetat) | 3, 31c) | 30 | 1189 | 3 |
| 5-Methylhexan-2-on | 3, 31c) | 30 | 2302 | 3 |
| Methylhydrazin | 3, 23a) | 338 | 1244 | 3 + 8 |
| Methylisobutylcarbinol: siehe Methylamylalkohol | | | | |
| Methylisobutylketon | 3, 3b) | 33 | 1245 | 3 |
| Methylisopropenylketon | 3, 3b) | 339 | 1246 | 3 |
| Methylisopropylbenzene: siehe Cymene | | | | |
| Methylisothiocyanat | 6.1, 20c) | 63 | 2477 | 6.1 A + 3 |
| Methylisovalerat | 3, 3b) | 33 | 2400 | 3 |
| Methyliodid | 6.1, 15b) | 60 | 2644 | 6.1 |
| Methylmagnesiumbromid in Ethylether | 4.3, 3a) | X323 | 1928 | 4.3 + 3 |
| Methylmercaptan | 2, 3bt) | 236 | 1064 | 3 + 6.1 |
| Methylmethacrylat | 3, 3b) | 339 | 1247 | 3 |
| Methylmorpholine | | | | |
| - mit einem Flammpunkt unter 21 °C | 3, 22b) | 338 | 2535 | 3 + 8 |
| - mit einem Flammpunkt von 21 °C oder mehr | 8, 53b) | 83 | 2535 | 8 + 3 |
| Methylpentadiene | 3, 3b) | 33 | 2461 | 3 |
| 2-Methylpentan-2-ol | 3, 31c) | 30 | 2560 | 3 |
| 3-Methylpent-2-en-4-in-1-ol: siehe 1-Pentol | | | | |
| Methylphenyldichlorsilan | 8, 37b) | X80 | 2437 | 8 |
| 1-Methylpiperidin | 3, 3b) | 33 | 2399 | 3 |
| Methylpropionat | 3, 3b) | 33 | 1248 | 3 |
| Methylpropylether | 3, 2b) | 33 | 2612 | 3 |
| Methylpropylketon | 3, 3b) | 33 | 1249 | 3 |
| Methylpyridine: siehe Picoline | | | | |
| alpha-Methylstyren | 3, 31c) | 30 | 2303 | 3 |
| Methyltetrahydrofuran | 3, 3b) | 33 | 2536 | 3 |
| Methyltrichloracetat | 6.1, 16c) | 60 | 2533 | 6.1 A |
| Methyltrichlorsilan | 3, 21a) | X338 | 1250 | 3 + 8 |
| 2-Methylvaleraldehyd | 3, 3b) | 33 | 2367 | 3 |
| Methylvinylketon | 3, 3b) | 339 | 1251 | 3 |
| Milchsäureethylester: siehe Ethyllactat | | | | |
| Mischungen von Schwefelsäure ($H_2SO_4$) mit mehr als 30 % reiner Salpetersäure ($HNO_3$) | 8, 3a) | 885 | 1796 | 8 |
| Mischungen von Schwefelsäure ($H_2SO_4$) mit höchstens 30 % reiner Salpetersäure ($HNO_3$) | 8, 3b) | 88 | 1796 | 8 |
| Molybdänpentachlorid ($MoCI_5$) | 8, 22c) | 80 | 2508 | 8 |
| Monochloracetonitril | 6.1, 11b) | 60 | 2668 | 6.1 |

| Bezeichnung des Stoffes (a) | Klasse und Ziffer der Stoffaufzählung (b) | Nummer zur Kennzeichnung der Gefahr (obere Hälfte) (c) | Nummer zur Kennzeichnung des Stoffes (untere Hälfte) (d) | Gefahrzettel (e) |
|---|---|---|---|---|
| Monochloraniline, fest | 6.1, 12b) | 60 | 2018 | 6.1 |
| Monochloraniline, flüssig | 6.1, 12b) | 60 | 2019 | 6.1 |
| Monochloressigsäure, fest: siehe Chloressigsäure | | | | |
| Monochloressigsäure, in geschmolzenem Zustand: siehe Chloressigsäure, in geschmolzenem Zustand | | | | |
| Monochloressigsäure, Lösungen von: siehe Chloressigsäure, Lösungen von | | | | |
| Mononitroaniline | 6.1, 12b) | 60 | 1661 | 6.1 |
| Mononitrobenzen | 6.1, 12b) | 60 | 1662 | 6.1 |
| Mononitrotoluene | 6.1, 12b) | 60 | 1664 | 6.1 |
| Morpholin | 3, 31c) | 30 | 2054 | 3 |
| Mysorit: siehe Asbest braun | | | | |
| Naphathalen (roh oder raffiniert) | 4.1, 6c) | 40 | 1334 | 4.1 |
| Naphathalen, geschmolzen | 4.1, 5 | 44 | 2304 | 4.1 |
| beta-Naphthylamin | 6.1, 12b) | 60 | 1650 | 6.1 |
| Natrium | 4.3, 11a) | X423 | 1428 | 4.3 |
| Natriumaluminat, Lösungen von | 8, 42b) | 80 | 1819 | 8 |
| Natriumaluminiumhydrid | 4.3, 16b) | 423 | 2835 | 4.3 |
| Natriumarsenat | 6.1, 51b) | 60 | 1685 | 6.1 |
| Natriumarsenit, fest | 6.1, 51b) | 60 | 2027 | 6.1 |
| Natriumarsenit, wässerige Lösungen von | | | | |
| - giftig | 6.1, 51b) | 60 | 1686 | 6.1 |
| - gesundheitsschädlich | 6.1, 51c) | 60 | 1686 | 6.1 A |
| Natriumbifluorid | 8, 26b) | 80 | 2439 | 8 + 6.1 |
| Natriumbisulfat mit 3 % und mehr freier Schwefelsäure ($H_2SO_4$) | 8, 23b) | 80 | 1821 | 8 |
| Natriumbisulfat, wässerige Lösungen von | 8, 1b) | 80 | 2837 | 8 |
| Natriumbromat | 5.1, 16b) | 50 | 1494 | 5.1 |
| Natriumchlorat | 5.1, 11b) | 50 | 1495 | 5.1 |
| Natriumchlorat, wässerige Lösungen | 5.1, 11b) | 50 | 2428 | 5.1 |
| Natriumchlorit | 5.1, 14b) | 50 | 1496 | 5.1 |
| Natriumcyanid, Lösungen von | 6.1, 41a) | 66 | 1689 | 6.1 |
| Natriumdithionit (Natriumhydrosulfit) | 4.2, 13b) | 40 | 1384 | 4.2 |
| Natriumfluorid | 6.1, 65c) | 60 | 1690 | 6.1 A |
| Natriumhydrogensulfid mit weniger als 25 % Kristallwasser | 8, 13b) | 40 | 2318 | 4.2 |
| Natriumhydrogensulfid mit mindestens 25 % Kristallwasser | 8, 45b) | 80 | 2949 | 8 |
| Natriumhydrogensulfid, wässerige Lösung von | 8, 45c) | 80 | 2949 | 8 |
| Natriumhydroxid (Ätznatron) | 8, 41b) | 80 | 1823 | 8 |

| Bezeichnung des Stoffes (a) | Klasse und Ziffer der Stoffaufzählung (b) | Nummer zur Kennzeichnung der Gefahr (obere Hälfte) (c) | Nummer zur Kennzeichnung des Stoffes (untere-Hälfte) (d) | Gefahrzettel (e) |
|---|---|---|---|---|
| Natriumhydroxid, Lösungen von (Natronlaugen) | 8, 42b) | 80 | 1824 | 8 |
| Natrium-Kalium-Legierungen | 4.3, 11a) | X423 | 1422 | 4.3 |
| Natriumkupfercyanid, Lösungen von | 6.1 41a) | 66 | 2317 | 6.1 |
| Natriummethylat | 4.2, 15b) | 48 | 1431 | 4.2 + 8 |
| Natriummethylat alkoholische Lösungen von | 3, 24b) | 338 | 1289 | 3 + 8 |
| Natriumnitrat | 5.1, 22c) | 50 | 1498 | 5.1 |
| Natriumnitrat und Kaliumnitrat, Mischungen | 5.1, 22c) | 50 | 1499 | 5.1 |
| Natriumnitrit | 5.1, 23c) | 50 | 1500 | 5.1 |
| Natriumoxid | 8, 41b) | 80 | 1825 | 8 |
| Natriumpentachlorphenolat | 6.1, 17b) | 60 | 2567 | 6.1 |
| Natriumpercarbonate | 5.1, 19c) | 50 | 2467 | 5.1 |
| Natriumperchlorat | 5.1, 13b) | 50 | 1502 | 5.1 |
| Natriumpermanganat | 5.1, 17b) | 50 | 1503 | 5.1 |
| Natriumperoxoborat, wasserfrei | 5.1, 27b) | 50 | 3247 | 5.1 |
| Natriumpersulfat | 5.1, 18c) | 50 | 1505 | 5.1 |
| Natriumsulfid mit weniger als 30 % Kristallwasser | 4.2, 13b) | 40 | 1385 | 4.2 |
| Natriumsulfid mit mindestens 30 % Kristallwasser | 8, 45b) | 80 | 1849 | 8 |
| Natriumsulfid, wasserfrei | 4.2, 13b) | 40 | 1385 | 4.2 |
| Natriumsulfid, wässerige Lösungen von | 8, 45c) | 80 | 1849 | 8 |
| Natronkalk (Gemische von Ätznatron und Ätzkalk) | 8, 41c) | 80 | 1907 | 8 |
| Natronlaugen: siehe Natriumhydroxid, Lösungen von | | | | |
| Naturgas: siehe Erdgas | | | | |
| Neon, tiefgekühlt, verflüssigt | 2, 7a) | 22 | 1913 | 2 |
| Nickelnitrat | 5.1, 22c) | 50 | 2725 | 5.1 |
| Nickelnitrit | 5.1, 23c) | 50 | 2726 | 5.1 |
| Nickeltetracarbonyl | 6.1, 3 | 663 | 1259 | 6.1 + 3 |
| Nikotinsulfat | 6.1, 77b) | 60 | 1658 | 6.1 |
| Nitroanisole | 6.1, 12c) | 60 | 2730 | 6.1 A |
| Nitrobenzensulfonsäure | 8, 34b) | 80 | 2305 | 8 |
| Nitrobenzotrifluoride | 6.1, 12b) | 60 | 2306 | 6.1 |
| Nitrobrombenzene | 6.1, 12c) | 60 | 2732 | 6.1 A |
| Nitrocelluloselösungen: siehe Kollodiumlösungen | | | | |
| 3-Nitro-4-chlorbenzotrifluorid | 6.1, 12b) | 60 | 2307 | 6.1 |
| Nitrocresole | 6.1, 12c) | 60 | 2446 | 6.1 A |
| Nitroethan | 3, 31c) | 30 | 2842 | 3 |
| Nitronaphthalen | 4.1, 6c) | 40 | 2538 | 4.1 |
| Nitrophenole | 6.1, 12c) | 60 | 1663 | 6.1 A |

| Bezeichnung des Stoffes (a) | Klasse und Ziffer der Stoffaufzählung (b) | Nummer zur Kennzeichnung der Gefahr (obere Hälfte) (c) | Nummer zur Kennzeichnung des Stoffes (untere Hälfte) (d) | Gefahrzettel (e) |
|---|---|---|---|---|
| Nitropropane | 3, 31c) | 30 | 2608 | 3 |
| p-Nitrosodimethylanilin | 4.2, 5b) | 40 | 1369 | 4.2 |
| Nitrosylschwefelsäure | 8, 1b) | 88 | 2308 | 8 |
| Nitroxylene | 6.1, 12b) | 60 | 1665 | 6.1 |
| Nitrozelluloselösungen: siehe Kollodiumlösungen | | | | |
| Nonan | 3, 31c) | 30 | 1920 | 3 |
| Nonyltrichlorsilan | 8, 37b) | X80 | 1799 | 8 |
| 2, 5-Norbornadien (Bicycloheptadien) | 3, 3b) | 33 | 2251 | 3 |
| | | | | |
| Octadecyltrichlorsilan | 8, 37b) | X80 | 1800 | 8 |
| Octadiene | | | | |
| - mit einem Flammpunkt unter 21 °C | 3, 3b) | 33 | 2309 | 3 |
| - mit einem Flammpunkt von 21 °C bis 55 °C | 3, 31c) | 30 | 2309 | 3 |
| Octafluorcyclobutan (RC 318) | 2, 3a) | 20 | 1976 | 2 |
| Octane | 3, 3b) | 33 | 1262 | 3 |
| tert-Octylmercaptan | 6.1, 20b) | 63 | 3023 | 6.1 + 3 |
| Octyltrichlorsilan | 8, 37b) | X83 | 1801 | 8 + 3 |
| Oleum (rauchende Schwefelsäure) | 8, 1a) | X886 | 1831 | 8 + 6.1 |
| Organisches Peroxid Typ F, fest | 5.2, 10b) | 539 | 3110 | 5.2 |
| Organisches Peroxid Typ F, temperaturkontrolliert | 5.2, 20b) | 539 | 3120 | 5.2 |
| Organisches Peroxid Typ F, flüssig | 5.2, 9b) | 539 | 3109 | 5.2 |
| Organisches Peroxid Typ F, flüssig, temperaturkontrolliert | 5.2, 19b) | 539 | 3119 | 5.2 |
| Orthophosphorige Säure | 8, 11c) | 80 | 2834 | 8 |
| Oxalate, wasserlöslich | 6.1, 67c) | 60 | 2449 | 6.1 A |
| | | | | |
| Paraformaldehyd | 4.1, 6c) | 40 | 2213 | 4.1 |
| Paraldehyd | 3, 31c) | 30 | 1264 | 3 |
| Parfümerieerzeugnisse | | | | |
| - mit einem Flammpunkt unter 21 °C | 3, 3b) | 33 | 1266 | 3 |
| - mit einem Flammpunkt von 21 °C bis 55 °C | 3, 31c) | 30 | 1266 | 3 |
| - mit einem Flammpunkt über 55 °C | 3, 32c) | 30 | 1266 | - |
| Pentaboran | 4.2, 19a) | 333 | 1380 | 4.2 + 6.1 |
| Pentachlorethan | 6.1, 15b) | 60 | 1669 | 6.1 |
| Pentafluorethan (R 125) | 2, 5a) | 20 | 3220 | 2 |
| Pentamethylheptan: siehe Isododecan | | | | |
| n-Pentan | 3, 2b) | 33 | 1265 | 3 |
| Pentan-2,4-dion (Acetylaceton) | 3, 31c) | 30 | 2310 | 3 |

| Bezeichnung des Stoffes<br>(a) | Klasse und Ziffer der Stoffaufzählung<br>(b) | Nummer zur Kennzeichnung der Gefahr (obere Hälfte)<br>(c) | Nummer zur Kennzeichnung des Stoffes (untere-Hälfte)<br>(d) | Gefahrzettel<br>(e) |
|---|---|---|---|---|
| Pent-1-en (Propylethylen) | 3, 1a) | 33 | 1108 | 3 |
| 1-Pentol (3-Methyl-2-pent-2-en-4-in-1-ol) | 8, 66b) | 80 | 2705 | 8 |
| Perchlorethylen: siehe Tetrachlorethylen | | | | |
| Perchlormethylmercaptan | 6.1, 16a) | 66 | 1670 | 6.1 |
| Perchlorsäure, wässerige Lösungen von, mit höchstens 50 % reiner Säure ($HClO_4$) | 8, 4b) | 85 | 1802 | 8 |
| Perchlorsäure, in wässeriger Lösung mit mehr als 50 Masse-% aber höchstens 72,5 Masse-% reiner Säure | 5.1, 3a) | 558 | 1873 | 5.1 + 8 |
| Pestizide, anorganische Arsenverbindungen | | | | |
| - fest | 6.1, 84b) | 60 | 2759 | 6.1 |
| | 6.1, 84c) | 60 | 2759 | 6.1 A |
| - flüssig, mit einem Flammpunkt unter 21 °C | 3, 19 | 336 | 2760 | 3 + 6.1 |
| | 6 | 33 | 2760 | 3 + 6.1 A |
| - flüssig, mit einem Flammpunkt von 21 °C bis 55 °C | 6.1, 84a) | 663 | 2993 | 6.1 + 3 |
| | 84b) | 63 | 2993 | 6.1 + 3 |
| | 84c) | 63 | 2993 | 6.1 A + 3 |
| - flüssig, nicht entzündbar oder mit einem Flammpunkt über 55 °C | 6.1, 84a) | 66 | 2994 | 6.1 |
| | 84b) | 60 | 2994 | 6.1 |
| | 84c) | 60 | 2994 | 6.1 A |
| Pestizide, anorganische Kupferverbindungen | | | | |
| - fest | 6.1, 87b) | 60 | 2775 | 6.1 |
| | 87c) | 60 | 2775 | 6.1 A |
| - flüssig, mit einem Flammpunkt unter 21 °C | 3, 19 | 336 | 2776 | 3 + 6.1 |
| | 6 | 33 | 2776 | 3 + 6.1 A |
| - flüssig, mit einem Flammpunkt von 21 °C bis 55 °C | 6.1, 87a) | 663 | 3009 | 6.1 + 3 |
| | 87b) | 63 | 3009 | 6.1 + 3 |
| | 87c) | 63 | 3009 | 6.1 A + 3 |
| - flüssig, nicht entzündbar oder mit einem Flammpunkt über 55 °C | 6.1, 87a) | 66 | 3010 | 6.1 |
| | 87b) | 60 | 3010 | 6.1 |
| | 87c) | 60 | 3010 | 6.1 A |

| Bezeichnung des Stoffes<br>(a) | Klasse und Ziffer der Stoffaufzählung<br>(b) | Nummer zur Kennzeichnung der Gefahr (obere Hälfte)<br>(c) | Nummer zur Kennzeichnung des Stoffes (untere-Hälfte)<br>(d) | Gefahrzettel<br>(e) |
|---|---|---|---|---|
| Pestizide, anorganische Quecksilberverbindungen | | | | |
| - fest | 6.1, 86b) | 60 | 2777 | 6.1 |
| | 86c) | 60 | 2777 | 6.1 A |
| - flüssig, mit einem Flammpunkt unter 21 °C | 3, 19 | 336 | 2778 | 3 + 6.1 |
| | 6 | 33 | 2778 | 3 + 6.1 A |
| - flüssig, mit einem Flammpunkt von 21 °C bis 55 °C | 6.1, 86a) | 663 | 3011 | 6.1 + 3 |
| | 86b) | 63 | 3011 | 6.1 + 3 |
| | 86c) | 63 | 3011 | 6.1 A + 3 |
| - flüssig, nicht entzündbar oder mit einem Flammpunkt über 55 °C | 6.1, 86a) | 66 | 3012 | 6.1 |
| | 86b) | 60 | 3012 | 6.1 |
| | 86c) | 60 | 3012 | 6.1 A |
| Pestizide, Benzoesäurederivate | | | | |
| - fest | 6.1, 83b) | 60 | 2769 | 6.1 |
| | 83c) | 60 | 2769 | 6.1 A |
| - flüssig, mit einem.Flammpunkt unter 21 °C | 3, 19 | 336 | 2770 | 3 + 6.1 |
| | 6 | 33 | 2770 | 3 + 6.1 A |
| - flüssig, mit einem Flammpunkt von 21 °C bis 55 °C | 6.1, 83a) | 663 | 3003 | 6.1 + 3 |
| | 83b) | 63 | 3003 | 6.1 + 3 |
| | 83c) | 63 | 3003 | 6.1 A + 3 |
| - flüssig, nicht entzündbar oder mit einem Flammpunkt über 55 °C | 6.1, 83a) | 66 | 3004 | 6.1 |
| | 83b) | 60 | 3004 | 6.1 |
| | 83c) | 60 | 3004 | 6.1 A |
| Pestizide, Bipyridyliumderivate | | | | |
| - fest | 6.1, 82b) | 60 | 2781 | 6.1 |
| | 82c) | 60 | 2781 | 6.1 A |
| - flüssig, mit einem Flammpunkt unter 21 °C | 3, 19 | 336 | 2782 | 3 + 6.1 |
| | 6 | 33 | 2782 | 3 + 6.1 A |
| - flüssig, mit einem Flammpunkt von 21 °C bis 55 °C | 6.1, 82a) | 663 | 3015 | 6.1 + 3 |
| | 82b) | 63 | 3015 | 6.1 + 3 |
| | 82c) | 63 | 3015 | 6.1 A + 3 |
| - flüssig, nicht entzündbar oder mit einem Flammpunkt über 55 °C | 6.1, 82a) | 66 | 3016 | 6.1 |
| | 82b) | 60 | 3016 | 6.1 |
| | 82c) | 60 | 3016 | 6.1 A |

| Bezeichnung des Stoffes (a) | Klasse und Ziffer der Stoffaufzählung (b) | Nummer zur Kennzeichnung der Gefahr (obere Hälfte) (c) | Nummer zur Kennzeichnung des Stoffes (untere-Hälfte) (d) | Gefahrzettel (e) |
|---|---|---|---|---|
| Pestizide, Carbamate | | | | |
| - fest | 6.1, 76b) | 60 | 2757 | 6.1 |
| | 76c) | 60 | 2757 | 6.1 A |
| - flüssig, mit einem Flammpunkt unter 21 °C | 3, 19 | 336 | 2758 | 3 + 6.1 |
| | 6 | 33 | 2758 | 3 + 6.1 A |
| - flüssig, mit einem Flammpunkt von 21 °C bis 55 °C | 6.1, 76a) | 663 | 2991 | 6.1 + 3 |
| | 76b) | 63 | 2991 | 6.1 + 3 |
| | 76c) | 63 | 2991 | 6.1 A + 3 |
| - flüssig, nicht entzündbar oder mit einem Flammpunkt über 55 °C | 6.1, 76a) | 66 | 2992 | 6.1 |
| | 76b) | 60 | 2992 | 6.1 |
| | 76c) | 60 | 2992 | 6.1 A |
| Pestizide, chlorierte Kohlenwasserstoffe | | | | |
| - fest | 6.1, 72b) | 60 | 2761 | 6.1 |
| | 72c) | 60 | 2761 | 6.1 A |
| - flüssig, mit einem Flammpunkt unter 21 °C | 3, 19 | 336 | 2762 | 3 + 6.1 |
| | 6 | 33 | 2762 | 3 + 6.1 A |
| - flüssig, mit einem Flammpunkt von 21 °C bis 55 °C | 6.1, 72a) | 663 | 2995 | 6.1 + 3 |
| | 72b) | 63 | 2995 | 6.1 + 3 |
| | 72c) | 63 | 2995 | 6.1 A + 3 |
| - flüssig, nicht entzündbar oder mit einem Flammpunkt über 55 °C | 6.1, 72a) | 66 | 2996 | 6.1 |
| | 72b) | 60 | 2996 | 6.1 |
| | 72c) | 60 | 2996 | 6.1 A |
| Pestizide, Derivate der Chlorphenoxyessigsäure | | | | |
| - fest | 6.1, 73b) | 60 | 2765 | 6.1 |
| | 73c) | 60 | 2765 | 6.1 A |
| - flüssig, mit einem Flammpunkt unter 21 °C | 3, 19 | 336 | 2766 | 3 + 6.1 |
| | 6 | 33 | 2766 | 3 + 6.1 A |
| - flüssig, mit einem Flammpunkt von 21 °C bis 55 °C | 6.1, 73a) | 663 | 2999 | 6.1 + 3 |
| | 73b) | 63 | 2999 | 6.1 + 3 |
| | 73c) | 63 | 2999 | 6.1 A + 3 |
| - flüssig, nicht entzündbar oder mit einem Flammpunkt über 55 °C | 6.1, 73a) | 66 | 3000 | 6.1 |
| | 73b) | 60 | 3000 | 6.1 |
| | 73c) | 60 | 3000 | 6.1 A |

| Bezeichnung des Stoffes (a) | Klasse und Ziffer der Stoffaufzählung (b) | Nummer zur Kennzeichnung der Gefahr (obere Hälfte) (c) | Nummer zur Kennzeichnung des Stoffes (untere Hälfte) (d) | Gefahrzettel (e) |
|---|---|---|---|---|
| Pestizide, mit substituiertem Nitrophenol | | | | |
| - fest | 6.1, 75b) | 60 | 2779 | 6.1 |
| | 75c) | 60 | 2779 | 6.1 A |
| - flüssig, mit einem Flammpunkt unter 21 °C | 3, 19 | 336 | 2780 | 3 + 6.1 |
| | 6 | 33 | 2780 | 3 + 6.1 A |
| - flüssig, mit einem Flammpunkt von 21 °C bis 55 °C | 6.1, 75a) | 663 | 3013 | 6.1 + 3 |
| | 75b) | 63 | 3013 | 6.1 + 3 |
| | 75c) | 63 | 3013 | 6.1 A + 3 |
| - flüssig, nicht entzündbar oder mit einem Flammpunkt über 55 °C | 6.1, 75a) | 66 | 3014 | 6.1 |
| | 75b) | 60 | 3014 | 6.1 |
| | 75c) | 60 | 3014 | 6.1 A |
| Pestizide, organische Phosphorverbindungen | | | | |
| - fest | 6.1, 71b) | 60 | 2783 | 6.1 |
| | 71c) | 60 | 2783 | 6.1 A |
| - flüssig, mit einem Flammpunkt unter 21 °C | 3, 19 | 336 | 2784 | 3 + 6.1 |
| | 6 | 33 | 2784 | 3 + 6.1 A |
| - flüssig, mit einem Flammpunkt von 21 °C bis 55 °C | 6.1, 71a) | 663 | 3017 | 6.1 + 3 |
| | 71b) | 63 | 3017 | 6.1 + 3 |
| | 71c) | 63 | 3017 | 6.1 A + 3 |
| - flüssig, nicht entzündbar oder mit einem Flammpunkt über 55 °C | 6.1, 71a) | 66 | 3018 | 6.1 |
| | 71b) | 60 | 3018 | 6.1 |
| | 71c) | 60 | 3018 | 6.1 A |
| Pestizide, Organozinnverbindungen | | | | |
| - fest | 6.1, 79b) | 60 | 2786 | 6.1 |
| | 79c) | 60 | 2786 | 6.1 A |
| - flüssig, mit einem Flammpunkt unter 21 °C | 3, 19 | 336 | 2787 | 3 + 6.1 |
| | 6 | 33 | 2787 | 3 + 6.1 A |
| - flüssig, mit einem Flammpunkt von 21 °C bis 55 °C | 6.1, 79a) | 663 | 3019 | 6.1 + 3 |
| | 79b) | 63 | 3019 | 6.1 + 3 |
| | 79c) | 63 | 3019 | 6.1 A + 3 |
| - flüssig, nicht entzündbar oder mit einem Flammpunkt über 55 °C | 6.1, 79a) | 66 | 3020 | 6.1 |
| | 79b) | 60 | 3020 | 6.1 |
| | 79c) | 60 | 3020 | 6.1 A |

| Bezeichnung des Stoffes (a) | Klasse und Ziffer der Stoffaufzählung (b) | Nummer zur Kennzeichnung der Gefahr (obere Hälfte) (c) | Nummer zur Kennzeichnung des Stoffes (untere Hälfte) (d) | Gefahrzettel (e) |
|---|---|---|---|---|
| Pestizide, Phenylharnsäurederivate | | | | |
| - fest | 6.1, 75b) | 60 | 2767 | 6.1 |
| | 75c) | 60 | 2767 | 6.1 A |
| - flüssig, mit einem Flammpunkt unter 21 °C | 3, 19 | 336 | 2768 | 3 + 6.1 |
| | 6 | 33 | 2768 | 3 + 6.1 A |
| - flüssig, mit einem Flammpunkt von 21 °C bis 55 °C | 6.1, 75a) | 663 | 3001 | 6.1 + 3 |
| | 75b) | 63 | 3001 | 6.1 + 3 |
| | 75c) | 63 | 3001 | 6.1A + 3 |
| - flüssig, nicht entzündbar oder mit einem Flammpunkt über 55 °C | 6.1, 75a) | 66 | 3002 | 6.1 |
| | 75b) | 60 | 3002 | 6.1 |
| | 75c) | 60 | 3002 | 6.1 A |
| Pestizide, Phthalimidderivate | | | | |
| - fest | 6.1, 75b) | 60 | 2773 | 6.1 |
| | 75c) | 60 | 2773 | 6.1 A |
| - flüssig, mit einem Flammpunkt unter 21 °C | 3, 19 | 336 | 2774 | 3 + 6.1 |
| | 6 | 33 | 2774 | 3 + 6.1 A |
| - flüssig, mit einem Flammpunkt von 21 °C bis 55 °C | 6.1, 75a) | 663 | 3007 | 6.1 + 3 |
| | 75b) | 63 | 3007 | 6.1 + 3 |
| | 75c) | 63 | 3007 | 6.1 A + 3 |
| - flüssig, nicht entzündbar oder mit einem Flammpunkt über 55 °C | 6.1, 75a) | 66 | 3008 | 6.1 |
| | 75b) | 60 | 3008 | 6.1 |
| | 75c) | 60 | 3008 | 6.1 A |
| Pestizide, Thiocarbamate | | | | |
| - fest | 6.1, 76b) | 60 | 2771 | 6.1 |
| | 76c) | 60 | 2771 | 6.1 A |
| - flüssig, mit einem Flammpunkt unter 21 °C | 3, 19 | 336 | 2772 | 3 + 6.1 |
| | 6 | 33 | 2772 | 3 + 6.1 A |
| - flüssig, mit einem Flammpunkt von 21 °C bis 55 °C | 6.1, 76a) | 663 | 3005 | 6.1 + 3 |
| | 76b) | 63 | 3005 | 6.1 + 3 |
| | 76c) | 63 | 3005 | 6.1 A + 3 |
| - flüssig, nicht entzündbar oder mit einem Flammpunkt über 55 °C | 6.1, 76a) | 66 | 3006 | 6.1 |
| | 76b) | 60 | 3006 | 6.1 |
| | 76c) | 60 | 3006 | 6.1 A |
| Pestizide, Triazinderivate | | | | |
| - fest | 6.1, 75b) | 60 | 2763 | 6.1 |
| | 75c) | 60 | 2763 | 6.1 A |

| Bezeichnung des Stoffes (a) | Klasse und Ziffer der Stoffaufzählung (b) | Nummer zur Kennzeichnung der Gefahr (obere Hälfte) (c) | Nummer zur Kennzeichnung des Stoffes (untere-Hälfte) (d) | Gefahrzettel (e) |
|---|---|---|---|---|
| Pestizide, Triazinderivate | | | | |
| - flüssig, mit einem Flammpunkt unter 21 °C | 3, 19 | 336 | 2764 | 3 + 6.1 |
| | 6 | 33 | 2764 | 3 + 6.1 A |
| - flüssig, mit einem Flammpunkt von 21 °C bis 55 °C | 6.1, 75a) | 663 | 2997 | 6.1 + 3 |
| | 75b) | 63 | 2997 | 6.1 + 3 |
| | 75c) | 63 | 2997 | 6.1 A + 3 |
| - flüssig, nicht entzündbar oder mit einem Flammpunkt über 55 °C | 6.1, 75a) | 66 | 2998 | 6.1 |
| | 75b) | 60 | 2998 | 6.1 |
| | 75c) | 60 | 2998 | 6.1 A |
| Petrolether: siehe Kohlenwasserstoffe, flüssige | | | | |
| Petroleum: siehe Kohlenwasserstoffe, flüssig | | | | |
| Phenacylbromid: siehe omega-Bromacetophenon | | | | |
| Phenacylchlorid: siehe omega-Chloracetophenon | | | | |
| Phenetidine | 6.1, 12c) | 60 | 2311 | 6.1 A |
| Phenol, geschmolzen | 6.1, 13b) | 68 | 2312 | 6.1 |
| Phenol, Lösungen von | 6.1, 13b) | 68 | 2821 | 6.1 |
| Phenolsulfonsäure, flüssig | 8, 34b) | 80 | 1803 | 8 |
| Phenylacetonitril: siehe Benzylcyanid | | | | |
| Phenylacetylchlorid | 8, 36b) | 80 | 2577 | 8 |
| Phenylcarbylaminchlorid | 6.1, 17a) | 66 | 1672 | 6.1 |
| Phenylchlorformiat | 6.1, 16b) | 68 | 2746 | 6.1 + 8 |
| Phenylchlorid: siehe Chlorbenzen | | | | |
| Phenylendiamine | 6.1, 12c) | 60 | 1673 | 6.1 A |
| Phenylhydrazin | 6.1, 12b) | 60 | 2572 | 6.1 |
| Phenylisocyanat | 6.1, 18b) | 63 | 2487 | 6.1 + 3 |
| Phenylmethylether (Anisol) | 3, 31c) | 30 | 2222 | 3 |
| Phenylphosphordichlorid | 8, 36b) | 80 | 2798 | 8 |
| Phenylthiophosphoryldichlorid | 8, 36b) | 80 | 2799 | 8 |
| Phenyltrichlorsilan | 8, 37b) | X80 | 1804 | 8 |
| Phosgen: siehe Chlorkohlenoxid | | | | |
| 9-Phosphabicyclononane (Cyclooctadienphosphine) | 4.2, 5b) | 40 | 2940 | 4.2 |
| Phosphor, weiß oder gelb | | | | |
| - trocken | 4.2, 11a) | 46 | 1381 | 4.2 + 6.1 |
| - unter Wasser | 4.2, 11a) | 46 | 1381 | 4.2 + 6.1 |
| - in Lösung | 4.2, 11a) | 46 | 1381 | 4.2 + 6.1 |
| - geschmolzen | 4.2, 22 | 446 | 2447 | 4.2 + 6.1 |
| Phosphor, rot amorph | 4.1, 11c) | 40 | 1338 | 4.1 |
| Phosphorheptasulfid | 4.1, 11b) | 40 | 1339 | 4.1 |
| Phosphoroxybromid ($POBr_3$) | 8, 22b) | 80 | 1939 | 8 |

| Bezeichnung des Stoffes (a) | Klasse und Ziffer der Stoffaufzählung (b) | Nummer zur Kennzeichnung der Gefahr (obere Hälfte) (c) | Nummer zur Kennzeichnung des Stoffes (untere Hälfte) (d) | Gefahrzettel (e) |
|---|---|---|---|---|
| Phosphoroxybromid ($POBr_3$), geschmolzen | 8, 22b) | 80 | 2576 | 8 |
| Phosphoroxychlorid (Phosphorylchlorid) ($POCl_3$) | 8, 21b) | 80 | 1810 | 8 |
| Phosphorpentachlorid ($PCl_5$) | 8, 22b) | 80 | 1806 | 8 |
| Phosphorpentasulfid | 4.3, 20b) | 423 | 1340 | 4.3 |
| Phosphorpentoxid: siehe Phosphorsäureanhydrid | | | | |
| Phosphorsäure | 8, 11c) | 80 | 1805 | 8 |
| Phosphorsäureanhydrid (Phosphorpentoxid) | 8, 27b) | 80 | 1807 | 8 |
| Phosphorsäuremonoamylester | 8, 38c) | 80 | 2819 | 8 |
| Phosphorsäuremonobutylester | 8, 38c) | 80 | 1718 | 8 |
| Phosphorsäuremonoisopropylester | 8, 38c) | 80 | 1793 | 8 |
| Phosphorsesquisulfid | 4.1, 11b) | 40 | 1341 | 4.1 |
| Phosphortribromid ($PBr_3$) | 8, 21b) | 80 | 1808 | 8 |
| Phosphortrichlorid ($PCl_3$) | 8, 21b) | 80 | 1809 | 8 |
| Phosphortrisulfid | 4.1, 11b) | 40 | 1343 | 4.1 |
| Phosphorylchlorid: siehe Phosphoroxychlorid | | | | |
| Phthalsäureanhydrid | 8, 31c) | 80 | 2214 | 8 |
| Picoline (Methylpyridine) | 3, 31c) | 30 | 2313 | 3 |
| alpha-Pinen | 3, 31c) | 30 | 2368 | 3 |
| Piperazin: siehe Diethylendiamin | | | | |
| Piperidin | 3, 22b) | 338 | 2401 | 3 + 8 |
| Pivaloylchlorid (Pivalinsäurechlorid) | 8, 36b) | 83 | 2438 | 8 + 3 |
| Polychlorierte Biphenyle | 9, 2b) | 90 | 2315 | 9 |
| Propan, Gasgemisch: siehe Gemische von Kohlenwasserstoffen (verflüssigtes Gas) (Gemisch C) | | | | |
| Propan, technisch rein | 2, 3b) | 23 | 1978 | 3 |
| n-Propanol, technisch | 3, 3b) | 33 | 1274 | 3 |
| Propan-2-ol (Isopropylalkohol) | 3, 3b) | 33 | 1219 | 3 |
| Propen | 2, 3b) | 23 | 1077 | 3 |
| Propionaldehyd | 3, 3b) | 33 | 1275 | 3 |
| Propionitril | 3, 11b) | 336 | 2404 | 3 + 6.1 |
| Propionsäure mit 50 % oder mehr reiner Säure | 8, 32c) | 80 | 1848 | 8 |
| Propionsäureanhydrid | 8, 32c) | 80 | 2496 | 8 |
| Propionylchlorid (Propionsäurechlorid) | 3, 25b) | 338 | 1815 | 3 + 8 |
| n-Propylacetat | 3, 3b) | 33 | 1276 | 3 |
| Propylethylen: siehe Pent-1-en | | | | |
| n-Propylamin (1-Aminopropan) | 3, 22b) | 338 | 1277 | 3 + 8 |
| n-Propylbenzen | 3, 31c) | 30 | 2364 | 3 |
| Propylchlorid: siehe 1-Chlorpropan | | | | |
| Propylen: siehe Propen | | | | |
| Propylendiamin | 8, 53b) | 83 | 2258 | 8 + 3 |
| Propylendichlorid | 3, 3b) | 33 | 1279 | 3 |

| Bezeichnung des Stoffes (a) | Klasse und Ziffer der Stoffaufzählung (b) | Nummer zur Kennzeichnung der Gefahr (obere Hälfte) (c) | Nummer zur Kennzeichnung des Stoffes (untere-Hälfte) (d) | Gefahrzettel (e) |
|---|---|---|---|---|
| Proylenimin | 3, 12 | 336 | 1921 | 3 + 6.1 |
| Propylenoxid | 3, 2a) | 33 | 1280 | 3 |
| Propylentetramer: siehe Tetrapropylen | | | | |
| Propylentrimer: siehe Tripropylen | | | | |
| Propylformiate | 3, 3b) | 33 | 1281 | 3 |
| n-Propylisocyanat | 3, 14a) | 336 | 2482 | 3 + 6.1 |
| Propylmercaptan | 3, 3b) | 33 | 2402 | 3 |
| Propyltrichlorsilan | 8, 37b) | X83 | 1816 | 8 + 3 |
| Pyridin | 3, 15b) | 336 | 1282 | 3 + 6.1 |
| Pyrosulfurylchlorid ($S_2O_5CI_2$) | 8, 21b) | 80 | 1817 | 8 |
| Pyrrolidin | 3, 22b) | 338 | 1922 | 3 + 8 |
| | | | | |
| Quecksilber-II-acetat | 6.1, 52b) | 60 | 1629 | 6.1 |
| Quecksilber-II-chlorid | 6.1, 52b) | 60 | 1624 | 6.1 |
| | | | | |
| R 12: siehe Dichlordifluormethan | | | | |
| R 12B1: siehe Bromchlordifluormethan | | | | |
| R 13: siehe Chlortrifluormethan | | | | |
| R 13B1: siehe Bromtrifluormethan | | | | |
| R 21: siehe Dichlorfluormethan | | | | |
| R 22: siehe Chlordifluormethan | | | | |
| R 23: siehe Trifluormethan | | | | |
| R 114: siehe 1,2-Dichlor-1,1,2,2-tetrafluoräthan | | | | |
| R 115: siehe Chlorpentafluorethan | | | | |
| R 116: siehe Hexafluorethan | | | | |
| R 124: siehe 1-Chlor-1,2,2,2-tetrafluorethan | | | | |
| R 125: siehe Pentafluorethan | | | | |
| R 133 a: siehe 1-Chlor-2,2,2-trifluorethan | | | | |
| R 134: siehe 1,1,1,2-Tetrafluorethan | | | | |
| R 142 b: siehe 1-Chlor-1,1-difluorethan | | | | |
| R 152 a: siehe 1,1-Difluorethan | | | | |
| R 500: siehe Gemisch R 500 | | | | |
| R 502: siehe Gemisch R 502 | | | | |
| R 503: siehe Gemisch R 503 | | | | |
| R 1113: siehe Chlortrifluorethylen | | | | |
| R 1216: siehe Hexafluorpropylen | | | | |
| RC 318: siehe Octafluorcyclobutan | | | | |
| Resorcin | 6.1, 14c) | 60 | 2876 | 6.1 A |
| Roherdöl: siehe Kohlenwasserstoffe, flüssige | | | | |
| Rubidium | 4.3, 11a) | X423 | 1423 | 4.3 |
| Rubidiumhydroxid, Lösungen von | 8 42b) | 80 | 2677 | 8 |
| Ruß | 4.2, 1b) | 40 | 1361 | 4.2 |
| | 4.2, 1c) | 40 | 1361 | 4.2 |

| Bezeichnung des Stoffes (a) | Klasse und Ziffer der Stoffaufzählung (b) | Nummer zur Kennzeichnung der Gefahr (obere Hälfte) (c) | Nummer zur Kennzeichnung des Stoffes (untere-Hälfte) (d) | Gefahrzettel (e) |
|---|---|---|---|---|
| Säuremischungen von Schwefelsäure und Fluorwasserstoffsäure | 8, 7a) | 886 | 1786 | 8 + 6.1 |
| Salpetersäure, rotrauchende | 8, 2a) | 856 | 2032 | 8 |
| Salpetersäure mit mehr als 70 % reiner Säure ($HNO_3$) | 8, 2a) | 885 | 2032 | 8 |
| Salpetersäure mit höchstens 70 % reiner Säure ($HNO_3$) | 8, 2b) | 80 | 2031 | 8 |
| Salpetersäure, Mischungen mit Schwefelsäure: siehe Mischungen von Schwefelsäure, mit Salpetersäure | | | | |
| Salzsäure (Chlorwasserstofflösungen) | 8, 5b) | 80 | 1789 | 8 |
| Sauerstoff, tiefgekühlt, verflüssigt | 2, 7a) | 225 | 1073 | 2 + 05 |
| Schutzanstrichlösung | | | | |
| - mit einem Flammpunkt unter 21 °C | 3, 3b) | 33 | 1139 | 3 |
| - mit einem Flammpunkt von 21 °C bis 55 °C | 3, 31c) | 30 | 1139 | 3 |
| - mit einem Flammpunkt über 55 °C | 3, 32c) | 30 | 1139 | - |
| Schwefel | 4.1, 11c) | 40 | 1350 | 4.1 |
| Schwefel, geschmolzen | 4.1, 15) | 44 | 2448 | 4.1 |
| Schwefelchlorid (Chlorschwefel) ($S_2CI_2$) | 8, 21a) | 88 | 1828 | 8 |
| Schwefeldichlorid ($SCI_2$) | 8, 21a) | X88 | 1828 | 8 |
| Schwefeldioxid | 2, 3at) | 26 | 1079 | 6.1 |
| Schwefelhexafluorid | 2, 5a) | 20 | 1080 | 2 |
| Schwefelige Säure | 8, 1b) | 80 | 1833 | 8 |
| Schwefelkohlenstoff | 3, 18a) | 336 | 1131 | 3 + 6.1 |
| Schwefelsäure | 8, 1b) | 80 | 1830 | 8 |
| Schwefelsäureanhydrid (Schwefeltrioxid) | 8, 1a) | X88 | 1829 | 8 |
| Schwefelsäure, Mischungen mit Salpetersäure: siehe Mischungen von Schwefelsäure mit Salpetersäure | | | | |
| Schwefelsäure, rauchende: siehe Oleum | | | | |
| Schwefeltrioxid: siehe Schwefelsäureanhydrid | | | | |
| Schwefelwasserstoff | 2, 3bt) | 236 | 1053 | 3 + 6.1 |
| Selenate, Lösungen von | 6.1, 55a) | 66 | 2630 | 6.1 |
| Selendisulfid | 6.1, 55b) | 60 | 2657 | 6.1 |
| Selenite, Lösungen von | 6.1, 55a) | 66 | 2630 | 6.1 |
| Selenmetall | 6.1, 55c) | 60 | 2658 | 6.1 A |
| Selenoxychlorid | 8, 21a) | 886 | 2879 | 8 |
| Selensäure, Lösungen von | 8, 11a) | 88 | 1905 | 8 |
| Silbernitrat | 5.1, 22b) | 50 | 1493 | 5.1 |
| Siliciumpulver, amorph | 4.1, 13c) | 40 | 1346 | 4.1 |
| Siliciumtetrachlorid ($SiCI_4$) | 8, 21b) | 80 | 1818 | 8 |
| Silicofluorwasserstoffsäure (Kieselfluorwasserstoffsäure) ($H_2SiF_6$) | 8, 9b) | 80 | 1778 | 8 |

| Bezeichnung des Stoffes (a) | Klasse und Ziffer der Stoffaufzählung (b) | Nummer zur Kennzeichnung der Gefahr (obere Hälfte) (c) | Nummer zur Kennzeichnung des Stoffes (untere-Hälfte) (d) | Gefahrzettel (e) |
|---|---|---|---|---|
| Solventnaphta: siehe Kohlenwasserstoffe, flüssige | | | | |
| Stickstoff, tiefgekühlt, verflüssigt | 2, 7a) | 22 | 1977 | 2 |
| Stickstoffdioxid ($NO_2$) (Stickstoffperoxid, Stickstofftetroxid) ($N_2O_4$) | 2, 3at) | 265 | 1067 | 6.1 + 05[1), 6.1 + 8 + 05[2) |
| Strontiumchlorat | 5.1, 11b) | 50 | 1506 | 5.1 |
| Strontiumnitrat | 5.1, 22c) | 50 | 1507 | 5.1 |
| Strontiumperchlorat | 5.1, 13b) | 50 | 1508 | 5.1 |
| Strontiumperoxid | 5.1, 25b) | 50 | 1509 | 5.1 |
| Styren (Vinylbenzen) | 3, 31c) | 39 | 2055 | 3 |
| Sulfurylchlorid ($SO_2CI_2$) | 8, 21a) | X88 | 1834 | 8 |
| Teere, flüssig | 3, 32c) | 30 | 1999 | - |
| Terpentin | 3, 31c) | 30 | 1299 | 3 |
| Terpentinersatz: siehe Kohlenwasserstoffe, flüssige | | | | |
| Terpinolen | 3, 31c) | 30 | 2541 | 3 |
| 1,1,2,2-Tetrabromethan (Acetylentetrabromid) | 6.1, 17c) | 60 | 2504 | 6.1 A |
| Tetrabromkohlenstoff | 6.1, 15c) | 60 | 2516 | 6.1 A |
| 1,1,2,2-Tetrachlorethan (Acetylentetrachlorid) | 6.1, 15b) | 60 | 1702 | 6.1 |
| Tetrachlorethylen (Perchlorethylen) | 6.1, 15c) | 60 | 1897 | 6.1 A |
| Tetrachlorkohlenstoff | 6.1, 15b) | 60 | 1846 | 6.1 |
| Tetrachlorphenole | 6.1, 17c) | 60 | 2020 | 6.1 A |
| Tetraethylblei | 6.1, 31a) | 66 | 1649 | 6.1 |
| Tetraethylenpentamin | 8, 53c) | 80 | 2320 | 8 |
| 1,1,1,2-Tetrafluorethan (R 134a) | 2, 3a) | 20 | 3159 | 2 |
| 1,2,3,6-Tetrahydrobenzaldehyd | 3, 32c) | 30 | 2498 | - |
| Tetrahydrofuran | 3, 3b) | 33 | 2056 | 3 |
| Tetrahydrofurfurylamin | 3, 31c) | 30 | 2943 | 3 |
| Tetrahydrophthalsäureanhydrid | 8, 31c) | 80 | 2698 | 8 |
| 1,2,3,6-Tetrahydropyridin | 3, 3b) | 33 | 2410 | 3 |
| Tetrahydrothiophen (Thiophan) | 3, 3b) | 33 | 2412 | 3 |
| Tetramethoxysilan: siehe Tetramethylorthosilikat | | | | |
| Tetramethylammoniumhydroxid | 8, 51b) | 80 | 1835 | 8 |
| Tetramethylblei | 6.1, 31a) | 663 | 1649 | 6.1 + 3 |
| Tetramethylethylendiamin: siehe 1,2-Bis-dimethylaminoethan | | | | |

1) Gilt nur für grenzüberschreitende Beförderung

2) Gilt nur für innerstaatliche Beförderung

| Bezeichnung des Stoffes (a) | Klasse und Ziffer der Stoffaufzählung (b) | Nummer zur Kennzeichnung der Gefahr (obere Hälfte) (c) | Nummer zur Kennzeichnung des Stoffes (untere-Hälfte) (d) | Gefahrzettel (e) |
|---|---|---|---|---|
| Tetramethylorthosilikat (Tetramethoxysilan) | 3, 17a) | 336 | 2606 | 3 + 6.1 |
| Tetramethylsilan | 3, 1a) | 33 | 2749 | 3 |
| Tetranitromethan | 5.1, 2a) | 559 | 1510 | 5.1 + 6.1 |
| Tetrapropylen (Propylentetramer) | 3, 32c) | 30 | 2850 | - |
| Tetrapropyl-ortho-titanat | 3, 31c) | 30 | 2413 | 3 |
| Thalliumchlorat | 5.1, 29b) | 56 | 2573 | 5.1 + 6.1 |
| Thioessigsäure | 3, 3b) | 33 | 2436 | 3 |
| Thioglykol: siehe Mercaptoethanol | | | | |
| Thioglykolsäure | 8, 32b) | 80 | 1940 | 8 |
| Thiomilchsäure | 6.1, 21b) | 60 | 2936 | 6.1 |
| Thionylchlorid ($SOCl_2$) | 8, 21a) | X88 | 1836 | 8 |
| Thiopentan-4-al | 6.1, 20c) | 60 | 2785 | 6.1 A |
| Thiophan: siehe Tetrahydrothiophen | | | | |
| Thiophen | 3, 3b) | 33 | 2414 | 3 |
| Thiophenol: siehe Benzothiol | | | | |
| Thiophosgen | 6.1, 20b) | 60 | 2474 | 6.1 |
| Thiophosphorylchlorid ($PSCl_3$) | 8, 21b) | 80 | 1837 | 8 |
| Tinkturen, medizinische | | | | |
| - mit einem Flammpunkt unter 21 °C | 3, 3b) | 33 | 1293 | 3 |
| - mit einem Flammpunkt von 21 °C bis 55 °C | 3, 31c) | 30 | 1293 | 3 |
| - mit einem Flammpunkt über 55 °C | 3, 32c) | 30 | 1293 | - |
| Titaniumsulfid | 4.2, 13c) | 40 | 3174 | 4.2 |
| Titaniumgranulate | 4.1, 13c) | 40 | 2878 | 4.1 |
| Titaniumhydrid | 4.1, 14b) | 40 | 1871 | 4.1 |
| Titaniumpulver, angefeuchtet | 4.1, 13b) | 40 | 1352 | 4.1 |
| Titaniumpulver, trocken | 4.2, 12b) | 40 | 2546 | 4.2 |
| | 4.2, 12c) | 40 | 2546 | 4.2 |
| Titaniumschwamm-Granulate, | 4.1, 13c) | 40 | 2878 | 4.1 |
| Titaniumschwammpulver | 4.1, 13c) | 40 | 2878 | 4.1 |
| Titantetrachlorid ($TiCl_4$) | 8, 21b) | 80 | 1838 | 8 |
| Titantrichlorid, Gemische von in nicht pyrophorer Form | 8, 22b) | 80 | 2869 | 8 |
| Toluen | 3, 3b) | 33 | 1294 | 3 |
| Toluensulfonsäuren, fest | 8, 34c) | 80 | 2585 | 8 |
| Toluensulfonsäuren, Lösungen von | 8, 34c) | 80 | 2586 | 8 |
| Toluidine | 6.1, 12b) | 60 | 1708 | 6.1 |
| 2,4-Toluylendiamin | 6.1, 12c) | 60 | 1709 | 6.1 A |
| 2,4-Toluylendiisocyanat und isomere Gemische | 6.1, 19b) | 60 | 2078 | 6.1 |
| Tremolit: siehe Asbest weiß | | | | |
| Trichlorisocyanursäure, trocken | 5.1, 26b) | 50 | 2468 | 5.1 |
| Triallylamin | 3, 31c) | 30 | 2610 | 3 |
| Triallylborat | 6.1, 13c) | 60 | 2609 | 6.1 A |

| Bezeichnung des Stoffes (a) | Klasse und Ziffer der Stoffaufzählung (b) | Nummer zur Kennzeichnung der Gefahr (obere Hälfte) (c) | Nummer zur Kennzeichnung des Stoffes (untere-Hälfte) (d) | Gefahrzettel (e) |
|---|---|---|---|---|
| Tribromboran: siehe Bortribromid | | | | |
| Tribrommethan (Bromoform) | 6.1, 15c) | 60 | 2515 | 6.1 A |
| Tributylamin | 8, 53c) | 80 | 2542 | 8 |
| Trichloracetaldehyd (Chloral) | 6.1, 16b) | 60 | 2075 | 6.1 |
| Trichloracetylchlorid | 8, 36b) | X80 | 2442 | 8 |
| Trichlorbenzene | 6.1, 17c) | 60 | 2321 | 6.1 A |
| Trichlorbuten | 6.1, 17b) | 60 | 2322 | 6.1 |
| Trichloressigsäure | 8, 31b) | 80 | 1839 | 8 |
| Trichloressigsäure, Lösungen von | 8, 32b) | 80 | 2564 | 8 |
| Trichloressigsäuremethylester: siehe Methyltrichloracetat | | | | |
| 1,1,1-Trichlorethan | 6.1, 15c) | 60 | 2831 | 6.1 A |
| Trichlorethylen | 6.1, 15c) | 60 | 1710 | 6.1 A |
| Trichlormethylbenzen: siehe Benzotrichlorid | | | | |
| Trichlorphenole | 6.1, 17c) | 60 | 2020 | 6.1 A |
| Trichlorsilan | 4.3, 1a) | X338 | 1295 | 4.3 + 3 + 8 |
| Tricresylphosphat, mit mehr als 3 % ortho-Isomer | 6.1, 23b) | 60 | 2574 | 6.1 |
| Triethylamin | 3, 22b) | 338 | 1296 | 3 + 8 |
| Triethylborat | 3, 3b) | 33 | 1176 | 3 |
| Triethylentetramin | 8, 53b) | 80 | 2259 | 8 |
| Triethylorthoformiat: siehe Ethylorthoformiat | | | | |
| Triethylphosphit | 3, 31c) | 30 | 2323 | 3 |
| 1,1,1-Trifluorethan | 2, 3b) | 23 | 2035 | 3 |
| Trifluoressigsäure | 8, 32a) | 88 | 2699 | 8 |
| Trifluormethan (R 23) | 2, 5a) | 20 | 1984 | 2 |
| 2-Trifluormethylanilin | 6.1, 16c) | 60 | 2942 | 6.1 A |
| 3-Trifluormethylanilin | 6.1, 16b) | 60 | 2948 | 6.1 |
| Triisobutylen (Isobutylentrimer) | 3, 31c) | 30 | 2324 | 3 |
| Triisocyanatisocyanurat aus Isophorondiisocyanat, gelöst | 3, 31c) | 30 | 2906 | 3 |
| Triisopropylborat, rein | 3, 31c) | 30 | 2616 | 3 |
| Triisopropylborat, technisch | 3, 3b) | 33 | 2616 | 3 |
| Trimethylamin, wasserfrei | 2, 3bt) | 236 | 1083 | 3 + 6.1 |
| Trimethylamin, wässerige Lösungen von | | | | |
| - mit einem Siedepunkt von höchstens 35 °C | 3, 22a) | 338 | 1297 | 3 + 8 |
| - mit einem Siedepunkt über 35 °C | 3, 22b) | 338 | 1297 | 3 + 8 |
| 1,3,5-Trimethylbenzen: siehe Mesitylen | | | | |
| Trimethylborat | 3, 3b) | 33 | 2416 | 3 |
| Trimethylchlorsilan | 3, 21a) | X338 | 1298 | 3 + 8 |
| Trimethylcyclohexylamin | 8, 53c) | 80 | 2326 | 8 |
| Trimethylhexamethylendiamine | 8, 53c) | 80 | 2327 | 8 |

| Bezeichnung des Stoffes (a) | Klasse und Ziffer der Stoffaufzählung (b) | Nummer zur Kennzeichnung der Gefahr (obere Hälfte) (c) | Nummer zur Kennzeichnung des Stoffes (untere-Hälfte) (d) | Gefahrzettel (e) |
|---|---|---|---|---|
| Trimethylhexamethylendiisocyanat und isomere Gemische | 6.1, 19c) | 60 | 2328 | 6.1 A |
| Trimethylphosphit | 3, 31c) | 30 | 2329 | 3 |
| Tripropylamin | 8, 53b) | 83 | 2260 | 8 + 3 |
| Tripropylen (Propylentrimer) | 3, 31c) | 30 | 2057 | 3 |
| Undecan | 3, 32c) | 30 | 2330 | - |
| Uranylnitrat Hexahydrat-Lösung | 7, Bl.5 od. 6 | 78 | 2980 | 7A, 7B od. 7C + 8 |
| Valeraldehyd | 3, 3b) | 33 | 2058 | 3 |
| Valerylchlorid (Valeriansäurechlorid) | 8, 36b) | 80 | 2502 | 8 |
| Vanadiumoxytrichlorid ($VOCI_3$) | 8, 21b) | 80 | 2443 | 8 |
| Vanadiumoxytrichlorid ($VOCI_3$), wässerige Lösungen von | 8, 5b) | 80 | 2443 | 8 |
| Vanadiumpentoxid | 6.1, 58b) | 60 | 2862 | 6.1 |
| Vanadiumtetrachlorid ($VCI_4$) | 8, 21a) | 88 | 2444 | 8 |
| Vanadiumtrichlorid ($VCI_3$) | 8, 22c) | 80 | 2475 | 8 |
| Vinylacetat | 3, 3b) | 339 | 1301 | 3 |
| Vinylbenzen: siehe Styren | | | | |
| Vinylbromid | 2, 3ct) | 236 | 1085 | 3 + 6.1 |
| Vinylbutyrat | 3, 3b) | 339 | 2838 | 3 |
| Vinylchloracetat | 6.1, 16b) | 60 | 2589 | 6.1 |
| Vinylchlorid | 2, 3c) | 239 | 1086 | 3 |
| Vinylcyanid: siehe Acrylnitril | | | | |
| Vinylethylether | 3, 2b) | 339 | 1302 | 3 |
| Vinylfluorid | 2, 5c) | 239 | 1860 | 3 |
| Vinylidenchlorid (1,1-Dichlorethylen) | 3, 1a) | 339 | 1303 | 3 |
| Vinylidenfluorid: siehe 1,1-Difluorethylen | | | | |
| Vinylmethylether | 2, 3ct) | 236 | 1087 | 3 + 6.1 |
| Vinylpyridine | 6.1, 11b) | 639 | 3073 | 6.1 + 3 |
| Vinyltoluene, isomere Gemische | 3, 31c) | 39 | 2618 | 3 |
| Vinyltrichlorsilan | 3, 21a) | X338 | 1305 | 3 + 8 |
| Wasserstoff, tiefgekühlt, verflüssigt | 2, 7b) | 223 | 1966 | 3 |
| Wasserstoffperoxid, stabilisiert | 5.1, 1a) | 559 | 2015 | 5.1 + 8 |
| Wasserstoffperoxid, wässerige Lösungen, stabilisiert | 5.1, 1a) | 559 | 2015 | 5.1 + 8 |
| Wasserstoffperoxid, wässerige Lösungen | 5.1, 1b) | 58 | 2014 | 5.1 + 8 |
| | 5.1, 1c) | 50 | 2984 | 5.1 |
| Wasserstoffperoxid, und Peressigsäure, Mischungen, stabilisiert | 5.1, 1b) | 58 | 3149 | 5.1 + 8 |
| White Spirit: siehe Kohlenwasserstoffe, flüssige | | | | |

| Bezeichnung des Stoffes (a) | Klasse und Ziffer der Stoffaufzählung (b) | Nummer zur Kennzeichnung der Gefahr (obere Hälfte) (c) | Nummer zur Kennzeichnung des Stoffes (untere-Hälfte) (d) | Gefahrzettel (e) |
|---|---|---|---|---|
| Xenon | 2, 5a) | 20 | 2036 | 2 |
| Xenon, tiefgekühlt, verflüssigt | 2, 7a) | 22 | 2591 | 2 |
| Xylene (Dimethylbenzene) | 3, 31c) | 30 | 1307 | 3 |
| Xylenole | 6.1, 14b) | 60 | 2261 | 6.1 |
| Xylidine | 6.1, 12b) | 60 | 1711 | 6.1 |
| Xylylbromid | 6.1, 17b) | 60 | 1701 | 6.1 |
| | | | | |
| Zinkammoniumnitrit | 5.1, 23b) | 50 | 1512 | 5.1 |
| Zinkaschen | 4.3, 13c) | 423 | 1435 | 4.3 |
| Zinkbromat | 5.1, 16c) | 50 | 2469 | 5.1 |
| Zinkchlorat | 5.1, 11b) | 50 | 1513 | 5.1 |
| Zinkchlorid ($ZnCI_2$) | 8, 22c) | 80 | 2331 | 8 |
| Zinkchlorid ($ZnCI_2$), wässerige Lösungen von | 8, 5c) | 80 | 1840 | 8 |
| Zinknitrat | 5.1, 22b) | 50 | 1514 | 5.1 |
| Zinkpermanganat | 5.1, 17b) | 50 | 1515 | 5.1 |
| Zinkperoxid | 5.1, 25b) | 50 | 1516 | 5.1 |
| Zinkpulver | 4.3, 14b) | 423 | 1436 | 4.3 + 4.2 |
| | 4.3, 14c) | 423 | 1436 | 4.3 + 4.2 |
| Zinkresinat | 4.1, 12c) | 40 | 2714 | 4.1 |
| Zinkstaub | 4.3, 14b) | 423 | 1436 | 4.3 + 4.2 |
| | 4.3, 14c) | 423 | 1436 | 4.3 + 4.2 |
| Zinntetrachlorid, wasserfrei ($SnCI_4$) | 8, 21b) | 80 | 1827 | 8 |
| Zinntetrachloridpentahydrat ($SnCI_4$ x $5H_2O$) | 8, 22c) | 80 | 2440 | 8 |
| Zirkoniumabfall | 4.2, 12c) | 40 | 1932 | 4.2 |
| Zirkoniumhydrid | 4.1, 14b) | 40 | 1437 | 4.1 |
| Zirkoniumpulver, angefeuchtet | 4.1, 13b) | 40 | 1358 | 4.1 |
| Zirkoniumpulver, trocken | 4.2, 12b) | 40 | 2008 | 4.2 |
| | 4.2, 12c) | 40 | 2008 | 4.2 |
| Zirkoniumtetrachlorid ($ZrCI_4$) | 8, 22c) | 80 | 2503 | 8 |
| Zirkoniumnitrat | 5.1, 22c) | 50 | 2728 | 5.1 |

*) siehe jedoch die Bemerkung unter Abschnitt D der Rn. 2301.

# Verzeichnis II

Verzeichnis von Sammelbezeichnungen oder n.a.g.-Eintragungen, die im Verzeichnis I nicht namentlich aufgeführt sind oder nicht unter eine dort aufgeführte Sammelbezeichnung fallen. Dieses Verzeichnis enthält zwei Arten von Sammelbezeichnungen oder n.a.g.- Eintragungen:

- Besondere Sammelbezeichnungen oder n.a.g.-Eintragungen gelten für Gruppen von chemischen Verbindungen gleicher Art;
- allgemeine Sammelbezeichnungen oder n.a.g.-Eintragungen gelten für Gruppen von Stoffen mit ähnlichen Haupt- und Nebengefahren.

Die Stoffe dürfen nur einer allgemeinen Sammelbezeichnung oder n.a.g.-Eintragung zugeordnet werden, wenn sie nicht einer besonderen Bezeichnung oder Eintragung zugeordnet werden können,

Bem.: Dieses Verzeichnis ist nur für Stoffe anzuwenden, die im Verzeichnis I nicht aufgeführt sind.

| Bezeichnung des Stoffes (a) | Klasse und Ziffer der Stoffaufzählung (b) | Nummer zur Kennzeichnung der Gefahr (obere Hälfte) (c) | Nummer zur Kennzeichnung des Stoffes (untere-Hälfte) (d) | Gefahrzettel (e) |
|---|---|---|---|---|
| **Klasse 3: Entzündbare flüssige Stoffe** | | | | |
| **Besondere Sammelbezeichnungen** | | | | |
| Aldehyde, soweit in diesem Anhang nicht anderweitig genannt | | | | |
| - mit einem Flammpunkt unter 21 °C .... | 3, 3b) | 33 | 1989 | 3 |
| - mit einem Flammpunkt von 21 °C bis 55 °C .... | 3, 31c) | 30 | 1989 | 3 |
| - mit einem Flammpunkt über 55 °C...... | 3, 32c) | 30 | 1989 | - |
| Ketone, flüssig, soweit in diesem Anhang nicht anderweitig genannt | | | | |
| - mit einem Flammpunkt unter 21 °C .... | 3, 3b) | 33 | 1224 | 3 |
| - mit einem Flammpunkt von 21 °C bis 55 °C .... | 3, 31c) | 30 | 1224 | 3 |
| - mit einem Flammpunkt über 55 °C...... | 3, 32c) | 30 | 1224 | - |
| Isocyanate, Lösungen von, mit einem Flammpunkt unter 21 °C .... | 3, 14b) | 336 | 2478 | 3 + 6.1 |
| Mercaptane, soweit in diesem Anhang nicht anderweitig genannt | | | | |
| - mit einem Flammpunkt unter 21 °C, sehr giftig .... | 3, 18a) | 336 | 1228 | 3 + 6.1 |
| - mit einem Flammpunkt unter 21 °C, giftig .... | 3, 18b) | 336 | 1228 | 3 + 6.1 |
| - mit einem Flammpunkt unter 21 °C, gesundheitsschädlich oder nicht giftig .... | 3, 3b) | 33 | 1228 | 3 |

| Bezeichnung des Stoffes (a) | Klasse und Ziffer der Stoffaufzählung (b) | Nummer zur Kennzeichnung der Gefahr (obere Hälfte) (c) | Nummer zur Kennzeichnung des Stoffes (untere Hälfte) (d) | Gefahrzettel (e) |
|---|---|---|---|---|
| Chlorsilane, die in Berührung mit Wasser keine entzündbaren Gase entwickeln, soweit in diesem Anhang nicht anderweitig genannt | | | | |
| - mit einem Flammpunkt unter 21 °C | 3, 21a) | X338 | 2985 | 3 + 8 |
| Alkylamine und Polyalkylamine, soweit in diesem Anhang nicht anderweitig genannt | | | | |
| - mit einem Flammpunkt unter 21 °C, stark ätzend | 3, 22a) | 338 | 2733 | 3 + 8 |
| - mit einem Flammpunkt unter 21 °C, ätzend | 3, 22b) | 338 | 2733 | 3 + 8 |
| - mit einem Flammpunkt unter 21 °C, schwach ätzend | 3, 3b) | 33 | 2733 | 3 |
| Terpenkohlenwasserstoffe, soweit in diesem Anhang nicht anderweitig genannt | | | | |
| - mit einem Flammpunkt von 21 °C bis 55 °C | 3, 31c) | 30 | 2319 | 3 |
| - mit einem Flammpunkt über 55 °C | 3, 32c) | 30 | 2319 | - |
| Alkohole, flüssig, nicht giftig, rein oder in Gemischen, soweit in diesem Anhang nicht anderweitig genannt | | | | |
| - mit einem Flammpunkt von 21 °C bis 55 °C | 3, 31c) | 30 | 1987 | 3 |
| - mit einem Flammpunkt über 55 °C | 3, 32c) | 30 | 1987 | - |
| **Allgemeine Sammelbezeichnungen** | | | | |
| Entzündbare flüssige Stoffe, mit einem Flammpunkt unter 21 °C, nicht giftig und nicht ätzend | 3, 1 - 5 | 33 | 1993 | 3 |
| Stoffe und Präparate zur Schädlingsbekämpfung mit gesundheitsschädlicher Wirkung mit einem Flammpunkt unter 21 °C | 3, 6 | 33 | 3021 | 3 + 6.1 A |
| Entzündbare flüssige Stoffe, mit einem Flammpunkt unter 21 °C, giftig | 3,11,14-18,20 | 336 | 1992 | 3 + 6.1 |
| Stoffe und Präparate zur Schädlingsbekämpfung mit sehr giftiger oder giftiger Wirkung und einem Flammpunkt unter 21 °C | 3, 19 | 336 | 3021 | 3 + 6.1 |
| Entzündbare flüssige Stoffe, mit einem Flammpunkt unter 21 °C, ätzend | 3, 22 - 26 | 338 | 2924 | 3 + 8 |

| Bezeichnung des Stoffes (a) | Klasse und Ziffer der Stoffaufzählung (b) | Nummer zur Kennzeichnung der Gefahr (obere Hälfte) (c) | Nummer zur Kennzeichnung des Stoffes (untere-Hälfte) (d) | Gefahrzettel (e) |
|---|---|---|---|---|
| Entzündbare flüssige Stoffe, mit einem Flammpunkt von 21 °C bis 100 °C, nicht giftig und nicht ätzend | 3, 31 | 30 | 1993 | 3 |
| | 3, 32 | 30 | 1993 | - |
| **Klasse 4.1: Entzündbare feste Stoffe** | | | | |
| **Besondere n.a.g.-Eintragungen:** | | | | |
| Entzündbares Metallhydrid, n.a.g. | 4.1, 14b) | 40 | 3182 | 4.1 |
| | 4.1, 14c) | 40 | 3182 | 4.1 |
| **Allgemeine n.a.g.-Eintragungen:** | | | | |
| Organischer entzündbarer fester Stoff in geschmolzenem Zustand, n.a.g. | 4.1, 5 | 44 | 3176 | 4.1 |
| Organischer entzündbarer fester Stoff, n.a.g. | 4.1, 6b) | 40 | 1325 | 4.1 |
| | 4.1, 6c) | 40 | 1325 | 4.1 |
| Organischer entzündbarer fester Stoff, giftig, n.a.g. | 4.1, 7b) | 46 | 2926 | 4.1 + 6.1 |
| | 4.1, 7c) | 46 | 2926 | 4.1 + 6.1 |
| Organischer entzündbarer fester Stoff, ätzend, n.a.g. | 4.1, 8b) | 48 | 2925 | 4.1 + 8 |
| | 4.1, 8c) | 48 | 2925 | 4.1 + 8 |
| Anorganischer entzündbarer fester Stoff, n.a.g. | 4.1, 11b) | 40 | 3178 | 4.1 |
| | 4.1, 11c) | 40 | 3178 | 4.1 |
| Entzündbares Metallsalz einer organischen Verbindung, n.a.g. | 4.1, 12b) | 40 | 3181 | 4.1 |
| | 4.1, 12c) | 40 | 3181 | 4.1 |
| Entzündbares Metallpulver, n.a.g. | 4.1, 13b) | 40 | 3089 | 4.1 |
| | 4.1, 13c) | 40 | 3089 | 4.1 |
| Anorganischer entzündbarer fester Stoff,giftig, n.a.g. | 4.1, 16b) | 46 | 3179 | 4.1 + 6.1 |
| | 4.1, 16c) | 46 | 3179 | 4.1 + 6.1 |
| Anorganischer entzündbarer fester Stoff,ätzend, n.a.g. | 4.1, 17b) | 48 | 3180 | 4.1 + 8 |
| | 4.1, 17c) | 48 | 3180 | 4.1 + 8 |

| Bezeichnung des Stoffes (a) | Klasse und Ziffer der Stoffaufzählung (b) | Nummer zur Kennzeichnung der Gefahr (obere Hälfte) (c) | Nummer zur Kennzeichnung des Stoffes (untere Hälfte) (d) | Gefahrzettel (e) |
|---|---|---|---|---|
| **Klasse 4.2: Selbstentzündliche Stoffe** | | | | |
| Besondere n.a.g.-Eintragungen: | | | | |
| Erdalkalimetallalkoholat, n.a.g. | 4.2, 14b) | 40 | 3205 | 4.2 |
| | 4.2, 14c) | 40 | 3205 | 4.2 |
| Alkalimetallalkoholat, n.a.g. | 4.2, 15b) | 48 | 3206 | 4.2 + 8 |
| | 4.2, 15c) | 48 | 3206 | 4.2 + 8 |
| Metallalkyl oder Metallaryl, n.a.g. | 4.2, 31a) | X333 | 2003 | 4.2 + 4.3 |
| Metallalkylhalogenid oder Metallarylhalogenid, n.a.g. | 4.2, 32a) | X333 | 3049 | 4.2 + 4.3 |
| Metallalkylhydrid oder Metallarylhydrid, n.a.g. | 4.2, 32a) | X333 | 3050 | 4.2 + 4.3 |
| **Allgemeine n.a.g.-Eintragungen:** | | | | |
| Selbsterhitzungsfähiger organischer fester Stoff, n.a.g. | 4.2, 5b) | 40 | 3088 | 4.2 |
| | 4.2, 5c) | 40 | 3088 | 4.2 |
| Pyrophorer organischer flüssiger Stoff, n.a.g. | 4.2, 6a) | 333 | 2845 | 4.2 |
| Selbsterhitzungsfähiger organischer flüssiger Stoff, n.a.g. | 4.2, 6b) | 30 | 3183 | 4.2 |
| | 4.2, 6c) | 30 | 3183 | 4.2 |
| Selbsterhitzungsfähiger organischer fester Stoff, giftig, n.a.g. | 4.2, 7b) | 46 | 3128 | 4.2 + 6.1 |
| | 4.2, 7c) | 46 | 3128 | 4.2 + 6.1 |
| Selbsterhitzungsfähiger organischer flüssiger Stoff, giftig, n.a.g. | 4.2, 8b) | 36 | 3184 | 4.2 + 6.1 |
| | 4.2, 8c) | 36 | 3184 | 4.2 + 6.1 |
| Selbsterhitzungsfähiger organischer fester Stoff, ätzend, n.a.g. | 4.2, 9b) | 48 | 3126 | 4.2 + 8 |
| | 4.2, 9c) | 48 | 3126 | 4.2 + 8 |
| Selbsterhitzungsfähiger organischer flüssiger Stoff, ätzend, n.a.g. | 4.2, 10b) | 38 | 3185 | 4.2 + 8 |
| | 4.2, 10c) | 38 | 3185 | 4.2 + 8 |
| Selbsterhitzungsfähiges Metallpulver, n.a.g. | 4.2, 12b) | 40 | 3189 | 4.2 |
| | 4.2, 12c) | 40 | 3189 | 4.2 |

| Bezeichnung des Stoffes<br><br>(a) | Klasse und Ziffer der Stoffaufzählung<br>(b) | Nummer zur Kennzeichnung der Gefahr (obere Hälfte)<br>(c) | Nummer zur Kennzeichnung des Stoffes (untere-Hälfte)<br>(d) | Gefahrzettel<br><br>(e) |
|---|---|---|---|---|
| Selbsterhitzungsfähiger anorganischer fester Stoff, n.a.g. .................................... | 4.2, 16b) | 40 | 3190 | 4.2 |
| ...................................................... | 4.2, 16c) | 40 | 3190 | 4.2 |
| Pyrophorer anorganischer flüssiger Stoff, n.a.g. ............................................. | 4.2, 17a) | 333 | 3194 | 4.2 |
| Selbsterhitzungsfähiger anorganischer flüssiger Stoff, n.a.g. ............................... | 4.2, 17b) | 30 | 3186 | 4.2 |
| ...................................................... | 4.2, 17c) | 30 | 3186 | 4.2 |
| Selbsterhitzungsfähiger anorganischer fester Stoff, giftig, n.a.g. .......................... | 4.2, 18b) | 46 | 3191 | 4.2 + 6.1 |
| ...................................................... | 4.2, 18c) | 46 | 3191 | 4.2 + 6.1 |
| Selbsterhitzungsfähiger anorganischer fester Stoff, giftig, n.a.g. .......................... | 4.2, 18b) | 46 | 3191 | 4.2 + 6.1 |
| ...................................................... | 4.2, 18c) | 46 | 3191 | 4.2 + 6.1 |
| Selbsterhitzungsfähiger anorganischer flüssiger Stoff, giftig, n.a.g. ..................... | 4.2, 19b) | 36 | 3187 | 4.2 + 6.1 |
| ...................................................... | 4.2, 19c) | 36 | 3187 | 4.2 + 6.1 |
| Selbsterhitzungsfähiger anorganischer fester Stoff, ätzend, n.a.g. ......................... | 4.2, 20b) | 48 | 3192 | 4.2 + 8 |
| ...................................................... | 4.2, 20c) | 48 | 3192 | 4.2 + 8 |
| Selbsterhitzungsfähiger anorganischer flüssiger Stoff, ätzend, n.a.g. .................... | 4.2, 21b) | 38 | 3188 | 4.2 + 8 |
| ...................................................... | 4.2, 21c) | 38 | 3188 | 4.2 + 8 |
| Pyrophore metallorganische Verbindungen, n.a.g. ............................... | 4.2, 33a) | X333 | 3203 | 4.2 + 4.3 |
| **Klasse 4.3: Stoffe, die in Berührung mit Wasser entzündbare Gase entwickeln** | | | | |
| **Besondere n.a.g.-Eintragungen:** | | | | |
| Chlorsilan, n.a.g. ..................................... | 4.3, 1a) | X338 | 2988 | 4.3 + 3 + 8 |
| Alkalimetallegierung, flüssig, n.a.g. ........... | 4.3, 11a) | X423 | 1421 | 4.3 |
| Erdalkalimetallegierung, n.a.g. .................. | 4.3, 11b) | 423 | 1393 | 4.3 |
| Metallhydrid, mit Wasser reagierend, n.a.g. ..................................................... | 4.3, 16b) | 423 | 1409 | 4.3 |

| Bezeichnung des Stoffes (a) | Klasse und Ziffer der Stoffaufzählung (b) | Nummer zur Kennzeichnung der Gefahr (obere Hälfte) (c) | Nummer zur Kennzeichnung des Stoffes (untere-Hälfte) (d) | Gefahrzettel (e) |
|---|---|---|---|---|
| **Allgemeine n.a.g.-Eintragungen:** | | | | |
| Metallorganische Verbindung oder Lösung metallorganischer Verbindungen oder Dispersion metallorganischer Verbindungen, mit Wasser reagierend, entzündbar, n.a.g. .................... | 4.3, 3a) | X323 | 3207 | 4.3 + 3 |
| .................... | 4.3, 3b) | 323 | 3207 | 4.3 + 3 |
| .................... | 4.3, 3c) | 323 | 3207 | 4.3 + 3 |
| Metallener Stoff, mit Wasser reagierend, n.a.g. .................... | 4.3, 13b) | 423 | 3208 | 4.3 |
| .................... | 4.3, 13c) | 423 | 3208 | 4.3 |
| Metallener Stoff, mit Wasser reagierend, selbsterhitzungsfähig, n.a.g. .................... | 4.3, 14b) | 423 | 3209 | 4.3 + 4.2 |
| .................... | 4.3, 14c) | 423 | 3209 | 4.3 + 4.2 |
| Fester Stoff, mit Wasser reagierend, n.a.g. .................... | 4.3, 20b) | 423 | 2813 | 4.3 |
| .................... | 4.3, 20c) | 423 | 2813 | 4.3 |
| Flüssiger Stoff, mit Wasser reagierend, n.a.g. .................... | 4.3, 21a) | X323 | 3148 | 4.3 |
| .................... | 4.3, 21b) | 323 | 3148 | 4.3 |
| .................... | 4.3, 21c) | 323 | 3148 | 4.3 |
| Fester Stoff, mit Wasser reagierend, giftig, n.a.g. .................... | 4.3, 22b) | 462 | 3134 | 4.3 + 6.1 |
| .................... | 4.3, 22c) | 462 | 3134 | 4.3 + 6.1 |
| Flüssiger Stoff, mit Wasser reagierend, giftig, n.a.g. .................... | 4.3, 23a) | X362 | 3130 | 4.3 + 6.1 |
| .................... | 4.3, 23b) | 362 | 3130 | 4.3 + 6.1 |
| .................... | 4.3, 23c) | 362 | 3130 | 4.3 + 6.1 |
| Fester Stoff, mit Wasser reagierend, ätzend, n.a.g. .................... | 4.3, 24b) | 482 | 3131 | 4.3 + 8 |
| .................... | 4.3, 24c) | 482 | 3131 | 4.3 + 8 |
| Flüssiger Stoff, mit Wasser reagierend, ätzend, n.a.g. .................... | 4.3, 25a) | X382 | 3129 | 4.3 + 8 |
| .................... | 4.3, 25b) | 382 | 3129 | 4.3 + 8 |
| .................... | 4.3, 25c) | 382 | 3129 | 4.3 + 8 |

| Bezeichnung des Stoffes<br><br>(a) | Klasse und Ziffer der Stoffaufzählung<br>(b) | Nummer zur Kennzeichnung der Gefahr (obere Hälfte)<br>(c) | Nummer zur Kennzeichnung des Stoffes (untere-Hälfte)<br>(d) | Gefahrzettel<br><br>(e) |
|---|---|---|---|---|
| **Klasse 5.1: Entzündend (oxydierend) wirkende Stoffe** | | | | |
| **Besondere n.a.g.-Eintragungen:** | | | | |
| Chlorat, anorganisch, n.a.g. .................... | 5.1, 11b) | 50 | 1461 | 5.1 |
| Chlorat, anorganisch, wässrige Lösung von, n.a.g. .................... | 5.1, 11b) | 50 | 3210 | 5.1 |
| Perchlorat, anorganisch, n.a.g. .................... | 5.1, 13b) | 50 | 1481 | 5.1 |
| Perchlorat, anorganisch, wässrige Lösung von, n.a.g. .................... | 5.1, 13b) | 50 | 3211 | 5.1 |
| Chlorit, anorganisch, n.a.g. .................... | 5.1, 14b) | 50 | 1462 | 5.1 |
| Hypochlorit, anorganisch, n.a.g. .................... | 5.1, 15b) | 50 | 3212 | 5.1 |
| Bromat, anorganisch, n.a.g. .................... | 5.1, 16b) | 50 | 1450 | 5.1 |
| Bromat, anorganisch, wässrige Lösung von, n.a.g. .................... | 5.1, 16b) | 50 | 3213 | 5.1 |
| .................... | 5.1, 16c) | 50 | 3213 | 5.1 |
| Permanganat, anorganisch, n.a.g. .................... | 5.1, 17b) | 50 | 1482 | 5.1 |
| Permanganat, anorganisch, wässrige Lösung von, n.a.g. .................... | 5.1, 17b) | 50 | 3214 | 5.1 |
| Persulfat, anorganisch, n.a.g. .................... | 5.1, 18c) | 50 | 3215 | 5.1 |
| Persulfat, anorganisch, wässrige Lösung von, n.a.g. .................... | 5.1, 18c) | 50 | 3214 | 5.1 |
| Persulfat, anorganisch, n.a.g. .................... | 5.1, 18c) | 50 | 3215 | 5.1 |
| Percarbonat, anorganisch, n.a.g. .................... | 5.1, 19c) | 50 | 3217 | 5.1 |
| Nitrat, anorganisch, n.a.g. .................... | 5.1, 22b) | 50 | 1477 | 5.1 |
| .................... | 5.1, 22c) | 50 | 1477 | 5.1 |
| Nitrat, anorganisch, wässrige Lösung von, n.a.g. .................... | 5.1, 22b) | 50 | 3218 | 5.1 |
| .................... | 5.1, 22c) | 50 | 3218 | 5.1 |
| Nitrit, anorganisch, n.a.g. .................... | 5.1, 23b) | 50 | 2627 | 5.1 |
| Nitrit, anorganisch, wässrige Lösung von, n.a.g. .................... | 5.1, 23b) | 50 | 3219 | 5.1 |
| .................... | 5.1, 23c) | 50 | 3219 | 5.1 |
| Peroxid, anorganisch, n.a.g. .................... | 5.1, 25b) | 50 | 1483 | 5.1 |

| Bezeichnung des Stoffes (a) | Klasse und Ziffer der Stoffaufzählung (b) | Nummer zur Kennzeichnung der Gefahr (obere Hälfte) (c) | Nummer zur Kennzeichnung des Stoffes (untere-Hälfte) (d) | Gefahrzettel (e) |
|---|---|---|---|---|
| **Allgemeine n.a.g.-Eintragungen:** | | | | |
| Entzündend (oxydierend) wirkender fester Stoff, n.a.g. | 5.1, 27b) | 50 | 1479 | 5.1 |
| | 5.1, 27c) | 50 | 1479 | 5.1 |
| Entzündend (oxydierend) wirkender fester Stoff, n.a.g. | 5.1, 27b) | 50 | 1479 | 5.1 |
| | 5.1, 27c) | 50 | 1479 | 5.1 |
| Entzündend (oxydierend) wirkender fester Stoff, giftig, n.a.g. | 5.1, 29b) | 50 | 3087 | 5.1 + 6.1 |
| | 5.1, 29c) | 50 | 3087 | 5.1 + 6.1 |
| Entzündend (oxydierend) wirkender fester Stoff, ätzend, n.a.g. | 5.1, 31b) | 50 | 3085 | 5.1 + 8 |
| | 5.1, 31c) | 50 | 3085 | 5.1 + 8 |
| **Klasse 6.1: Giftige Stoffe** | | | | |
| **Allgemeine Sammelbezeichnungen:** | | | | |
| Alkylierte Phenole, $C_2$-$C_8$ Homologe, soweit in diesem Anhang nicht anderweitig genannt | 6.1, 14c) | 60 | 3145 | 6.1 A |
| Isocyanate, soweit in diesem Anhang nicht anderweitig genannt | | | | |
| - mit einem Flammpunkt von 21 °C bis 55 °C und einem Siedepunkt unter 200 °C | 6.1, 18b) | 63 | 3080 | 6.1 + 3 |
| - mit einem Flammpunkt von 21 °C bis 55 °C und einem Siedepunkt von mindestens 200 °C, aber unter 300 °C | 6.1, 19b) | 63 | 3080 | 6.1 + 3 |
| - mit einem Flammpunkt über 55 °C und einemSiedepunkt unter 200 °C | 6.1, 18b) | 60 | 2206 | 6.1 |
| - mit einem Flammpunkt über 55 °C und einemSiedepunkt von mindestens 200 °C, aber unter 300 °C | 6.1, 19b) | 60 | 2206 | 6.1 |
| - mit einem Flammpunkt über 55 °C und einemSiedepunkt von 300 °C oder darüber | 6.1, 19c) | 60 | 2207 | 6.1 A |

| Bezeichnung des Stoffes (a) | Klasse und Ziffer der Stoffaufzählung (b) | Nummer zur Kennzeichnung der Gefahr (obere Hälfte) (c) | Nummer zur Kennzeichnung des Stoffes (untere Hälfte) (d) | Gefahrzettel (e) |
|---|---|---|---|---|
| Mercaptane, soweit in diesem Anhang nicht anderweitig genannt | | | | |
| - mit einem Flammpunkt von 21 °C bis 55 °C, sehr giftig | 6.1, 20a) | 663 | 3071 | 6.1 + 3 |
| - mit einem Flammpunkt von 21 °C bis 55 °C, giftig | 6.1, 20b) | 63 | 3071 | 6.1 + 3 |
| - mit einem Flammpunkt von 21 °C bis 55 °C, gesundheitsschädlich | 6.1, 20c) | 63 | 3071 | 6.1 A + 3 |
| Cyanide, Lösungen anorganischer, soweit in diesem Anhang nicht anderweitig genannt | 6.1, 41a) | 66 | 1935 | 6.1 |
| Arsenverbindungen, flüssige, anorganische, soweit in diesem Anhang nicht anderweitig genannt | 6.1, 51a) | 66 | 1556 | 6.1 |
| Bleiverbindungen, soweit in diesem Anhang nicht anderweitig genannt | 6.1, 62c) | 60 | 2291 | 6.1 A |
| **Allgemeine Sammelbezeichnungen:** | | | | |
| Sehr giftige halogenhaltige flüssige Stoffe mit Reizwirkung und einem Flammpunkt von 21 °C bis 55 °C | 6.1, Buchstabe a) der Ziffern 15 und 16 | 663 | 1610 | 6.1 + 3 |
| Giftige halogenhaltige flüssige Stoffe mit Reizwirkung und einem Flammpunkt von 21 °C bis 55 °C | 6.1, Buchstabe b) der Ziffern 15 und 16 | 63 | 1610 | 6.1 + 3 |
| Sehr giftige halogenhaltige flüssige Stoffe mit Reizwirkung, nicht entzündbar oder mit einem Flammpunkt über 55 °C | 6.1, Buchstabe a) der Ziffern 15 bis 17 | 66 | 1610 | 6.1 |
| Giftige halogenhaltige flüssige Stoffe mit Reizwirkung, nicht entzündbar oder mit einem Flammpunkt über 55 °C | 6.1, Buchstabe b) der Ziffern 15 bis 17 | 60 | 1610 | 6.1 |

| Bezeichnung des Stoffes<br>(a) | Klasse und Ziffer der Stoffaufzählung<br>(b) | Nummer zur Kennzeichnung der Gefahr (obere Hälfte)<br>(c) | Nummer zur Kennzeichnung des Stoffes (untere-Hälfte)<br>(d) | Gefahrzettel<br>(e) |
|---|---|---|---|---|
| Sehr giftige flüssige Stoffe, entzündbar, mit einem Flammpunkt von 21°C bis 55°C | 6.1, Buchstabe a) der Ziffern 11, 13, 15, 16, 18, 20, 22, 24 und 68 | 663 | 2929 | 6.1 + 3 |
| Giftige oder gesundheitsschädliche flüssige Stoffe, entzündbar, mit einem Flammpunkt von 21°C bis 55°C | 6.1, Ziffern 11, 13, 15, 16, 18, 20, 22, 24 und 68 | | | |
| | - Buchstabe b) | 63 | 2929 | 6.1 + 3 |
| | - Buchstabe c) | 63 | 2929 | 6.1 A + 3 |
| Sehr giftige flüssige Stoffe, nicht entzündbar oder mit einem Flammpunkt über 55°C | 6.1, Buchstabe a) der Ziffern 11-24 55 und 68 | 66 | 2810 | 6.1 |
| Giftige oder gesundheitsschädliche flüssige Stoffe, nicht entzündbar, mit einem Flammpunkt über 55°C | 6.1, Ziffern 11-24, 51-55, 57-61 | | | |
| | - Buchstabe b) | 60 | 2810 | 6.1 |
| | - Buchstabe c) | 60 | 2810 | 6.1 A |
| Giftige oder gesundheitsschädliche feste Stoffe, brennbar | 6.1, Ziffern 11 bis 24 und 68 | | | |
| | - Buchstabe b) | 60 | 2930 | 6.1 |
| | - Buchstabe c) | 60 | 2930 | 6.1 A |
| Giftige oder gesundheitsschädliche feste Stoffe, nicht brennbar | 6.1, Ziffern 24, 51-55, 57-61 63-66 und 68 | | | |
| | - Buchstabe b) | 60 | 2811 | 6.1 |
| | - Buchstabe c) | 60 | 2811 | 6.1 A |

| Bezeichnung des Stoffes (a) | Klasse und Ziffer der Stoffaufzählung (b) | Nummer zur Kennzeichnung der Gefahr (obere Hälfte) (c) | Nummer zur Kennzeichnung des Stoffes (untere Hälfte) (d) | Gefahrzettel (e) |
|---|---|---|---|---|
| Flüssige Stoffe und Präparate zur Schädlingsbekämpfung mit sehr giftiger Wirkung, entzündbar, mit einem Flammpunkt von 21°C bis 55°C | 6.1, Buchstabe a) der Ziffern 74, 75, 77, 78, 80, 81, 83, 85 und 88 | 663 | 2903 | 6.1 + 3 |
| Flüssige Stoffe und Präparate zur Schädlingsbekämpfung mit giftiger oder gesundheitsschädlicher Wirkung, entzündbar, mit einem Flammpunkt von 21°C bis 55°C | 6.1, Ziffern 74, 75, 77, 78, 80, 81, 83, 85 und 88 | | | |
| | - Buchstabe b) | 63 | 2903 | 6.1 + 3 |
| | - Buchstabe c) | 63 | 2903 | 6.1 A + 3 |
| Flüssige Stoffe und Präparate zur Schädlingsbekämpfung mit sehr giftiger Wirkung, nicht entzündbar, oder mit einem Flammpunkt über 55°C | 6.1, Buchstabe a) der Ziffern 74, 75, 77, 78, 80, 81, 83, 85 und 88 | 66 | 2902 | 6.1 |
| Flüssige Stoffe und Präparate zur Schädlingsbekämpfung mit giftiger oder gesundheitsschädlicher Wirkung, nicht entzündbar oder mit einem Flammpunkt über 55°C | 6.1, Ziffern 74, 75, 77, 78, 80, 81, 83, 85 und 88 | | | |
| | - Buchstabe b) | 60 | 2902 | 6.1 |
| | - Buchstabe c) | 60 | 2902 | 6.1 A |

| Bezeichnung des Stoffes<br>(a) | Klasse und Ziffer der Stoffaufzählung<br>(b) | Nummer zur Kennzeichnung der Gefahr (obere Hälfte)<br>(c) | Nummer zur Kennzeichnung des Stoffes (untere-Hälfte)<br>(d) | Gefahrzettel<br>(e) |
|---|---|---|---|---|
| Feste Stoffe und Präparate zur Schädlingsbekämpfung mit giftiger oder gesundheitsschädlicher Wirkung ............... | 6.1, Ziffern 74, 75, 77, 78, 80, 81, 83, 85 und 88 | | | |
| | - Buchstabe b) | 60 | 2588 | 6.1 |
| | - Buchstabe c) | 60 | 2588 | 6.1 A |
| Klasse 7: Radioaktive Stoffe<br>Besondere Sammelbezeichnungen:<br>Radioaktiver Stoff mit geringer spezifischer Aktivität (LSA), soweit in diesem Anhang nicht anderweitig genannt ............... | 7, Bl.5 oder 6 | 70 | 2912 | 7A, 7B oder 7C |
| - Gas ............... | | 72 | 2912 | 7A, 7B oder 7C |
| - Gas, brennbar ............... | | 723 | 2912 | 7A, 7B oder 7C+3 |
| - flüssig, entzündbar, Flammpunkt unter 55°C ............... | | 73 | 2912 | 7A, 7B oder 7C3 |
| - fest, brennbar ............... | | 74 | 2912 | 7A, 7B od. 7C+4.1 |
| - oxydierend (brandfördernd) ............... | | 75 | 2912 | 7A, 7B od. 7C+05 |
| - giftig ............... | | 76 | 2912 | 7A, 7B od. 7C+6.1 |
| - gesundheitsschädlich ............... | | 70 | 2912 | 7A, 7B od. 7C+6.1A |
| - ätzend ............... | | 78 | 2912 | 7A, 7B od. 7C+8 |

| Bezeichnung des Stoffes<br>(a) | Klasse und Ziffer der Stoffaufzählung<br>(b) | Nummer zur Kennzeichnung der Gefahr (obere Hälfte)<br>(c) | Nummer zur Kennzeichnung des Stoffes (untere-Hälfte)<br>(d) | Gefahrzettel<br>(e) |
|---|---|---|---|---|
| Allgemeine Sammelbezeichnungen: | | | | |
| Radioaktiver Stoff, soweit in diesem Anhang nicht anderweitig genannt ............... | 7, Bl.9 10 oder 11 | 70 | 2982 | 7A, 7B oder 7C |
| - Gas .................................................... | | 72 | 2982 | 7A, 7B oder 7C |
| - Gas, brennbar ..................................... | | 723 | 2982 | 7A, 7B oder 7C+3 |
| - flüssig, entzündbar, Flammpunkt unter 55°C ......................................... | | 73 | 2982 | 7A, 7B oder 7C+3 |
| - fest, brennbar ...................................... | | 74 | 2982 | 7A, 7B od. 7C+4.1 |
| - oxydierend (brandfördernd) ................. | | 75 | 2982 | 7A, 7B od. 7C+05 |
| - giftig .................................................. | | 76 | 2982 | 7A, 7B od. 7C+6.1 |
| - gesundheitsschädlich ........................... | | 70 | 2982 | 7A, 7B od. 7C+6.1A |
| - ätzend ................................................. | | 78 | 2982 | 7A, 7B od. 7C+81 |
| Klasse 8: Ätzende Stoffe | | | | |
| Besondere Sammelbezeichnungen: | | | | |
| Alkylsulfonsäuren und Arylsulfonsäuren, soweit in diesem Anhang nicht anderweitig genannt | | | | |
| - mit mehr als 5% freier Schwefelsäure ($H_2SO_4$) ...................... | 8, 1b) | 80 | 2584 | 8 |
| - mit höchstens 5% freier Schwefelsäure ($H_2SO_4$), ätzend .......... | 8, 34b) | 80 | 2586 | 8 |
| - mit höchstens 5% freier Schwefelsäure ($H_2SO_4$), schwach ätzend .............................................. | 8, 34c) | 80 | 2586 | 8 |

| Bezeichnung des Stoffes (a) | Klasse und Ziffer der Stoffaufzählung (b) | Nummer zur Kennzeichnung der Gefahr (obere Hälfte) (c) | Nummer zur Kennzeichnung des Stoffes (untere-Hälfte) (d) | Gefahrzettel (e) |
|---|---|---|---|---|
| Chlorsilane, die in Berührung mit Wasser keine entzündbaren Gase entwickeln, soweit in diesem Anhang nicht anderweitig genannt | | | | |
| - mit einem Flammpunkt von 21°C bis 55°C | 8, 37b) | X83 | 2986 | 8 + 3 |
| - mit einem Flammpunkt über 55°C | 8, 37b) | X80 | 2987 | 8 |
| Alkalische anorganische Stoffe, Lösungen von, soweit in diesem Anhang nicht anderweitig genannt | | | | |
| - ätzend | 8, 42b) | 80 | 1719 | 8 |
| - schwach ätzend | 8, 42c) | 80 | 1719 | 8 |
| Hydrogensulfide, wässrige Lösungen von, soweit in diesem Anhang nicht anderweitig genannt | 8, 45c) | 80 | 1719 | 8 |
| Sulfide, wässrige Lösungen von, soweit in diesem Anhang nicht anderweitig genannt | 8, 45c) | 80 | 1719 | 8 |
| Alkylamine und Polyalkylamine, soweit in diesem Anhang nicht anderweitig genannt | | | | |
| - mit einem Flammpunkt von 21°C bis 55°C, ätzend | 8, 53b) | 83 | 2734 | 8 + 3 |
| - mit einem Flammpunkt von 21°C bis 55°C, schwach ätzend | 8, 53c) | 83 | 2734 | 8 + 3 |
| - mit einem Flammpunkt über 55°C, ätzend | 8, 53b) | 80 | 2735 | 8 |
| - mit einem Flammpunkt über 55°C, schwach ätzend | 8, 53c) | 80 | 2735 | 8 |
| - fest | 8, 52c) | 80 | 2735 | 8 |
| **Allgemeine Sammelbezeichnungen:** | | | | |
| Stark ätzende flüssige Stoffe, entzündbar, mit einem Flammpunkt von 21 °C bis 55 °C | 8, Buchstabe a) der Ziffern 27, 32, 33, 36, 37, 39, 46, 55, 64, und 66 | 883 | 2920 | 8 + 3 |

| Bezeichnung des Stoffes<br>(a) | Klasse und Ziffer der Stoffaufzählung<br>(b) | Nummer zur Kennzeichnung der Gefahr (obere Hälfte)<br>(c) | Nummer zur Kennzeichnung des Stoffes (untere-Hälfte)<br>(d) | Gefahrzettel<br>(e) |
|---|---|---|---|---|
| Ätzende oder schwach ätzende flüssige Stoffe, entzündbar, mit einem Flammpunkt von 21 °C bis 55 °C ........ | 8, Buchstabe b) und c) der Ziffern 27, 32, 33, 36, 38, 39, 46, 51, 53-55, 64 und 66 | 83 | 2920 | 8 + 3 |
| Stark ätzende flüssige Stoffe, nicht entzündbar oder mit einem Flammpunkt über 55 °C ........ | 8, Buchstabe a) der Ziffern 1, 3, 10, 11, 21, 27, 32, 33, 36, 37 39, 46, 55, 64 und 66; 61 1) | 88 | 1760 | 8 |
| | 8, Buchstabe a) der Ziffer 26 | 88 | 1760 | 8 + 6.1 |
| Ätzende oder schwach ätzende flüssige Stoffe, nicht entzündbar oder mit mit einem Flammpunkt über 55 °C ........ | 8, Buchstabe b) und c) der Ziffern 1, 3, 5, 10, 11, 21, 23, 27, 32, 33, 36, 38, 39, 46, 51, 53-55, 64 und 66; | 80 | 1760 | 8 |
| | Buchstabe b) und c) der Ziffer 26 | 80 | 1760 | 8 + 6.1 |
| Ätzende oder schwach ätzende feste Stoffe, entzündbar ........ | 8, Buchstabe b) und c) der Ziffern 27, 31, 33, 35, 38, 39, 46, 51, 52, 54, 55, 64 und 65 | 80 | 2921 | 8 |

1) Gilt nur für innerstaatliche Beförderungen

| Bezeichnung des Stoffes (a) | Klasse und Ziffer der Stoffaufzählung (b) | Nummer zur Kennzeichnung der Gefahr (obere Hälfte) (c) | Nummer zur Kennzeichnung des Stoffes (untere-Hälfte) (d) | Gefahrzettel (e) |
|---|---|---|---|---|
| Ätzende oder schwach ätzende feste Stoffe, nicht brennbar | 8, Buchstabe b) und c) der Ziffern 11, 22, 27, 31, 33, 35, 38, 39, 41, 45, 46, 55 und 65 | 80 | 1759 | 8 |
| | Buchstabe b) und c) der Ziffer 26 | 80 | 1759 | 8 + 6.1 |

Die Kennzeichnungsnummern müssen auf der Tafel wie folgt dargestellt sein:

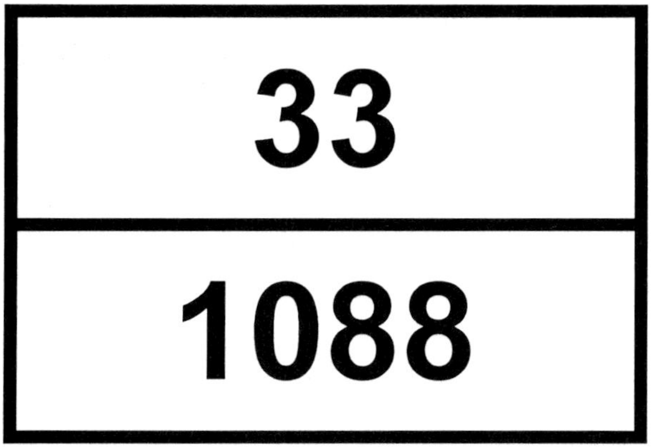


Bedeutung der Ziffern:

oben: Nummer zur Kennzeichnung der Gefahr (2 oder 3 Ziffern)

unten: Nummer zur Kennzeichnung des Stoffes (4 Ziffern)

Untergrund: orangefarben. Rand, Querstrich und Ziffern schwarz mit 15 mm Strichbreite.

Höhe der Warntafel mindestens 30 cm

Breite der Warntafel 40 cm

Höhe der Ziffern 10 cm

**Anhang B.8** **280 000**

**Listen I und II der gefährlichen Güter für deren Beförderung § 7 gilt**

Bemerkungen: **280 001**

1. Überschreitet die beförderte Menge je Beförderungseinheit die in Spalte 4 genannte Masse, so gilt für die Beförderung § 7.
2. Werden verschiedene der nachstehend aufgeführten gefährlichen Güter in geringeren Mengen als den in Spalte 4 der Listen I und II angegebenen in einer Beförderungseinheit befördert, so ist zunächst die tatsächliche Masse jedes Gutes mit dem für dieses Gut in Spalte 5 angegebenen Faktor zu multiplizieren. Ist die Summe der so ermittelten Produkte größer als 10 000, so gilt für die Beförderung § 7.
3. Für die Beförderung von Gasen der Klasse 2 dieser Listen - ausgenommen Fluor [Rn. 2201 Ziffer 1 at)] und tiefgekühlte, verflüssigte Gase [Rn. 2201 Ziffer 7 b) und 8 b)] - gilt § 7 nicht, wenn diese Gase in vorgeschriebenen Stahlflaschen mit einem Fassungsraum von höchstens 150 Liter oder Gefäßen mit einem Fassungsraum von mindestens 100 Liter bis höchstens 1000 Liter enthalten sind.
4. § 7 Abs. 5 gilt nicht für die Beförderung von Gasgemischen der Klasse 2 Rn. 2201 Ziffer 4 b) auf Entfernungen bis zu 100 Kilometer zu Verbrauchern, die keinen Gleisanschluß haben.

# Liste I

| Stoffaufzählung nach Anlage A<br>Klasse und Rn. | Ziffer | Bezeichnung der Stoffe und Gegenstände | Menge in kg (Nettomasse des Stoffes oder Gegenstandes) | Faktor |
|---|---|---|---|---|
| 1 | 2 | 3 | 4 | 5 |
| 1<br>Rn. 2101 | 1 | Gegenstände der Nummer:<br>0029 | 2 000 | 5 |
| | | 0073, 00461 | 500 | 20 |
| | 2 | Stoffe der Nummer:<br>0160, 0474 | 100 | 100 |
| | 3 | Gegenstände der Nummer:<br>0271, 0273, 0279, 0280, 0326, 0462 | 2 000 | 5 |
| | 4 | Stoffe der Nummer:<br>0004, 0072, 0076, 0078, 0079, 0081*), 0118, 0147, 0150, 0151, 0153, 0154, 0155, 0207, 0208, 0213, 0214, 0215, 0216, 0217, 0218, 0219, 0226, 0282, 0385, 0386, 0387, 0388, 0389, 0392, 0394, 0401, 0411, 0475, 0483, 0484<br>*) mit einem Gehalt an flüssigen Salpetersäureestern von mehr als 40 Masse-% | 500 | 20 |
| | | 0027 | 1 000 | 10 |
| | 5 | Gegenstände der Nummer:<br>0034, 0038, 0042, 0043, 0048, 0056, 0060, 0137, 0168, 0221, 0284, 0286, 0290, 0374, 0408, 0442, 0451, 0457, 0463 | 2 000 | 5 |
| | | 0059, 0099, 0124, 0288 | 500 | 20 |
| | 6 | Gegenstände der Nummer:<br>0006, 0181, 0329, 0464 | 2 000 | 5 |
| | 7 | Gegenstände der Nummer:<br>0005, 0033, 0037, 0136, 0167, 0180, 0292, 0296, 0330, 0369, 0465 | 2 000 | 5 |
| | 8 | Stoffe der Nummer:<br>0476 | 200 | 50 |
| | 9 | Gegenstände der Nummer:<br>0049, 0192, 0196, 0333, 0382 | 200 | 50 |
| | 10 | Gegenstände der Nummer:<br>0397, 0399, 0449 | 2 000 | 5 |
| | 12 | Gegenstände der Nummer:<br>0354 | 500 | 20 |

**Forts. 280 001**

| Stoffaufzählung nach Anlage A<br>Klasse und Rn. | Ziffer | Bezeichnung der Stoffe und Gegenstände | Menge in kg (Nettomasse des Stoffes oder Gegenstandes) | Faktor |
|---|---|---|---|---|
| 1 | 2 | 3 | 4 | 5 |
| | 13 | Gegenstände der Nummer:<br>0364, 0382 | 500 | 20 |
| | | Stoffe der Nummer:<br>0357 | 200 | 50 |
| | 17 | Gegenstände der Nummer:<br>0439, 0467 | 500 | 20 |
| | 24 | Stoffe der Nummer:<br>0358 | 200 | 50 |
| | 25 | Gegenstände der Nummer:<br>0248, 0322, 0355, 0380 | 500 | 20 |
| | 26 | Stoffe der Nummer:<br>0077, 0132, 0158, 0203, 0234, 0235, 0236 | 500 | 20 |
| | | 0161, 0477 | 2 000 | 5 |
| | 33 | Stoffe der Nummer:<br>0359 | 200 | 50 |
| | 34 | Gegenstände der Nummer:<br>0249, 0250, 0356 | 2.000 | 5 |
| | 35 | Gegenstände der Nummer:<br>0267, 0350, 0383 | 2 000 | 5 |
| | | 0365 | 500 | 20 |
| | 39 | Gegenstände der Nummer:<br>0237, 0352, 0440 | 500 | 20 |
| 2<br>Rn. 2201 | 1 at) | Fluor | 100 | 100 |
| | 3 at) | Chorkohlenoxid (Phosgen), Methylbormid, Stickstoffdioxid ($NO_2$) [Stickstofftetroxid ($N_2O_4$)] | 500 | 20 |
| | | Ammoniak, Bortrichlorid, Bromwasserstoff, Chlor, Hexafluorpropylen (R 216), Schwefeldioxid | 1 000 | 10 |
| | 3 b) | Chlordifluoräthan (R 142 b), 1,1-Difluoräthan (R 152 a), Dimethyläther | 1 000 | 10 |
| | | Butan, iso-Butan, Buten-1, cis-Buten-2, iso-Buten, trans-Buten-2, Cyclopropan, Propan, Propen, 1,1,1-Trifluoräthan | 6 000 | 1,5 |

**Forts. 280 001**

| Stoffaufzählung nach Anlage A<br>Klasse und Rn. | Ziffer | Bezeichnung der Stoffe und Gegenstände | Menge in kg (Nettomasse des Stoffes oder Gegenstandes) | Faktor |
|---|---|---|---|---|
| 1 | 2 | 3 | 4 | 5 |
| | 3 bt) | Äthylamin, Äthylchlorid, Dimethylamin, Methylamin, Methylchlorid, Methylmerkapten, Schwefelwasserstoff, Trimethylamin | 1 000 | 10 |
| | 3 c) | Butadien-1,3; Vinylchlorid | 1 000 | 10 |
| | 3 ct) | Chlortrifluoräthylen (R 113), Vinylbromid, Vinylmethyläther | 1 000 | 10 |
| | 4 at) | Gemische von Methylbromid | 500 | 20 |
| | 4 b) | Alle Gemische | 6 000 | 1,5 |
| | 4 bt) | Gemische von Methylchlorid und Methylenchlorid und Chlorpikrin, Gemische von Methylbromid und Äthylenbromid | 1 000 | 10 |
| | 4 c) | Alle Gemische | 1 000 | 10 |
| | 4 ct) | Äthylenoxid mit höchstens 10 Masse-%, Kohlendioxyd, Äthylenoxid mit Stickstoff bis zu einem max. Gesamtdruck von 1 MPa (10 bar) bei 50 °C, Dichlordifluormethan mit 12 Masse-% Äthylenoxid | 500 | 20 |
| | 5 at) | Chlorwasserstoff | 1 000 | 10 |
| | 5 b) | Äthan, Äthylen | 1 000 | 10 |
| | 5 c) | 1,1-Difluoräthylen, Vinylfluorid | 1 000 | 10 |
| | 6 c) und 6 ct) | Gemische von Kohlendioxid und Äthylenoxid bzw. Äthylenoxid mit Kohlendioxid | 1 000 | 10 |
| | 7 b) und 8 b) | Äthan; Methan; Gemische von Äthan und Methan, auch mit Zusatz von Propan oder Butan; Erdgas (Naturgas); Äthylen; alles tiefgefühlt, verflüssigt | 100 | 100 |
| 3<br>Rn. 2301 | 11 a) | Acrylnitril | | |
| | 11 b) | Butyronitril (Buttersäurenitril), Isobutyronitril (Isobuttersäurenitril), Methacrylnitril, Propionitril | 1 000 | 10 |
| | 12 | Äthylenimin, Propylenimin | | |
| | 13 | Äthylisocyanat, Methylisocyanat | | |

**Forts. 280 001**

| Stoffaufzählung nach Anlage A<br>Klasse und Rn. | Ziffer | Bezeichnung der Stoffe und Gegenstände | Menge in kg (Nettomasse des Stoffes oder Gegenstandes) | Faktor |
|---|---|---|---|---|
| 1 | 2 | 3 | 4 | 5 |
| | 15 a) | Allylamin, 1,2-Dimethylhydrazin | 1 000 | 10 |
| | 16 a) | Äthylchlorformiat, Allylbromid, Allylchlorid, Methylchlorformiat | | |
| | 17 a) | Acrolein, Tetramethylorthosilikat | | |
| | 18 a) | Schwefelkohlenstoff | | |
| 4.2<br>Rn. 2431 | 31 a) | Selbstentzündliche Metallalkyle und Metallaryle | | |
| | 32 a) | Andere selbstentzündliche metallorganische Verbindungen | 1.000 | 10 |
| | 33 a) | 3203 Pyrophore metallorgansiche Verbindungen n.a.g. | | |
| 4.3<br>Rn. 2471 | 3 a) | Metallorgansiche Verbindungen und deren Lösungen | 1 000 | 10 |
| 5.1<br>Rn. 2501 | 1 a) | 2015 Wasserstoffperioxid, stabilisiert, 2015 Wasserstoffperioxid, wässerige Lösungen, stabilisiert (mit mehr als 60 % Wasserstoffperoxid) | | |
| | 2 a) | 1510 Tetranitromethan | 1 000 | 10 |
| | 3 a) | 1873 Perchlorsäure | | |
| 6.1<br>Rn. 2601 | 1 | Blausäure (Cyanwasserstoff) mit höchstens 3 % Wasser | 100 | 100 |
| | 2 | Wässerige Blausäurelösungen mit höchstens 20 % reiner Säure (HCN) | | |
| | 3 | Eisenpentacarbonyl, Nickeltetracarbonyl | 1 000 | 10 |
| | 11 a) | Acetoncyanhydrin | | |
| | 13 a) | Allylalkohol | | |
| | 13 a) | Dimethylsulfat | 500 | 20 |
| | 16 a) | Chlorpikrin, Epibromhydrin, Perchlormethylmerkaptan | | |
| | 16 b) | Äthylenchlorhydrin, Bromaceton, Epichlorhydrin | 1 000 | 10 |
| | 17 a) | alpha-Brombenzylbromid, Phenylcarbylaminchlorid | | |

**Forts. 280 001**

| Stoffaufzählung nach Anlage A<br>Klasse und Rn. | Ziffer | Bezeichnung der Stoffe und Gegenstände | Menge in kg (Nettomasse des Stoffes oder Gegenstandes) | Faktor |
|---|---|---|---|---|
| 1 | 2 | 3 | 4 | 5 |
| | 17 a) | Alle namentlich genannten polychlorierten Chlordibenzodioxine und -furane | 0 | |
| | 20 a) | Benzothiol (Thiophenol) | 1 000 | 10 |
| | 31 a) | Organische Bleiverbindungen, wie Tetraäthylblei, Tetramethylblei, Mischungen von Bleialkylen mit organischen Halogenverbindungen (z.B. Äthylfluid) | 1 000 | 10 |
| | 41 a) | Lösungen anorganischer Cyanide | | |
| | 51 a) | Arsensäure, flüssig, Arsentrichlorid, flüssige Arsenverbindungen | 1 000 | 10 |
| | 71 a) | Organische Phosphorverbindungen | | |
| 8<br>Rn. 2801 | 1 a) | Schwefelsäureanhydrid, stabilisiert | | |
| | 6 | Fluorwasserstoff, Flußsäure | | |
| | 7 a) | Wässerige Lösungen von Flußsäure | | |
| | 8 b) | Fluorborsäure | | |
| | 10 a) | Fluorsulfonsäure | 1 000 | 10 |
| | 24 | Brom | | |
| | 26 a) | Brompentafluorid, Bromtrifluorid | | |
| | 32 a) | Trifluoressigsäure | | |
| | 44 a) | Hydrazin, wasserfrei, wässerige Lösungen von Hydrazin mit mehr als 64 % Hydrazin | | |
| | 64 a) | Allylchlorformiat, Benzylchlorformiat | | |

## Liste II

**Forts. 280 001**

| Stoffaufzählung nach Anlage A<br>Klasse und Rn. | Ziffer | Bezeichnung der Stoffe und Gegenstände | Menge in kg (Nettomasse des Stoffes oder Gegenstandes) | Faktor |
|---|---|---|---|---|
| 1 | 2 | 3 | 4 | 5 |
| 2<br>Rn. 2201 | 7 b) | Wasserstoff | 100 | 100 |
| | 9 at) | Ammoniak, in Wasser gelöst mit über 35 % bis höchstens 50 % $NH_3$ | 1.000 | 10 |
| 5.2<br>Rn. 2551 | 12 b) | 3112 Acetylcyclohexansulfonylperoxid mit höchtens 82 % des Peroxids und mindestens 12 % Wasser | 5 | 2.000 |
| | | 3112 Diisopropylperoxidicarbonat mit mindestens 53 % des Peroxids | 10 | 1.000 |
| 8<br>Rn. 2801 | 1 a) | Oleum (rauchende Schwefelsäure), Chromschwefelsäure | 10.000 | 1 |
| | 1 b) | Schwefelsäure in Konzetrationen über 85 % | | |
| | 2 a) | Salpetersäure mit mehr als 70 % reiner Säure | 1.000 | 10 |
| | 3 a) | Mischungen von Schwefelsäure mit mehr als 30 % reiner Sapletersäure | | |
| | 7 b) | Wässerige Lösungen von Flußsäure mit höchstens 60 % Fluorwasserstoff | | |
| | 44 b) | Wässerige Lösungen von Hydrazin mit höchstens 64 % Hydrazin | | |
| 9<br>Rn. 2901 | 10 | Verflüssigte Metalle | 100 | 100 |

## Nicht oder beschränkt zu benutzende Autobahnstrecken

**280 002**

Folgende Autobahnstrecken dürfen nicht oder nur beschränkt benutzt werden:

(1) Berlin

Folgende Tunnel dürfen nicht benutzt werden:

1. Autobahn Stadtring (A 10):
   a) Tunnel (Eisenbahnunterführung) im Bereich der Halenseestraße,
   b) Rathenautunnel,
   c) Tunnel Insbrucker Platz;
2. Autobahn Abzweig Zehlendorf:
   Feuerbachtunnel.
3. Die Autobahn A 11 zwischen Anschlußstelle Schulzendorfer Straße und Anschlußstelle Holzhauser Straße ist von 6.00 Uhr bis 21.00 Uhr gesperrt.

(2) Hamburg

Autobahn A 7 zwischen Anschlußstelle Hamburg-Othmarschen und Anschlußstelle Hamburg-Waltersdorf (Elbtunnel):
Benutzungsverbot für § 7 Abs. 2 unterliegende Beförderungen von

- Gütern der Klasse 1 und 2;
- Blausäure der Klasse 6.1 Rn. 2601 Ziffer 1;
- allen Stoffen, die mit 2,3,7,8-Tetrachlordibenzo-1,4-dioxin (2,3,7,8-TCDD) Toxizitätsäquivalent in Mengen über den nach Rn. 2002 Abs. 14 zulässigen Grenzwerten kontaminiert sind.

(3) Niedersachsen

Autobahn A 28/A 31 zwischen Anschlußstelle Leer-West und Anschlußstelle Jemgum (Emstunnel):
Benutzungsverbot für § 7 Abs. 2 unterliegende Beförderungen von

- Gütern der Klasse 1 und 2,
- Blausäure der Klasse 6.1 Rn. 2601 Ziffer 1 und
- allen Stoffen, die mit 2,3,7,8-Tetrachlordibenzo-1,4dioxin (2,3,7,8-TCDD) Toxizitätsäquivalent in Mengen über den nach Rn. 2002 Abs. 14 zulässigen Grenzwerten kontaminiert sind.

(4) Nordrhein-Westfalen

Autobahn A 46 zwischen Anschlußstelle Düsseldorf-Bilk und Anschlußstelle Düsseldorf-Holthausen.

# ADR-Staaten

Belgien
Dänemark
Deutschland
Finnland
Frankreich
Griechenland
Italien
Jugoslawien (Rechtsnachfolger)
Luxemburg
Niederlande
Norwegen
Österreich
Polen
Portugal
Schweden
Schweiz
Slowakische Republik
Slowenien
Spanien
Tschechische Republik
Ungarn
Vereinigtes Königreich

# Musterfragebogen Erfolgskontrolle

# Fahrerschulung

IHK

für den Transport gefährlicher Güter auf der Straße nach Rn. 10315 GGVS/ADR

**Aufgaben zur Erfolgskontrolle**

## Grundlehrgang:
## Grundkurs Gefahrguttransport (G 1-001)

**Beachten Sie bitte folgende Punkte:**

1. Bevor Sie mit der Bearbeitung beginnen, tragen Sie bitte unten links Ihre persönlichen Daten ein. Ohne diese Angaben kann das Testergebnis nicht für Sie gewertet werden!
2. Jede Testaufgabe enthält nur **eine** richtige Antwort. Tragen Sie bitte die richtige Antwort in die Lösungsspalte ein.
3. Die Aufgaben können in beliebiger Reihenfolge gelöst werden.
4. Eine bereits eingetragene Lösung, die Sie ändern wollen, streichen Sie bitte deutlich durch; schreiben Sie die neue Lösung ausschließlich unter dieses Kästchen, niemals darüber oder daneben!
5. Zur Beantwortung der Fragen stehen Ihnen maximal 45 Minuten zur Verfügung.
6. Ausreichende Kenntnisse sind nachgewiesen, wenn mindestens 25 der 30 gestellten Fragen richtig beantwortet sind.

**Vom Teilnehmer auszufüllen**

Name

Vorname(n)

geboren am
☐ . ☐ . ☐

Staatsangehörigkeit

Straße, Hausnummer

Postleitzahl    Ort

Lehrgangs-Veranstalter

**Vom Lehrgangsleiter auszufüllen**

| | Fehlerpunkte |
|---|---|
| Seite 2 | |
| Seite 3 | |
| Seite 4 | |
| Gesamt | |
| maximal zulässig | 5 |

Bestanden ☐ ja ☐ nein

Datum ☐ . ☐ . ☐

Lehrgangsleiter

**Gemeinsame Aufgaben der Industrie- und Handelskammern**

**19. Für welche Straßenbeförderungen dürfen die Gefahrzettel der GGVSee angewendet werden?**

☐ Nur für Transporte von und nach Hamburg

☐ Für alle Sammelverkehre

☐ Für alle Beförderungen innerhalb der Bundesrepublik

☐ Für Beförderungen von und zu einem Seehafen

**20. Bei der Beförderung von Listengütern sind Nebenbestimmungen zu beachten. Wo können Sie diese nachlesen?**

☐ Im Beförderungspapier

☐ In der StVO

☐ In der ADR-Bescheinigung

☐ In den Schriftlichen Weisungen (Unfallmerkblatt)

☐ In der Fahrwegbestimmung

**21. Wann müssen die Warntafeln am Stückgutfahrzeug, das Gefahrgut befördert, abgedeckt oder entfernt werden?**

☐ Beim Transport von leeren ungereinigten Containern

☐ Wenn sich auf dem Fahrzeug kein Gefahrgut mehr befindet

☐ Wenn es keine Kennzeichnungsnummer für die Gefahr gibt

☐ Wenn es keine Stoffnummer für das Gefahrgut gibt

☐ Wenn der Transport als geschlossene Ladung durchgeführt wird

**22. Welche Feuerlöschausrüstung ist beim Transport gefährlicher Güter im allgemeinen mindestens mitzuführen?**

☐ Je ein Feuerlöscher für einen Brand des Fahrzeugs und einen Brand der Ladung

☐ Je Besatzungsmitglied ein Feuerlöscher

☐ Je Achse ein Feuerlöscher

☐ Je geladenem Gefahrgut ein Feuerlöscher

☐ Die jeweils notwendige Anzahl ist in den Schriftlichen Weisungen (Unfallmerkblätter) angegeben

**23. Sie transportieren Gefahrgut in Versandstücken in einem Container. Das Fahrzeug ist mit Plane und Spriegel ausgerüstet. Welche Gefahrzettel müssen Sie außen am Fahrzeug anbringen?**

☐ Keine, da Fahrzeuge mit Plane und Spriegel nicht mit Gefahrzettel gekennzeichnet werden müssen

☐ Keinen, da nur Tankfahrzeuge mit Gefahrzettel gekennzeichnet werden

☐ Gefahrzettel werden an Stückgutfahrzeugen nur in Verbindung mit IBCs gezeigt

☐ Den gleichen Gefahrzettel wie auf dem Container

☐ Keiner der Gefahrzettel des Containers ist ausreichend

**24. Wer muß dem Fahrzeugführer die Schutzausrüstung nach GGVS mitgeben?**

☐ Der Halter

☐ Der Verlader

☐ Der Beförderer

☐ Der Absender

☐ Der Versender

**25. Warum besteht bei der Beförderung fast aller gefährlichen Güter Rauchverbot nach GGVS?**

☐ Weil Rauchen gesundheitsschädlich ist

☐ Weil Rauchen die Sicht des Fahrers behindert

☐ Weil Rauchen die Aufmerksamkeit des Fahrers beeinträchtigt

☐ Weil Rauchen ermüdet

☐ Weil Rauchen immer eine Zündquelle beinhaltet

**26. Was muß vorhanden sein, damit sich ein entzündbarer Stoff entzündet?**

☐ Dämpfe von diesem entzündbaren Stoff in Verbindung mit Luft

☐ Dämpfe von diesem entzündbaren Stoff in Verbindung mit einer Zündquelle

☐ Eine Zündquelle in Verbindung mit Luft

☐ Der entzündbare Stoff und eine Zündquelle

☐ Dämpfe von diesem entzündbaren Stoff in Verbindung mit Luft und einer Zündquelle

**27. Sind die erforderlichen Begleitpapiere durch den Fahrzeugführer**

☐ nur mitzuführen?

☐ nur auszuhändigen?

☐ sichtbar an der Windschutzscheibe anzubringen?

☐ mitzuführen und zuständigen Personen auf Verlangen auszuhändigen?

☐ sichtbar im Führerhaus auszulegen?

**28. Mit welchem der angegebenen Mittel kann man Flüssigkeitsbrände grundsätzlich am besten löschen?**

☐ Handfeuerlöscher mit Wasserfüllung

☐ Scharfem Wasserstrahl

☐ Sand

☐ Wolldecken

☐ Handfeuerlöscher mit Pulverfüllung

**29. Wer darf im Führerhaus bei der Beförderung gefährlicher Güter mitfahren?**

☐ Nur die Fahrzeugbesatzung

☐ Anhalter

☐ Familienangehörige

☐ Gute Bekannte

☐ Nur Personen mit Führerschein Klasse 2

**30. In welchem Papier sind die Maßnahmen beschrieben, die nach einem Unfall einzuleiten sind?**

☐ Fahrzeugschein

☐ Schriftliche Weisungen (Unfallmerkblatt)

☐ Beförderungspapier

☐ Fahrwegbestimmung

☐ ADR-Bescheinigung

G1-001

# Auszug aus dem Bußgeldkatalog (RS 002)

| Lfd.Nr. | Ordnungwidrigkeit, die darin besteht, daß daß | GGVS § 10 | DM |
|---|---|---|---|
| D. | der Fahrzeugführer | | |
| | entgegen § 9 Abs. 4 | | |
| 36 | Nummer 1 ein Versandstück befördert; | I 8 a | 400,- |
| 36 a | Nummer 2 Buchstabe a die Bescheinigung nach Randnummer 211 154 nicht mitführt oder nicht aushändigt; | II 9 | 300,- |
| 37 | Nummer 2 ein Begleitpapier nach Anlage B Randnummer 10 381 Abs. 1 Buchstabe a oder Abs. 2, ein Feuerlöschgerät oder einen Ausrüstungsgegenstand nach Anlage B Randnummern 10 260 Buchstabe a bis c, 21 260 und 61 260 Satz 1 nicht mitführt oder aushändigt; | I 8 b | |
| 37.1 | - Fehlen bzw. Nichtaushändigen oder Schulungsbescheinigung; | | 300,- |
| 37.2 | - Fahrzeugführer ohne Schulung; | | 600,- |
| 37.3 | - Fahrzeugführer ohne Schulung für die betreffende Klasse; | | 300,- |
| 37.4 | - Feuerlöschgerät, Warnleuchten, Unterlegkeile, Werkzeugkasten für Notreparaturen; | | 300,- |
| 37.5 | - Beförderungspapiere und schriftliche Weisungen | | 300,- |
| 37.6 | - besondere Schutzausrüstung; | | 200,- |
| 38 | Nummer 2 Buchstabe d den Bescheid nicht mitführt oder aushändigt; | II 10 | 300,- |
| 39 | Nummer 3 eine Vorschrift über die Durchführung der Beförderung oder die Überwachung beim Parken nicht beachtet; | I 8 c | 200,- |
| 40 | Nummer 4 nicht für die Einhaltung der Vorschriften über das Betreten von Fahrzeugen mit Beleuchtungsgeräten sorgt; | I 8 d | 200,- |
| 41 | Nummer 5 nicht für das Anbringen, Sichtbarmachen, Verdecken oder Entfernen sorgt: | I 8e | |
| 41.1 | - Warntafeln oder Kennzeichnungsnummern nicht anbringen oder sichtbar machen | | 300,- |
| 41.2 | - nicht verdecken oder entfernen | | 100,- |
| 41.3 | - Gefahrzettel nach Randnummern 10500 oder 11 500 nicht anbringen oder sichtbar machen, nicht verdecken oder entfernen, | | 200,- |
| 41.4 | - Gefahrzettel nach Randnummer 71 500 nicht anbringen oder sichtbar machen, nicht verdecken oder entfernen; | | 300,- |
| 42 | Nummer 6 einen Behälter mit Wasser nicht mitführt; | I 8 f | 200,- |

| Lfd.Nr. | Ordnungwidrigkeit, die darin besteht, daß | GGVS § 10 | | DM |
|---|---|---|---|---|
| D. | der Fahrzeugführer | | | |
| | entgegen § 9 Abs. 4 | | | |
| 43 | Nummer 7 die Feststellbremse nicht anzieht; | I | 8g | 200,- |
| 44 | Nummer 8 eine Leuchte nicht aufstellt; | I | 8 h | 200,- |
| 45 | Nummer 9 die Behörden nicht oder nicht recht-zeitig benachrichtigt oder benachrichtigten läßt; | I | 8 i | 300,- |
| 46 | Nummer 10 eine vorgeschriebene Maßnahme nicht trifft; | I | 8 j | 200,- |
| 47 | Nummer 11 den höchstzulässigen Füllungsgrad oder die höchstzulässige Masse der Füllung je Liter Fassungsraum nicht einhält; | I | 8 k | 200,- |
| 48 | Nummer 12 die Dichtheit nicht prüft; | II | 11 | 200,- |
| 49 | entgegen § 7 Abs. 3 Satz 7, auch in Verbindung mit Abs. 8, oder § 7 a Abs. 1 in Verbindung mit § 7 Abs. 3 Satz 7, auch in Verbindung mit § 7 a Abs. 4, die Fahrwegbestimmung nicht beachtet; | I | 3 | 500,- |
| 50 | entgegen § 7 Abs. 3 Satz 8, auch in Verbindung mit Abs. 8, oder § 7 a Abs. 1 in Verbindung mit § 7 Abs. 3 Satz 8, auch in Verbindung mit § 7 a Abs. 4, den Bescheid über die Fahrwegbestimmung oder entgegen § 7 Abs. 7 Satz 2, auch in Verbindung mit Abs. 8, oder § 7 a Abs. 1 in Verbindung mit § 7 Abs. 7 Satz 2, auch in Verbindung mit § 7 a Abs. 4, die Bescheinigung, die Reservierungsbestätigung oder das Beförderungspapier für den Bahntransport nicht mitführt oder aushändigt; | I | 4 | 300,- |
| 51 | entgegen § 11 Abs. 3 Nr. 3 Satz 2 die Bescheinigung nicht mitführt. | I | 23 | 300,- |

## Stichwortverzeichnis